电子装备试验与评估的同异反原理及应用

Set Pair Analysis Theory and Application of Electronic Equipment Test and Evaluation

柯宏发　赵继广　杨　晶
陈小卫　李巧丽　吴　穹　著

国防工業出版社
·北京·

图书在版编目(CIP)数据

电子装备试验与评估的同异反原理及应用/柯宏发等著.—北京:国防工业出版社,2022.7
ISBN 978-7-118-12440-8

Ⅰ.①电… Ⅱ.①柯… Ⅲ.①电子装备-试验-评估
Ⅳ.①E933-33

中国版本图书馆 CIP 数据核字(2022)第 107165 号

※

国防工业出版社出版发行
(北京市海淀区紫竹院南路 23 号　邮政编码 100048)
北京虎彩文化传播有限公司印刷
新华书店经售

*

开本 710×1000　1/16　**印张** 13½　**字数** 259 千字
2022 年 7 月第 1 版第 1 次印刷　**印数** 1—1000 册　**定价** 99.00 元

国防书店:(010)88540777　　书店传真:(010)88540776
发行业务:(010)88540717　　发行传真:(010)88540762

前　言

电子装备试验与评估的内涵是在可控和不可控的条件下操纵装备并录取相关参数信息,从而对装备在预定用途下是否有效、适用、可生存等进行评价与决策。各种决策信息除去携带随机不确定性外,还携带模糊、灰色等不确定性以及多种复合不确定性,如何准确认知不确定性因素的重要性,如何降低不确定性因素对试验方案、效能评估等带来的影响,是装备试验理论界和实践层面长期关注并强调的问题。因此,深入研究基于不确定性的电子装备试验理论和方法,推进电子装备的实战化检验和考核,使我军的新型电子装备适应未来战场、满足未来作战要求,在战场上"管用、好用、顶用、实用",是装备试验领域落实"能打仗、打胜仗"强军目标的具体要求,也是目前电子装备试验与评估的迫切需要和根本任务。

装备试验与评估在装备对抗的实战环境中进行,不确定性问题一直是试验与评估领域的研究热点。不确定性问题的研究一直受到国内外军事领域的重视。克劳塞维茨认为"战争的艺术涉及有生命的精神力量,因此,事情无论大小,都不是绝对的、确定的,总存有一定的不确定性空间",他在《战争论》中曾多次强调不确定性因素。被称为美国战略研究界"绝地武士"的马歇尔从 20 世纪 50 年代就开始关注不确定性因素的研究,他认为"任何对军事平衡的评估都必然存在一些悬而未决的不确定性""未来总是充满不确定性,一个常见的错误就是低估不确定性的程度和它的多样性……我们需要这样的战略:不仅能很好地考虑我们现在和未来将面对的竞争,而且还能兼顾未来形势的不确定性。"

灰色系统理论是不确定性系统理论的一个重要分支,是解决装备试验与评估领域不确定性问题的一个利器。在军队院校展开调整、进行改革的特殊时期,对装备试验与评估工作的特别偏好、"装备人"的崇高荣誉感以及对未来职业领域的迷茫令自己感慨万千,情不自禁地回忆起从事装备试验与评估工作的点点滴滴。2004 年师从陈永光研究员攻读信息与通信工程专业的博士学位,他那宽广的胸怀和学术宽容,使我得以研究电子装备试验与评估中的灰色系统理论应用技术,并很幸运地得到灰色系统理论创始人、华中科技大学邓聚龙教授的指导和帮助;后来又有幸和全国灰色系统理论研究掌舵人、南京航空航天大学刘思峰教授合作博士后研究,将灰色系统理论融会贯通于电子装备试验的决策与评估技术之中。当然,灰色系统理论对于电子装备试验与评估领域的不确定性问题也不是一把万能钥匙,其研究对象只是装备试验与评估的灰色信息，对装备作战效能评估等结论也难以进行不确定性分析。

集对分析（SPA）是由中国学者赵克勤于 1989 年提出的一种用联系数统一处理模糊、随机、中介和信息不完全所致不确定性的系统理论和方法，从同、异、反三个方面研究两个事物的确定性与不确定性，全面刻画两个不同事物的联系。集对分析是一支与灰色系统理论既有共同点、又有不同点，既有联系、又有区别的不确定性理论，它从异于灰色系统理论的另一个不确定性角度刻画电子装备试验与评估领域的不确定性信息。集对分析过程就某种意义说，主要是对基于联系数的各种不确定性因素进行分析、认识、权衡、诱导和利用，在诸多的不确定性因素中，研究对装备有利的、不利的因素，并把其中的不确定性设法转变为有利必然性。

本书总结电子装备试验活动中试验与评估数据的联系数描述、处理与分析方法，理论与实践相结合，解决同异反角度下电子装备试验决策、评估、预测、聚类等问题，初步构建电子装备试验与评估的同异反原理与方法体系框架，发展、拓展电子装备试验理论与技术。

全书共 9 章：

第 1 章介绍电子装备试验与评估的基本概念，研究电子装备试验与评估活动中的同异反现象，并建立电子装备试验与评估的同异反原理及运用架构。

第 2 章介绍电子装备试验与评估同异反现象所涉及的同异反联系度、同异反联系数、同异反联系熵、同异反联系势等基本知识。

第 3 章针对电子装备试验数据的同异反描述与处理方法，重点介绍试验数据的同异反模型构建方法、试验数据的同异反模型分析方法等，并给出基于同异模型的电子装备效能分析实例。

第 4 章初步建立雷达及雷达侦察装备等典型电子装备的复杂电磁环境适应性指标体系，并建立评估指标的同异反联系数描述模型。

第 5 章主要针对装备试验与评估方案设计过程中的预测需求，研究基于同异反联系数的预测原理及其在装备试验与评估活动中的应用。

第 6 章介绍装备试验与评估活动中的同异反决策方法及其应用，主要介绍基于集对势、基于择近原则、基于相似原则的决策模型以及基于综合、基于专家意见的同异反决策模型，并分别给出了应用实例。

第 7 章主要介绍装备试验活动中同异反评估方法及其应用问题，介绍基于加权、基于评价等级、基于主值的同异反评估模型，并以通信电台的复杂电磁环境适应性评估为例，对所提同异反评估模型的合理性和有效性进行了验证。

第 8 章介绍电子装备试验与评估过程中的同异反聚类原理与应用，重点提出了同异反联系势聚类方法和基于距离矩阵的同异反聚类方法。

第 9 章介绍电子装备试验的同异反管理原理，包括装备试验管理的基本职能、基本原则和基本内容，以及同异反联系数管理方法，最后基于同异反原理，对装备试验管理问题进行了应用实例分析。

感谢原总装备部“1153”人才资助工程的资助；感谢试验技术研究、军内科学研究等项目的资助；感谢战略支援部队航天工程大学航天保障系各级领导和同仁在本书出版过程中给予的支持和帮助；感谢战略支援部队航天工程研究所陈永光研究员和军事科学院系统工程研究院试验鉴定与目标特性研究所刘映国研究员的无私指导和帮助。本书是根据作者参加的相关研究项目和多年研究成果，经过进一步组织与加工完成的，感谢相关研究项目课题组成员的辛勤劳动和提供的帮助。书中参考了有关单位或个人发表的论文和书籍，在书后的参考文献中均已一一列出，在此，一并深表诚挚的谢意！

电子装备试验与评估理论和方法是一门较为前沿且极有难度的研究方向，本专著内容尚处于研究和探索中，加之作者学识水平有限，虽经多方讨论和几易书稿，书中错误、缺点和短见之处在所难免，恳请读者和各方面专家批评指正。

作者

目　　录

第1章　绪　　论

高技术局部战争的时代内涵是争夺指挥、控制、通信、计算机、情报、监视、侦察、电子战和诸军兵种联合作战等信息优势的信息化战争。随着以信息技术为核心的高新技术在军事领域的广泛应用,电子装备及其系统、体系在现代战争中所起的作用越来越重要。在电子装备试验与评估发展过程中,逐步形成了一些典型的、有效的系统科学理论与方法,如灰色试验理论与技术、模糊综合评判等。但是不尽人意的是,这些方法始终未能超越定性、定量描述的范式,形成的决策与评估结论难以摆脱“为了评估而评估”的束缚。集对分析理论为电子装备试验与评估相关问题的解决提供了一个新思路,能提供更为合理的、可行的决策依据。本章介绍电子装备试验与评估的基本概念,研究电子装备试验与评估活动中的同异反现象,并建立电子装备试验与评估的同异反原理及运用架构。

1.1　电子装备试验与评估

电子装备试验与评估是电子装备全寿命管理阶段的重要环节,其本质是在电子装备对抗活动中录取、描述、处理、分析数据,并做出正确的结论,为电子装备的设计、定型、作战使用等提供科学依据。要正确地认识电子装备试验与评估同异反原理与方法,必须准确把握电子装备试验与评估的基本概念、基本任务以及发展趋势等。

1.1.1　电子装备试验与评估的定义

电子装备通常又称为电子信息装备,是在需求牵引和技术推动的双重作用下,以电子信息技术为主要特征的各类军事信息系统、设备、设施、仪器、器材、软件等的总称,是信息技术转化为现实战斗力的载体。《中国军事百科全书(第二版)学科分册·电子信息装备》指出,电子装备是军事装备的重要组成部分,是现代最具活力的军事装备。电子装备是军队战斗力的重要物质技术基础,是影响战争形态和战争胜负的重要因素,是军事技术发展水平的重要体现,是促进军事变革的重要力量,是军队装备建设的重要内容,是国防现代化的重要标志。电子装备已成为主战装备的重要组成部分。近几次局部战争表明,以嵌入式电子信息装备加火力打击系统构成的精确制导武器系统、以电子战和计算机网络攻防为主体的信息战装备，已经成为首战必用并贯穿始终的主战武器。

电子装备一般指承担电子信息获取、传输、处理、利用、攻击和防御等任务的各种装备，可保护己方信息和信息系统，阻止敌方获取和利用信息，最大限度地提高、扩展主战装备的性能和功能，充分发挥武器装备整体作战能力。按照《中国军事百科全书（第二版）学科分册·电子信息装备》电子信息装备有多种分类方法：从装备形态角度，可分为元器件、部件、设备、分系统、系统以及嵌入式设备、系统等；从所用技术的角度，可分为电子装备、光电装备和声学装备；从使用的环境，可分为空间电子信息装备、空中电子信息装备、陆上电子信息装备、地下/坑洞电子信息装备、水上电子信息装备、水下电子信息装备等；从使用和管理的角度，可分为陆军电子信息装备、空军电子信息装备、海军电子信息装备、战略导弹部队电子信息装备；按功能用途，可分为信息获取装备、信息传输装备、信息处理装备、信息运用装备以及将这些装备集成为一体的系统装备等。本书所论述的电子装备，按照装备类型和用途主要包括情报侦察装备、预警探测装备、指挥控制装备、军事通信装备、导航定位装备、信息对抗装备（包括信息安全装备）、测控装备以及其他电子信息装备等。

试验与评估已经成为装备全寿命周期管理过程中的重要步骤，是国防采办部门进行管理与决策的科学基础。美国国防系统管理学院1991年出版的《国防采办编写词与术语汇编》给出了“试验”和“鉴定与评估”的定义：试验是为获取、核实和提供数据而采取的任何步骤或行动，目的是对研究与发展（实验室中的实验除外）的水平，对实现研制目标的进展，或对武器系统、分系统、部件或系统项目的性能与作战能力进行评定；鉴定与评估是通过试验，按照既定的要求和规范，对武器系统或各个部件进行分析、比较，其结果是对设计进展、性能和可保障性等做出评价。

《中国人民解放军军语》（2011年版）直接给出了装备试验的定义：装备试验是为满足装备科研、生产和使用需要，按照规定的程序和条件，对装备进行验证、检验和考核的活动，包括对装备的技术方案、关键技术、性能、使用效果等的试验，分为装备科研试验、装备定型试验等。其中：装备科研试验是为发展新型装备、提高现有装备的作战使用性能而进行的试验，目的是验证装备原理、关键技术和技术方案，检验装备战术技术性能和质量特性是否符合要求；装备定型试验是指考核装备性能是否达到批准的战术技术指标和有关国家及军用标准的试验，分为设计定型试验和生产定型试验，目的是为装备定型提供依据。

《中国军事百科全书（第二版）学科分册·军事装备发展》给出了装备试验的定义：装备试验为按照规定的程序和指标要求，对装备性能进行考核验证的活动。装备试验是装备研制工作的重要环节，是验证设计思想正确与否的重要途径，是确定产品能否定型的重要依据，是确保装备质量的重要手段。

总而言之：试验是获取有价值数据资料进行的活动过程；评估是进行分析和判断并得出结论的过程，即对试验所获得的数据进行处理、逻辑组合和综合分析的过程。电子装备试验与评估，就是指通过规范化的组织形式和有关数据录取行动，对电子装备战术技术性能、作战效能、保障效能和体系贡献率等进行全面考核并独立做出评价的综合性活动。它贯穿于电子装备发展全寿命过程，是电子装备建设与发展决策的重要支撑，是采购管理的重要环节，也是发现问题、提升性能与能力、确保实战适用性和有效性的重要手段。

1.1.2 电子装备试验与评估的主要任务

著名科学家门捷列夫说过："没有测量，就没有科学"。测试试验技术是科学研究中信息的获取、处理和显示的重要手段，是人们认识客观世界并取得定性或定量信息的基本方法，是信息工程的源头和重要组成部分。电子装备试验技术则是指利用测试、信息获取、信息处理等技术对电子装备性能进行测试与评估的方法，试验数据处理是试验技术的重要组成部分。

《中国人民解放军装备条例》指出了装备试验的任务，是对被试验装备提出准确的试验结果，做出正确的试验结论，为装备定型、部队使用、承研承制单位验证设计思想和检验生产工艺提供科学依据。

《中国军事百科全书(第二版)学科分册・军事装备发展》指出，军事装备试验目的是通过试验获取、核实和提供准确的试验数据，为装备定型、部队使用、装备管理，以及承研承制单位验证设计思想和检验生产工艺提供科学依据，减少装备科研技术风险，降低装备采办费用。

随着装备试验与评估理论体系研究的深入以及装备体系的建设发展需求，装备的试验类型目前可以分为性能试验、作战试验和在役考核，试验类型不同，其试验目的也有所区别。其中性能试验主要依托武器装备试验基地或地方符合资质要求的试验机构实施，重点考核装备的战技性能符合指标要求的程度，具体包括各类科研过程试验和以鉴定定型为目的的试验等。依据《中国军事百科全书(第二版)学科分册・军事装备发展》一书，性能评估是指通过对装备特性和功能指标进行综合分析，评价装备技术水平和作战能力的方法。在装备论证领域，主要是在新装备研制立项、研制总要求和装备建设规划与计划的论证过程中，通过性能评估和分析，提出新装备作战使用要求和战术技术指标，评估装备建设规划与计划方案。一般分为战术技术指标参量分析和作战能力指数分析两种评估类型。

作战试验是指在完成单体装备战术技术性能试验与评估的基础上，由专门的试验主持与组织机构，按照规范的试验流程并依托专业测试器材，在地理、气象、电磁等复杂战场环境和相关作战要素齐全的战术背景下，按照装备的作战流程和任务剖面开展的与假想敌武器装备体系的一种对抗性试验,其目的是分析评估装备在典型部队编成和对抗条件下的作战效能、作战适用性以及装备体系贡献率。其中作战效能,是装备在一定的作战条件下遂行给定作战任务时达到预期可能目标的程度,即装备在一定条件下完成作战任务时所能发挥有效作用的程度。作战试验目的是在规划、论证、工程研制、使用等寿命周期活动中,评估装备系统执行作战任务的效能,针对装备系统在实际作战中可能承担的各种主要作战任务以及涉及的整个作战过程,对不同方案或不同装备系统的优劣进行评价比较,为决策提供理论指导和数量依据。作战适用性主要描述在综合考虑可靠性、可用性、维修保障性等因素时,武器装备在作战环境下部署与持续使用过程中令人满意的程度。体系贡献率是指将装备体系中的典型装备作战效能与体系作战效能进行对比,对比的结果就是贡献率;更直接地说,就是分析武器装备体系中关键或重大装备作战效能与装备体系作战效能的比值。作战试验要着力构建逼真战场环境,基于实战背景构建试验想定,成建制成体系组织实施,确保装备在近似实战条件下进行深度试验,全面评估装备实战效能、体系融合度和贡献率等。

在役考核主要依托列装部队、相关院校,结合正常战备训练、联合演训及教学等任务组织实施,重点跟踪掌握部队装备使用、保障、维修情况,验证装备作战与保障效能,发现问题缺陷,考核部队适编性和服役期经济性,以及部分在性能试验和作战试验阶段难以考核的指标等。要通过全面系统的在役考核,解决装备“好用”问题,不断提高装备作战适用性。

1.1.3 电子装备试验与评估技术发展现状

1.1.3.1 电子装备试验技术发展现状

电子装备的靶场试验往往涉及新型电子装备的性能指标和作战想定、先进的试验理论与技术,靶场的配试设备又反映了试验方对敌方电子装备性能及其作战使用的了解程度,因此电子装备试验理论与技术成为各国保密的重中之重。有关国外电子装备试验理论与技术的文献十分有限,目前能查阅到的国外大多数关于电子装备试验技术方面的文献也仅局限于一般介绍性和概念性论述,基本不涉及具体的试验与评估方法。

RTO(The Research and Technology Organization)作为北约组织(NATO, North Atlantic Treaty Organization)的防御技术研究机构,其制定的 *Electronic Warfare Test and Evaluation* 指南认为电子信息系统的测试和评估,就是基于各种测试资源基础(包括测试工具、模型、仿真、半实物仿真设备和实际外场环境等),利用严格的科学方法、现代测试系统和准确的测试结果数据分析方法,得到电子信息系统的战场作战效能,使得用户在战争环境中能确定装备的作战能力。

近年来,美军作战试验与鉴定局针对下述几个问题给予了持续关注:①电子战基础设施不足,有针对性地对微波暗室、野外靶场和电子战规划实验室进行强化建设;②加强赛博空间先进防护战术技术的研发,并形成一定的在赛博空间受损环境中保持运行的能力;③持续关注单兵防护装备试验,重点是对"先进作战头盔"的试验规程进行科学调整;④"士兵损伤评估人体模型"项目,研发适合在试验中对类似伤害进行评估的人体试验装置;⑤靶场周边环境和能源设施影响。目前,美国投入大量人力和资金(如美国陆军瓦丘卡堡电子信息试验场 90 年代以后年投资为 4000 万美元到 5000 万美元)进行电子装备试验与评估技术的研究,电子靶场已经把建模与仿真试验技术贯穿于装备试验的全过程,其电子装备试验模式发展为建模与仿真试验、外场飞行试验和综合作战试验,并且大部分试验内容采用仿真试验,利用内场的试验设备与设施,进行不同阶段、不同内容的建模与仿真试验,建模与仿真试验已经成为美国电子靶场的主要试验技术。

国内电子装备试验主要是靠自己摸索经验,边建设试验系统,边承担电子装备及其系统的试验任务,取得了很多研究成果,逐步形成了适合我国电子装备发展特点的研制试验与评估理论与技术,也已经形成了一些国家军用标准,为我军特定时期、特定阶段电子装备及电子信息系统的发展做出了重要贡献。如:中国人民解放军军事训练教材《电子装备试验概论》总结了电子战系统试验的目的和分类,并针对不同类型的电子战系统提出了相应的试验方法,针对单个测试项目提出了决策与评估方法;专著《雷达对抗试验替代等效推算原理与方法》提出的"雷达对抗试验替代等效推算原理与方法"解决了很多电子战系统在试验中缺少配试系统、无法与真实作战对象进行对抗试验的难题;专著《电子系统小子样试验理论与方法》认为随着电子系统科技的进步和鉴定评估试验事业的发展,传统的经典统计方法有时对试验结果的解释与常识及人的直观思维相矛盾,进而利用客观存在的试验验前信息提出了基于贝叶斯(Bayes)理论的电子系统小子样试验理论与方法,该方法在得到同样的置信度条件下,所需的抽样数目大为减少,有效地缩短了试验周期,获得了较高的费效比;专著《电子装备试验与训练最优化技术和方法》重点围绕电子靶场建设和电子装备试验与训练中的各种最优化决策实际问题,紧密结合学科专业建设,应用最优化技术的有关理论,根据实际决策与评估问题的要求,通过数学的分析和运算,对试验与训练中各种广义资源的运用、筹划以及相关决策等问题从决策优化角度进行研究,不仅有定性分析,更有定量研究,并着重从定量方面提供可操作的决策优化技术与方法;专著《电子装备复杂电磁环境适应性试验与评估》是国内第一部关于电子装备复杂电磁环境适应性试验与评估技术的专著,系统研究了电子装备复杂电磁环境适应性试验与评估的试验程序、评估程序、评估模型与算法、评估指标体系等实际问题,特别是提出了基于辩证思维的同异反评估模型。

我国关于装备作战试验的研究起步较晚,研究的内容相对零散,但是也形成了较多的理论研究成果,出现了一批科研学术著作(如王凯等著的《武器装备作战试验》、武小悦等著的《装备试验与评价》等)和大量的科研论文。其中《武器装备作战试验》以信息化战争对武器装备试验工作提出的由性能试验向作战试验转型的需求为背景,以如何正确看待武器装备作战试验和如何科学组织武器装备作战试验为主线,系统阐述了武器装备作战试验的基本概念、地位作用、类型特点、主要内容、典型方法、实施流程、系统评估、试验体制、试验保障、试验管理等方面的内容,对于我军深入研究并初步建立符合国情实际、具有我军特色的武器装备作战试验体制机制以及开展相关试验工作具有一定实际意义。

1.1.3.2 电子装备评估技术发展现状

由于电子装备的实战过程是一个信息不完全的动态变化过程,其中既有复杂的技术因素,也含有大量不确定因素和人为因素,装备作战效能评估及一些问题的评估难度相当大,对于基于概率统计的数据处理、加权求和的评估等方法都是简单提及,具体研究成果国外公开资料很少介绍。

外军各军兵种以及工业部门都非常重视装备作战效能、作战适用性等评估问题的研究,其中美国兰德(RAND)公司的研究成果尤为突出。但是出于保密的原因,目前可以获得的外军研究装备作战效能、作战适用性等评估方法的国防报告、论文或论著都有一个共同的特点,即只有简单的评估或分析结论或说明,很少有详细的评估与分析过程。评估的分类方法有多种,从外军相关文献分析来看,按照基本途径大致分为三类:第一类是基于仿真的模拟分析法,在仿真环境中运用各类仿真信源、仿真模型对系统作战效能与影响因素及它们之间的协作进行仿真模拟,获取实时仿真数据,基于仿真结果数据的综合对效能及其影响因素进行评估。如:Isaac R. Porche Ⅲ 基于 Agent 仿真模型,通过仿真试验拟合网络多因素的作战效能模型;W. Clifton Baldwin 对体系的基于事件模型和基于 Agent 模型进行了仿真,论证了基于 Agent 模型相比于基于事件模型更能描述体系特征;Robert N Tamburello 针对体系可靠性作战试验配置的充分性评估问题,提出了一种新的蒙特卡罗仿真方法。基于仿真的方法能较详细地考虑各种因素的影响,缺点是存在建模的复杂性、模型的有效性及多分辨率等问题。第二类是基于数学模型的解析分析法,该方法的关键步骤是建立效能及其影响因素之间函数关系的解析方程,进行影响因素间关系的分析,从而把握影响因素对效能的变化规律。如:Walter Perry 基于信息论和概率论等建立了协同评估模型、复杂度评估模型以及击毁导弹数量期望模型;Gary Wheatley 以定性分析为主、定量分析为辅对网络中心战系统潜在效能进行评估。解析分析法往往有许多假设条件,有许多因素无法建立其与作战效能的数学表达式,不能充分反映各装备单元之间的交互关系以及对抗关系,也存在模型的参数估计和检验问题。第三类就是基于上述仿真、解析和专家知识等多种方法的混合方法，目前也成为解决装备效能评估问题的主流手段，其中最具代表性的就是RAND公司提出的探索性分析方法，并开发了很多分析工具，如组合分析工具(PAT)。RAND公司许多研究报告都采用了探索性分析方法，如：1997年关于阻止西亚某国兵力推进的研究报告就是探索性分析方法的著名案例，2000年在《恐怖的海峡》报告中探索仿真分析7个关键要素对作战双方争夺制空权的影响关系，2002年出版的理论专著《新挑战：用于国防决策的新工具》中有两章介绍探索性分析。美军新提出的基于能力指标的规划思想也是建立在探索性分析基础之上。

美国佐治亚理工学院和普渡大学在评估方面有比较深入的研究。如：Biltgen基于能力的思想，提出了基于仿真的体系应用技术评价方法，该方法囊括了实验设计、神经网络Agent模型、系统仿真、统计分析等技术，并以海湾战争空袭为背景，以美国空军未来远距离打击体系中17项前沿技术的评价为例，结合4个典型想定，非常详细地说明了该方法的应用。Poole基于多Agent仿真软件FLAMES和统计分析包JMP，提出了全局后悔值分析方法用于国防采办过程早期的体系方案鲁棒性评价。Tangen提出了基于能力评估的条令方案和装备方案的定量化评估分析框架。

国内著名军事学者胡晓峰、张最良、谭跃进、游光荣、沈寿林等及其团队在借鉴国外效能评估方法的基础上，取得了较多的创新性科研成果。归纳起来有基于仿真的模拟分析法、基于数学模型的解析分析法以及基于专家知识与解析、仿真的混合方法三种。如：曹建军等在对武器装备体系评估指标进行尝试性地改良、完善、归类的基础上，提出了基于模糊数学相关理论的评估策略；冯卉等提出一种基于Vague集的地面防空武器系统作战效能评估新方法；周鼎等通过仿真计算获得各个参数对天基对地武器作战效能的灵敏度；高翔等定义了一种武器装备体系的加权超网模型，并提出了基于各个功能网络、网间依赖关系基础的体系效能分析方法；卜广志提出基于信息流的武器装备体系效能评估模型；杨峰等提出了跨层次建模方法论解决基于对抗仿真的平台级体系作战效能评估问题；胡晓峰等提出了基于Agent实验的网络中心战效能评估方法；黄建新等分析了基于信息系统武器装备体系基本特征和仿真评估要求，提出了基于Agent建模仿真方法的体系效能仿真开发和评估框架；陈琪锋等提出了航天装备体系作战效能评估的Agent综合方法；Ning Gu等基于体系的宏观和微观特征，提出了基于统一建模语言(UML)和数学方法的空中作战效能分析模型；杨雪榕等进行了武器装备体系效能评估的平行试验方法研究；李兴兵等提出一种基于探索性分析的装备体系作战效能评估方法，该方法以探索性分析理论为指导，结合作战模拟与解析模型二者的优势，建立装备体系作战效能模型族，在此基础上针对作战中的不确定因素进行探索性分析与评估。国内针对装备评估问题也形成了较多的国家军用标准，如 GJB 6704—2009《无人侦察机效能分析方法》为成像侦察类无人侦察机系统及其无人机、数据链、地面控制站、任务载荷、情报处理与分发和综合保障等组成部分的效能评估提供了较为科学合理的定量评估方法，可对已列装装备，在研和拟立项研制的无人侦察机系统的评价提供依据；GJB 1364—92《装备费用效能分析》规定了装备寿命周期过程中费用效能分析的通用要求和一般分析程序，是装备寿命周期各阶段运行费用效能分析的基本依据，适用于寿命周期各阶段中装备论证、研制、生产、使用、维修和退役等决策场合。

国内对于电子装备试验与评估问题的研究也有许多成果，各种试验指挥及决策方法、数学模型方法、概率统计与假设检验方法、替代等效推算原理与方法等得到了广泛的应用。如《电子装备试验灰色系统理论运用技术》在不完全信息前提下，解决了电子装备试验中试验方案的优选、装备效能评估等难题。《电子装备体系效能评估理论及应用》针对电子装备体系作战效能评估问题，对作战环境模型、体系概念模型、作战效果评估模型以及体系作战效能的探索性分析模型等相关问题进行了研究，初步构建了电子装备体系作战效能评估理论与方法体系框架。刘永红基于 WSEIAC 模型建立了电子对抗系统作战效能模型，为定量评价电子战系统的性能提供了一个简洁、实用的方法；针对雷达干扰效果部分影响因素的模糊性，魏保华等运用模糊综合判别的思想，研究了雷达干扰效果的评估问题，建立了衡量干扰效果各因素的模糊评价模型，提出了一种新的基于模糊综合的干扰效果评估准则和度量方法。这些方法基于概率理论、模糊理论或灰色系统理论，对试验中获取的信息进行处理，减少了对电子装备战术技术性能和战术使用性能认识的不确定程度。

集对分析理论在军事评估领域也获得了极为广泛的应用。如：刘凯等针对重点雷达辐射源的快速识别，提出一种基于集对分析和滑窗技术的重点雷达辐射源快速识别技术；顾佼佼等在超视距空战中获取的原始数据信息常常并不精确、不完备的前提下提出基于区间集对分析的超视距空战态势评估方法，在一定程度上提高了态势评估的真实性；张峰等对各个方案与正理想方案和负理想方案所组成的区间型集对进行分析，基于同异反联系数对通信干扰目标威胁进行排序。柯宏发等基于联系数讨论了复杂电磁环境下影响超短波通信电台双方话音单字平均质量的通信频率、噪声频偏、信干比、通信距离 4 个因子，并指出了主要的影响因素。从应用结果来看，应用联系数从确定、不确定角度刻画待评价系统，所得评价结果符合实际情况，且该评价模型概念清晰，评价结果直观。但是随着电子装备技术的发展以及电子装备体系对抗模式的出现，各种由于信息认知不清晰、信息把握不完全等不确定性问题带来的评估理论及技术需要进行进一步深入研究。

1.2 电子装备试验与评估中的同异反现象

对于电子装备的效能评估等复杂问题,由于实体众多、种类繁多、关系复杂,不确定因素众多,效能评估方法一直处于不断发展之中。从前述国内外的研究成果来看:目前的评估方法基本上是选取定性或定量的单个数据描述评估指标,评估结果存在以偏概全的现象,不能反映效能的动态特征;解析法、专家评估法等有时只能给出一个单纯的评估结果,很难对评估结果进行不确定性分析,使得评估结果难以有效地应用于装备效能的提高、装备作战中的运用等。因此,目前研究评估指标的同异反角度刻画方法,使评估结果能更好地覆盖与分析效能评估过程中的不确定性,具有强烈的应用需求。

1.2.1 同异反现象研究需求

被称为美国战略研究界“绝地武士”的马歇尔从 20 世纪 50 年代就开始关注不确定性因素的研究。他很早就意识到,不管多么准确的情报,对于对手和环境的掌握都是有限的,而这些信息的局限性给评估和规划带来了不确定性,“任何对军事平衡的评估都必然存在一些悬而未决的不确定性”。马歇尔的得力助手克雷皮内维奇和瓦茨长期坚持认为,在军事竞争和战争中,都需要考虑变化着的对手,根据对手的行动,战争需要时刻保持可调整、可修改的状态。他们提出,竞争对手所作反应是不可预测的,这一事实是影响战争的最主要的不确定因素之一。这种思维方式提醒了装备试验鉴定人员应该重视试验与评估过程中的不确定性因素,多思考一些预期之外的情况。

电子装备试验过程是一个不同复杂程度电磁环境下信息不完全的动态变化过程,而且随着电子技术、计算机技术等高科技的发展,各种高新作战系统的使命极其复杂,影响其作战效能的因素或指标越来越多,战场上信息不完全情况下的各种复杂问题越来越多,其中既有复杂的技术因素(如无法全面认识电磁环境的快速变化情况,对部分双方作战过程系统的输入输出无法建立确定的函数关系等),也含有大量不确定的因素或人为因素等。另外,经典统计理论对一些定性的作战环境或作战结果可能无法进行描述,特别是获得的敌方数据样本量较小,使得我们难以对各种作战信息系统或装备之间、各种作战信息系统或装备与外部环境之间以及各种影响因素之间建立确定的函数关系,这些研究数据往往有不同程度的失真现象,与实际值存在差异,这个差异反映了原始数据客观地存在着不确定性,其数学描述也往往就是一个不确定性概念。

在电子装备试验与评估活动中,我们所使用的数据都是通过试验或仿真过程中所得到的结果信息,由于试验系统、人的辨识能力以及外界噪声等不确定性因素，无论试验和评估人员如何努力预测、规划，总会有没有预想的情况发生，使得这些信息往往有不同程度的失真现象，其数学描述也往往就是一个不确定性概念。只是一个好的数学描述能尽可能小地减小不确定因素所带来的风险，保持其开放性、健壮性和灵活性，能够适应情况的变化。所谓不确定性，就是指对内涵或外延的认识至少有一个是不明确或不完全的。这种不确定性的数学描述信息不能确切地、完全地反映数据信息的本质，我们称之为不确定性信息。

目前人们认识到的不确定性信息通常有随机信息、模糊信息、灰色信息、未确知信息以及集对信息等。作为不确定性信息的随机性信息，荷兰著名天文、物理兼数学家惠更斯早在他 1657 年出版的著作《论机会游戏的计算》中就已提出并进行了研究，而"不确定性"一词，在 1836 年詹姆斯・穆勒临终前发表的《政治经济学是否有用》一文中明确提出。但人类真正对随机性问题进行研究，还要归功于苏联数学家柯尔莫哥洛夫，他于 1933 年在其专著《概率论的基本概念》中，首次提出并建立了在测度论基础上的概率论与命题化方法。由于科学界的专家们对不确定性认识不足，而且在对不确定性的研究中遇到了不少困难，因此对不确定性的研究发展比较缓慢。直到 1965 年，才由美国学者扎德（L. A. Zadeh）创建了模糊集合论，给出了模糊信息的概念，发展了不确定性的研究领域；1982 年，我国华中科技大学邓聚龙教授创立了灰色系统理论，建立了灰色集合，产生了灰色数学；1989 年，我国学者赵克勤从哲学层面上将确定性和不确定性相互联系、影响、制约的各种不确定性关系采用联系数 $u = a + bi + cj$ 来描述，从而把对不确定性的辩证认识转换成一个具体的数学工具；1990 年，我国工程院院士王光远教授提出了未确知信息，并将未确知集作为其主要的研究方法，产生了未确知数学。

站在系统的高度，电子装备试验与评估具有系统的整体性、层次性、关联性、目的性和适应性等特性，电子装备试验与评估过程中各个分系统、子系统及其要素之间是相互联系、相互制约、相互作用的，通过相互之间的有机联系来完成各自的任务，实现装备的整体作战能力，构成一个多层次的完成试验任务的有机整体。从哲学的层面看，对立统一是上述各个分系统、子系统及其要素之间的一条基本规律，学者赵克勤基于认识上的矛盾论与思维中的整体观提出了这种对立统一关系的数学描述，采用典型的辩证思维方法全面客观地刻画研究对象，同异反联系数反映了不确定性系统中研究对象集对的同一性、差异性、对立性。电子装备试验与评估活动中有很多集对的例子，比如电子干扰装备干扰功率的大与小，信号接收机灵敏度的高与低，电子侦察装备对电磁环境适应性的强与弱，等等。

1.2.2 同异反研究对象

电子装备试验与评估同异反原理基于电子装备试验与评估活动中的同异反现象，分析试验与评估活动中的同异反现象，也就明白了试验与评估同异反原理的研究对象。进行电子装备试验与评估的主要目的是检验、评估不同程度战场环境中电子装备完成规定使命任务的能力、作战效能等，识别、评估并降低电子装备论证、研制过程中其战术技术性能、能力或效能不能适应战场环境及使命任务的风险，提供及时、准确和足够的电子装备战术技术性能、能力或效能数据信息，支持其全寿命周期中设计定型、采购和作战使用等决策。通常采用如图 1-1 所示的电子装备试验与评估程序。

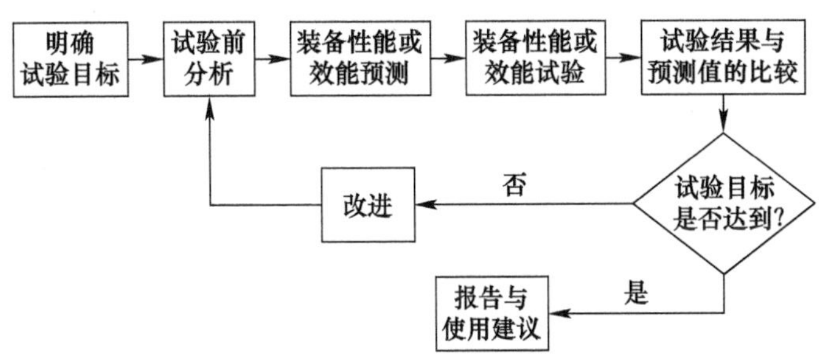

图 1-1　电子装备试验与评估程序

对于具体型号的电子装备试验与评估问题，上述程序中的 8 个环节环环相扣、缺一不可，各个环节都要在试验与评估目标的制约下运行，它们既有其个性或特殊性，又有其共性或普遍性，它们运行的好坏，决定于各个环节是否与试验与评估目标相吻合或相同，吻合程度越高或相同程度越大，则各个环节运行越好。把上述各个环节的吻合程度或相同程度等判断问题抽象出来加以研究，如果利用赵克勤先生提出的典型的辩证思维方法，就是本书研究的同异反方法，吻合程度或相同程度等判断问题也就可以基于同异反联系数进行描述。

“明确试验目标”是电子装备试验与评估程序的第一步，是对电子装备试验目标和评估信息需求，以及试验数据信息是否满足评估需求情况的描述。这一步必须将电子装备性能、能力或效能问题分解成若干独立的可试验部分，并将预期的试验与任务能力需求联系起来，在试验与评估目标的制约下，根据试验任务书与战术技术要求书等文件，须对以下几个主要的问题进行研究：要验证的电子装备性能、能力或效能问题是什么？存在哪些风险？决策者需要哪些试验与评估信息？试验目的是否基于作战任务或战术技术性能所需？等等。

“试验前分析”是一个采取行动的步骤，是对电子装备性能、能力或效能参数进行预测，确定与预测值相比可接受的试验结果的变化范围，并开始制定试验计划。针对试验与评估的试验前分析，必须研究几个主要的问题：电子装备外场和内场试验方案各是什么？需要什么类型的试验与评估数据？需要多大的数据量？必须建设哪些试验设施和开发哪些分析工具？预测电子装备性能、能力或效能如何？在这一步中，可以利用前期电子装备研制厂所获得的初样、正样试验数据建立电子装备性能、能力或效能的联系数模型，各种建模与仿真资源也可以用作预测电子装备性能、能力或效能的工具。

“装备性能或效能预测”是一个采取行动的步骤，是利用内场仿真试验设施和建模仿真试验工具进行仿真试验，基于所得到的仿真试验数据，结合电子装备研制厂所获得的初样、正样试验数据预测电子装备性能、能力或效能。在电子装备性能或效能预测阶段，必须研究下述几个问题：用于电子装备性能或效能预测的仿真环境与模型是否合适？它们是否能达到性能或效能预测的试验目的？所需仿真试验数据是否已收集并进行了分析？仿真试验数据的质量如何？预测的电子装备性能、能力或效能结果是什么？

“装备性能或效能试验”是一个采取行动的步骤，在完成了外场试验大纲、试验实施方案和实施细则以及电子装备性能、能力或效能预测后，接下来就是要利用正确的试验设施和试验设备进行外场试验，外场试验阶段主要包括外场试验计划制定、外场试验实施和外场试验数据管理 3 个步骤。在电子装备性能或效能外场试验阶段，必须对下述目标进行决策或评估：用于外场性能、能力或效能验证的试验环境与评估资源是否合适？它们是否能达到性能、能力或效能验证的试验目的？所需性能、能力或效能评估试验数据是否已收集并进行了分析？是否对电子装备性能、能力或效能进行了充分的试验？

“试验结果与预测值的比较”是一个采取行动的步骤。这一步分析试验结果，确定试验结果是否达到了预测值，是否满足战术技术指标和作战使用要求。本步骤必须对下述目标进行决策与评估：在试验后分析是否将预测的结果和外场试验测量的结果进行了比较？外场试验验证与仿真预测结果的比较情况如何？比较的结果是否能得出结论并提出建议？分析结果是否明确了产生差异的根源？在这一步中，试验项目组可能会根据电子装备试验与评估总要求和前期电子装备研制厂所获得的初样、正样试验数据，对下列问题进行决策与分析：①电子装备试验与评估方法是否有缺陷？②试验前分析步骤或性能预测是否存在错误？③被试电子装备性能、能力或效能是否能达到要求？

“试验目标是否达到”是一个决策步骤，需要试验管理者和技术组做出肯定或否定的判断。本步骤必须对下述目标进行决策与评估：①电子装备性能、能力或效能试验结果是否达到试验目标？②是否进行了充分的试验？③技术风险和作战风险是否已经满足列装部队的需要？④技术风险和作战风险是否已经下降到了满足未来信息化战场的程度？

“报告与使用建议”是一个采取行动的步骤。在确保试验已经达到了最初的试验目标以后，撰写试验报告就显得至关重要。这一步需要对试验报告是否包括了必须的内容、作战使用建议的适用性程度等问题做出决策与评估。

“改进”是一个采取行动的步骤，是电子装备试验与评估程序中进行纠错的反馈环节。本步骤必须研究下述决策与评估问题:技术风险和作战风险如果不能满足未来信息化战场的作战需求程度,哪些必须改变或改进?哪些部门必须采取正确的行动?这些行动包括改进电子装备的设计、纠正存在有缺陷的试验方法、寻找并改正模型和仿真方面的误差、改进试验程序等。

从上述分析可以看到,在电子装备试验与评估领域,集对分析理论具有明确的、覆盖内容相当广泛的研究对象,即试验过程中的诸多决策、评估、建模、预测、博弈等问题,特别是电子装备战术技术性能、作战效能和作战适用性等的评估问题。

1.3 电子装备试验同异反原理及运用架构

同异反角度的决策与评估结论,可以为电子装备的设计、定型、作战使用等提供更多的决策信息。本书主要从理论与实践、定性分析与定量分析的结合上,介绍装备试验集对分析的基本原理,基于集对分析理论的相关技术与方法构建电子装备试验同异反原理体系框架,研究电子装备试验数据的联系数描述、同异反预测、同异反决策、同异反聚类等问题。

1.3.1 集对分析理论及其应用

1.3.1.1 集对分析的概念

集对分析(SPA,Set Pair Analysis)实质上是一种新的不确定性理论,是由中国学者赵克勤于1989年提出的一种用联系数统一处理模糊、随机、中介和信息不完全所致不确定性的系统理论和方法。集对分析的核心思想是将确定、不确定视为一个确定不确定系统,从两个集合同(同一)、异(差异不确定)、反(对立)角度研究两个事物的确定性与不确定性,全面刻画2个不同事物的联系,在基本概念、研究思路、处理方式等方面都与基于概率、模糊或灰色的不确定性理论有根本区别,采取了对不确定性加以“客观承认、系统描述、定量刻画、具体分析”的态度。其中:“客观承认”是指联系数中设置了一个在[-1,1]之间取值的不确定数;“系统描述”是指从同异反多角度、多层次描述不确定性,特别是从确定与不确定2个方面描述不确定性;“定量刻画”是指采用了联系数这个新的数学工具;“具体分析”是指对不同的不确定性要具体分析,对不确定系数取值要具体分析等。上述“客观承认、系统描述、定量刻画、具体分析”的态度,使得集对分析内容丰富,研究结果更加贴近实际。

由于集对分析中的不确定性系统理论把不确定性与确定性作为一个对立统一体加以研究,认为失去了其中的一方,另一方将失去了对照物而无从说明,因此该理论也称为确定不确定系统理论，或简称为集对论。又因为该理论侧重从确定性与不确定性的相互对立、相互联系，在一定条件下的相互转化中去认识和处理不确定性，所以该理论所指的不确定性并不专指某种不确定性，而是包含了多种不确定性。充分体现上述思想，集对分析用联系数来统一描述模糊、随机、中介和信息不完全等所致的各种不确定性，把对不确定性的辨证认识转化为具体的数学运算，从基础上用联系度来把复杂的问题进行简单化处理，以达到分析、计算、评价、预测和决策的目的。

集对分析理论具有下述特点：

（1）全面性。集对分析在具体的问题背景下，从系统的角度去认识确定性与不确定性矛盾，既分析两个系统的同一性，又分析两个系统的对立性和差异性。因此，集对分析通过矛盾的生存与演化充分展开确定性与不确定性，又称为同异反分析。

（2）定性定量相结合。集对分析不仅对具体分析得到的特性进行两个集合是共同具有，还是相互对立或者差异的分析、判断、分类，还要采用一定的数学运算对同异反做定量刻画。其中的关键问题在于确定同、异、反变化特性的定量标准并统计其数量。

（3）将确定性分析结果与不确定性分析结果有机地结合起来。集对分析认为事物的确定性与不确定性处于一个统一体中，互相联系、互相影响、互相制约，并在一定条件下相互转化。因此，应该从确定、不确定两个角度去研究不确定性的规律，从而把确定性分析结果和不确定性分析结果统一在一个同异反联系度表达式中，便于人们对实际问题做辩证、定量和完整的分析。

（4）应用领域广泛。集对分析既可直接对系统作宏观分析，也可对系统作微观分析；既适用于简单系统分析，又适用于复杂系统分析等。

1.3.1.2 集对与模糊和灰色理论的主要差别

灰色系统理论、模糊理论等也是目前流行的研究不确定性的理论与方法，在当今被广泛地应用于各个领域并获得了巨大成功。下面从几个方面对三者做初步的对比分析。

1）研究对象

信息的不确定性是主观与客观的反映，是内在和外在的对立统一。模糊数学着重研究主体的内在不确定性问题，即“认知不确定”问题，其研究对象具有“内涵明确、外延不明确”的特点，对外在不确定性几乎不涉及。灰色理论方法着重研究“内涵不明确、外延明确”以及“外延和内涵都不明确”的对象，重点解决概率统计和模糊数学不能解决的“小样本、贫信息不确定”问题，其特点是少数据建模。而集对分析抛开问题不确定性的具体形式，以问题这一整体为研究对象，视确定性与不确定性为统一的确定不确定系统，在理论上其研究对象可以包括各种不确定性。

2）思维方法

由于事物的复杂性，使得人类只能通过事物的部分信息或信息量的大致范围进行研究。灰色系统和模糊数学都是基于形式上的相对性、采用一种“肯定”“认可”的思维方法。模糊数学承认微观刻画的相对性和模糊性，认为难以用一个精确的值来描述事物的信息，只能用一种含糊其词的陈述，这种变量叫作模糊变量；灰色系统理论认为对事物的认识不能获得全部信息或确切信息，将这种部分已知部分未知的宿信息称为灰色信息，通过对灰色信息的补充进行研究。而集对分析则采用一种典型的辩证思维方法，认为事物是主体与客体、确定与不确定、同一与对立的矛盾统一体，这种辩证思维方法体现了同一、对立、差异的相统一，是认识上的矛盾论与思维中的整体观的结合。

3）信息的表达方法

灰色系统、模糊数学、集对分析都承认对事物数量描述的不确定性，但是三者的表达方法截然不同。灰色系统和模糊数学从事物的同一性出发去研究和度量事物间的联系，并仅做一次非对立刻画。模糊数学对不确定性信息用模糊集合和隶属函数来描述，针对某个模糊集合得出其隶属度，但是模糊隶属度的构造因人而异，处理方法多样，分析结果存在着可信度问题。灰色信息由灰色理论和灰色数学方法表达和处理，用灰数和区间数描述不精确或不确定数量。模糊数和灰数的形式单一，缺乏辩证性和灵活性，容易造成偏差且出现丢失信息的情况。集对分析以问题本身为出发点，认为事物中的量是可确定量和不可确定量的统一体，认识本身是有条件的和相对的，对事物的数量描述是在一定层次上的可识别量与不可识别量的结构函数，其最基本的形式为联系数，实现了确定性与不确定性、同一性与对立差异性等层次上的综合刻画，保证了信息的完整性。

4）理论及应用体系

美国加利福尼亚大学 Zadeh 教授于 1965 年提出的模糊集概念奠定了模糊数学理论的基础，国内外学者做了大量卓有成效的工作，取得了丰硕的成果，推动了相关理论和技术，特别是一些高新技术的发展。经过近 50 年的发展，模糊理论与技术得到了快速发展，形成了模糊集合、模糊关系、模糊语言、模糊变换、扩张与分解等基本理论，以及模糊相似性度量、模糊推理、模糊综合评判、模糊聚类分析、模糊模式识别、模糊规划等技术体系。近年来，模糊数学在武器装备论证、作战评估、作战决策与预测、军事专家系统等方面取得了许多成果，在武器装备尤其是雷达、导弹等武器设计上的应用，大大改善了其战术技术性能，使这些武器智能化，能像人脑那样自动识别、分辨、判断各种目标和处理复杂情况，推动我军装备现代化建设。

灰色系统理论以“部分信息已知、部分信息未知”的“小样本”、“贫信息”不确定性系统为研究对象，主要通过对“部分”已知信息的生成、开发，提取有价值的信息，实现对系统运行行为、演化规律的正确描述和有效监控。灰色系统理论经过20年的发展，已基本建立起一门新兴学科的结构体系。其主要内容包括以灰色朦胧集为基础的理论体系，以灰色关联空间为依托的分析体系，以灰色序列生成为基础的方法体系，以灰色模型（GM）为核心的模型体系，以系统分析、评估、建模、预测、决策、控制、优化为主体的技术体系。灰色系统理论的应用范围包括工农业、能源、交通、地质、气象、环境、医学、军事等众多领域，成功地解决了生产、生活和科学研究中的大量实际问题。在军事领域也取得了广泛的应用，如战役的灰色决策、军事指挥中的效果测度处理、高炮抗空袭时的火力分配、乏信息下电子信息装备试验与评估问题等。

集对分析理论是一种利用联系数统一处理模糊、随机、中介和信息不完全所致不确定性的系统理论和方法，目前已成为一门具有旺盛生命力的系统科学。其特点是对客观存在的种种不确定性予以客观承认，并把不确定性与确定性作为一个既确定又不确定的同异反系统进行辩证分析和数学处理，通过两条途径解决问题：一是直接运用联系数进行运算，得到含有确定性信息和不确定性信息的分析结果；二是先由相对确定性信息得到分析结果，然后再考虑相对不确定性信息的可能影响，寻找对立双方相互转化的途径和可能性，进一步做相对确定性结果的稳定性分析。目前，集对分析理论基本形成了联系数、联系度、联系熵、确定不确定空间、集对势、不确定系数取值等基本概念与理论体系，以及集对决策、集对评估、集对预测、集对聚类、集对推理等应用技术体系。

1.3.1.3 集对分析的应用现状

世界上各种系统、各种事物，在某种条件下、某种层次上，体现出不确定性；而在另一种条件下、另一种层次上，体现出确定性。集对分析运用对立统一的观点，从整体和全局上探讨不确定性与确定性的关系。国内外许多知名学者从事集对分析理论的研究和应用，使得集对分析迅速得到发展，国际、国内很多学术期刊发表集对分析理论及其应用方面的论文。

集对分析应用最广泛的是决策与评价领域，如：程启月对“火力使用策略”进行定性分析，把影响火力使用的7对主要矛盾看作7个集对，定义每个集对的同、异、反3属性的测量要素，通过求各集对的联系度所在问题的解，达到选择最佳“火力使用策略”的目的，从而对战役行动起到指导或辅助决策的作用；王文圣等基于集对原理提出了水资源系统的集对评价法，该方法考虑了等级标准边界的模糊性，避免了直接确定联系度中的差异不确定（分量）系数，并探讨了集对评价法在水资源系统评价中的应用。

集对分析在预测领域获得了广泛的应用，如：金菊良等提出了用集对分析检验、互相关系数统计假设检验相结合的方法,识别影响水资源变化的主要物理因子,用集对分析方法从同、异、反三方面定量刻画水资源历史样本之间的相似性,然后用多个最相似的历史样本的水资源加权平均值作为当前水资源的预测值,进而建立基于集对分析的水资源相似预测模型;高洁等提出了集对分析聚类预测法,该方法融合了集对分析中的同异反模式识别的“择近原则”和聚类分析的基本思想进行分类预测,并建立了邮电业务量水平聚类的预测模型。

基于集对或联系数的数据分析与建模也取得了很多研究成果,如:张明俊等针对新型作战样式条件下空中多机动目标密集回波的数据关联问题,从缓冲算子思想入手,先对雷达探测的目标数据进行随机性弱化处理,然后再运用集对分析思想来研究密集回波下的多机动目标的数据关联问题;赵克勤等提出利用 $a+bi$ 型联系数刻画工程中因未知或难以估计的因素所引起的工期不确定性以及由突发事件引发的反常情况带来的工期变化,从而形成一种有别于传统但更加符合工程实际的网络计划方法;刘晓等将集对分析法引入岩土变形监测分析领域,并结合层次分析法提出了滑坡变形动态预测模型,给出了基于概率论的最优预测算法,提出并证明了集对论中最大同一度在等势条件下存在极限解,据此提出位移势的概念,在位移势的基础上,进行 SPA 二次建模,提出了基于 SPA 的滑坡变形与水库蓄水过程相关性动态分析模型。

集对分析法也丰富了数据融合、数据聚类与分类以及不确定性推理理论等。如:刘以安等针对探测数据不可靠而造成融合中心数据处理精度的下降问题,提出了一种应用 1 次融合数据为特征的集对分析思想,把每时送入融合中心的各雷达探测数据与 1 次融合后的数据组成集对,求出目标状态当前时刻的区间估计,去掉每时落入估计区间之外的雷达探测数据,再做 2 次融合,仿真结果表明该算法能有效提高不确定雷达系统的跟踪精度和可靠性;李宜敏等提出了一种基于集对分析联系度的聚类方法,借用集对分析的联系度对稀疏数据矩阵进行同异反特征分类,给出了符合一定概率分布的同异反特征数和同异反距离计算模型,根据距离矩阵基于距离聚类方法给出聚类结果;王文圣等考虑了径流的大小及其年内时程分配,提出了年径流丰枯分类的集对分析新方法,将年内 12 个月的月径流量分别分类并构造分类集合,由分类集合与分类标准集合构造集对,用联系度描述集对的关系进而进行径流丰枯分类;马守明等利用集对分析的思想,提出了一种利用同异反向量夹角余弦对不确定性上下文进行推理的方法。

集对分析在军事领域的应用除了上述的数据融合外,更多地应用于军事决策与评估问题的解决。如:杜保等运用集对分析理论建立了基于集对同一度的装备研制方案评价模型;陈校平等针对评估过程中存在的不确定性因素和动态变化特征,提出了基于集对理论和马尔科夫链的装备保障能力动态评估方法,为装备管理决策者制定装备保障方案提供了科学依据。

1.3.2 装备试验集对分析的基本原理

电子装备试验与评估系统是一个包括随机性、模糊性和灰色性等多种不确定性的信息系统，如侦察概率、干扰效果等具有大量的不确定性和复杂性，它们的时间序列（指广义的时间序列，在不同的时间、不同的作战背景下）几乎都是非平稳的，是随时间变化的事件序列，因而不确定性分析方法在电子装备试验与评估系统中占有重要地位。随机理论、模糊理论和灰色系统具有处理不确定信息的能力，不确定性分析最初采用单一分析途径，实际上多种不确定性共存于电子装备试验与评估系统中。为了克服单一随机分析、模糊分析和灰色分析等的不足，需要引入新理论、新方法，如集对分析法、遗传算法、神经网络、物元可拓等，或者将多种不确定分析方法相互融合用于电子装备试验与评估分析中。

集对分析的基础是"集对"，集对之间的联系异常复杂，既有确定性联系也有不确定性联系，例如干扰效果的好与差这一集对，对某些干扰目标，联系是确定的，但对另一些干扰目标，联系是不确定的。集对分析的核心思想是将集对之间的确定性联系和不确定性联系作为一个确定和不确定系统来统一分析和处理，将确定性分析和不确定性分析有机地结合起来。这种分析和处理的思想适用于电子装备试验与评估中客观存在的各种集对。因此，集对分析引入电子装备试验与评估是必要的，建立电子装备试验与评估同异反原理，可能解决传统方法难以合理解决的某些复杂问题。同时，电子装备试验与评估同异反理论的若干基本原理，又可以为人们提供一条研究和分析电子装备试验与评估问题的新途径。

1）不确定性原理

电子装备评估数据来源于试验过程中试验者对试验系统及试验目标的观测，这时把电子装备试验与评估过程在宏观层次上的表现与微观层次上的表现相联系作全局性考虑时，不可避免地存在着多种不确定性。例如，电子装备配置和工作方式的不合理产生的不确定性、在一定限制条件下试验系统自身存在的缺陷引起的不确定性、各种假设因素引起的不确定性、试验观测非精确的不确定性、不同试验者实施试验观测的不确定性、试验数据分辨率导致的不确定性、其他各种因素误差所引起的不确定性以及电子装备试验与评估过程中存在的不确定性积累等。上述因素在宏观层次上被认为是确定的东西，在微观层次上则可能是不确定的；在不确定逐步转化为确定的同时，原先确定的东西也在转化为不确定。

2）集对原理

电子装备试验与评估中普遍存在各种"集对"，不存在概念上完全纯粹单一的集合。如灵敏度高与低、干扰功率大与小、干扰效果好与差、相似与非相似、大尺度和小尺度、超过或不及、合格与不合格、安全与破坏、一般与特殊、输入与输出、稳定与非稳定、相关与非相关等，都可以看作是集对的例子。这些都说明电子装备试验与评估系统中事物现象及其对事物现象的认识无不是矛盾的统一体,对立的双方每一方都映现在它的对方内,由于对方的存在,它自己才存在;与此同时,对立着的双方在互相联系的统一体中呈现相对性,实现互相转化。实际上,电子装备试验与评估系统中集对的例子不胜枚举,为集对分析在电子装备试验与评估中的合理应用创造了先决条件。

3）层次性原理

电子装备试验与评估是主体对客体的认识反映,它是有条件的、近似的,是逐步深入的过程。由于客观和主观不确定性因素的存在,对电子装备的认识总是在特定的试验背景下停留在特定的层次上,不可避免地具有不彻底性和不完全性。另外,由于试验者认识水平的限制,必然存在认识和描述所不及的不确定性信息,体现为不同试验者的认识层次,这种认识层次的相对性反映了试验者与电子装备的本质矛盾。电子装备试验与评估同异反原理在辩证思维的立场上,基于联系数的刻画,使试验者对电子装备的认识更接近现实背景。

4）动态性原理

电子装备试验与评估过程是一个复杂的、动态的变化过程,电子装备试验与评估原理和方法需要不断补充、完善和发展,试验与评估目标需要不断调整、改进,试验者必须用辩证的、发展变化的观点,去认识、看待和解决电子装备试验与评估过程中存在的各种现象和问题。

5）信息完整原理

电子装备评估及其过程是联系着的统一体,因而相对于评估对象信息,对其认识和处理也应是完整的。集对论体现了认识论中的辩证法,把电子装备试验与评估过程视为一个确定不确定系统,认为试验过程中获取的评估信息,无论确定性还是不确定性,都是有用信息,采用分析和综合相结合的辩证方法,分别做确定性与不确定性、同一性和相异性两个层次的刻画,实现对评估信息完整有效的分类与处理,避免了片面性,保证了信息的完整性。

6）同异转化原理

在电子装备试验与评估过程中,评估对象及试验目标的同异反双方在互相联系的统一体中呈现相对性,在一定条件下可以相互转化。在同异反联系数模型中,当不确定性系数取正值时,向同一的方向转化,取负值时,则向相异的方向转化。

1.3.3 同异反原理体系架构

集对分析用联系数统一处理模糊、随机、中介和信息不完全所致不确定性,从同、异、反 3 个方面研究两个事物的确定性与不确定性,全面刻画两个不同事物的联系。本书将系统地对电子装备试验与评估活动中的同异反原理与应用进行介绍,构建电子装备试验同异反原理体系,其体系框架如图 1-2 所示。

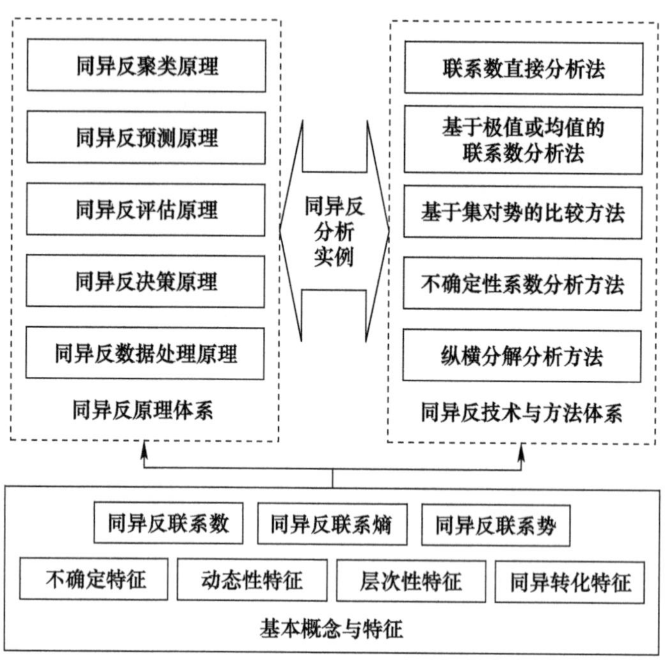

图 1-2　电子装备试验数同异反原理体系

本书以电子装备试验的决策、评估、预测等实际问题为牵引，分析电子装备试验系统的不确定性、动态性、层次性、同异转化等特征，为电子装备试验与评估同异反原理的建立奠定基础；介绍电子装备试验与评估同异反原理的同异反联系度、同异反联系熵等基本概念；建立同异反数据处理、同异反决策等原理体系，提出联系数直接分析、基于极值或均值的联系数分析等技术与方法体系，最终研究基于这些理论或方法的电子装备试验数据分析实际事例，实现“从实践中来、到实践中去”的闭环。

第 2 章　试验与评估同异反原理基础

同异反现象是装备试验与评估活动中的普遍现象,它从人们容易理解的角度展现了武器装备发展、完成作战任务过程中所表现的战术技术性能特征和装备体系之间的联系,揭示了装备发挥其作战能力的本质。本章介绍武器装备试验与评估同异反现象所涉及的同异反联系度、同异反联系数、同异反联系熵、同异反联系势等基本概念,并介绍构成装备试验与评估同异反原理体系的同异反技术体系和同异反方法体系。

2.1　基本概念

有了关于联系数的基本概念,才能有所依托建立装备试验与评估同异反理论与方法。本节主要介绍集对、同异反联系度、同异反联系数、同异反联系熵等基本概念。

2.1.1　集对

集对是装备试验与评估同异反原理最基础的概念。针对所描述的某个客观对象,具有某种一定联系的 2 个集合 A 和 B 组成的对子成为集对,记为 $H(A,B)$。集对中的 2 个集合可以都是确定的集合,也可以都是不确定的集合;还可以一个是确定的集合,一个是不确定的集合。

在具体问题分析中,将 2 个集合的确定性联系称为“同一性联系”和“对立性联系”,将 2 个集合的不确定性联系称为“差异性联系”,将 2 个集合的确定性与不确定性联系称为“同异反联系数”。如果 2 个集合具有某些相同的特性,则称 2 个集合具有同一性联系,简称同联系;如果 2 个集合具有某些相反的特性,则称 2 个集合具有对立性联系,简称反联系;如果 2 个有一定联系的集合,这种联系既不是同一性联系,又不是对立性联系,则称此联系为差异性联系,简称异联系。

2.1.2　同异反联系度

集对分析是一种处理不确定性问题的系统分析方法,其核心思想是对组成集对 $H(A,B)$ 的 2 个集合特性作同一性、差异性、对立性分析,其特性用联系度进行

定量刻画。在具体的问题背景下,对 2 个集合的集对展开分析,则有 2 个集合的联系度表达式

$$\mu_{A\text{-}B} = \frac{S}{N} + \frac{F}{N}i + \frac{P}{N}j \tag{2-1}$$

式中:N 为集合特性的总数;S 为同一特性的个数;F 为差异特性的个数;P 为对立特性的个数;i 为差异不确定系数,在$[-1,1]$之间视不同情况取值,有时仅起差异标记作用;j 为对立度系数,在计算中 $j=-1$,有时仅起对立标记作用。为简便计,称 $a=S/N$ 为同一度,$b=F/N$ 为差异度,$c=P/N$ 为对立度,其中 a、b、c 为非负数且满足归一化条件 $a+b+c=1$。上述联系度表达式可写为

$$\mu_{A\text{-}B} = a + bi + cj \tag{2-2}$$

式中:a、b、c 为非负数。

就联系度的定义式而言,N、S、F、P、j 可认为处在宏观层次上,是确定不确定系统在宏观层次上的参量;i 则看作是微观层次上的一个参量,bi 实际上是联系度中宏观层次上参量与微观层次上参量的一个结合点,这个点体现了联系度的层次性。

联系度包含了确定性与不确定性互相转化的信息,即对立与同一互相转化的信息,具有对多种不确定性能以统一的形式加以客观描述的功能。用同异反联系度描述有关不确定性问题,思路清晰,操作简便,客观合理。

(1)对模糊不确定性的描述。例如,针对通信电台的通信效果,利用模糊语言"411",…,"415"进行描述,那么在给定的通信距离和发射功率下,"414"属于通信效果好的程度为 $0.8+0.2i$,即"414"属于通信效果好的程度有 0.8,是可以确定的,有 0.2 程度的不能确定。很显然,这一描述符合客观实际。因为多个专向的通信效果可能同为"414",但实际通信效果好的程度大不一样。

(2)对随机不确定性的描述。假设某通信侦察装备对某地域内的通信信号进行侦察识别,第 1 轮进行了 10 次信号搜索与识别试验,能搜索并正确识别信号 8 次,第 2 轮 10 次信号搜索与识别试验能搜索并正确识别信号 6 次,第 3 轮 10 次信号搜索与识别试验能搜索并正确识别信号 7 次。于是可以认为,该通信侦察装备每 10 次信号搜索与识别试验,至少能搜索并正确识别信号 6 次,这是确定的;至少有 2 次不能完成信号搜索并正确识别任务,另有 2 次是否能完成信号搜索并正确识别任务不能确定,则可以写出该通信侦察装备实际搜索并正确识别信号的联系度为

$$\mu_{A\text{-}B} = \frac{6}{10} + \frac{2}{10}i + \frac{2}{10}j \tag{2-3}$$

(3)对灰色不确定性的描述。在某型号电子侦察装备的设计定型试验中,确定该装备信号侦察概率为 0.9,即该装备信号侦察能力符合侦察任务的程度为

0.9,那么剩下的0.1有什么含义？0.1与0.9又是什么关系呢？基于同异反联系数0.9+0.1i表达该装备信号侦察能力,0.9表示该装备信号侦察能力符合侦察任务的程度,这部分是确定的,0.1则表示该装备信号侦察能力与侦察任务相异的程度,这部分是不确定的。但是可以认为这剩下的0.1做得好会对0.9这部分产生"正效应",做得不好会对0.9这部分产生"负效应",因此,通过试验数据的分析后采取有效的整改,促进0.1这个差异部分向0.9这个同一部分转化。

(4)对未知不确定性的描述。在电子对抗装备背靠背的训练活动中,红蓝双方都希望取得胜利,事实是只能一方获胜,在开始时谁都不能保证获胜,也就是说具有不确定性。但对于红蓝任何一方来说,结局只有胜利和失败2个,于是在希望获胜的前提下实际对抗结果的联系度表达式为0.5+0.5i。再例如,某型号通信侦察装备对某地域的通信信号进行背靠背的侦察,所以并不清楚该地域通信信号的具体种类数目。但是通过前期大量的侦察与分析,估计该地域至少有n种信号、最多m种信号。此时,若令$N=n+m$,则可写出实际信号种类数目与估计数目的联系度表达式为

$$\mu_{A\text{-}B}=\frac{n}{m+n}+\frac{m}{m+n}i \tag{2-4}$$

若令$N=m$,则可写出实际信号种类数目与估计数目的联系度表达式为

$$\mu_{A\text{-}B}=\frac{n}{m}+\frac{m-n}{m}i \tag{2-5}$$

(5)对随机不确定性夹带未知不确定性的描述。例如,充分利用某信号通信侦察装备列装后30次历史试验与训练任务中故障发生情况,以分析该装备在本次训练任务中发生故障的可能性。已知该装备有20次试验与训练任务期间工作完全正常,有4次试验与训练任务故障统计资料因故缺少,有3次试验与训练任务出现暂时性故障(系统所产生的功能上的故障,通过调整系统参数或运行参数,不需要更换零部件可恢复系统的正常功能),有2次试验与训练任务出现局部性故障(由某些零部件损坏导致某些局部功能丧失,必须经过更换或修复后才能消除的故障),有1次试验与训练任务出现完全性故障(由某些零部件损坏导致装备完全丧失应有功能,必须经过更换或修复后才能消除的故障)。这里把同异反联系数进行拓展,写出该装备历史故障作参考集与实际发生故障的联系度为

$$\mu_{A\text{-}B}=\frac{1}{30}+\frac{3}{30}i_1+\frac{2}{30}i_2+\frac{4}{30}i_3+\frac{20}{30}j \tag{2-6}$$

式中:i_1表示"暂时性故障"的不确定性;i_2表示"局部性故障"的不确定性;i_3表示由未确知信息引起的不确定性;j表示该装备工作正常。

2.1.3 同异反联系数

联系度$\mu_{A\text{-}B}$中 a、b、c 不要求满足归一化条件时，该联系度又表示为联系数，该联系数称为同异反联系数或三元联系数，有时根据实际需要进一步将三元联系数表达式或同异反联系数表达式简化为如下的二元联系数表达式：

$$u_{A\text{-}B} = a + bi \tag{2-7}$$

$$u_{A\text{-}B} = bi + cj \tag{2-8}$$

$$u_{A\text{-}B} = a + cj \tag{2-9}$$

上面三个表达式分别称为同异联系数、异反联系数、同反联系数表达式。

联系数 $u_{A\text{-}B}$也具有宏观、微观两个层次。联系度中的 a 和 c 分别是对事物同一和对立 2 种状态的定量刻画，同时又把介于同一和对立之间的不确定性区分为：宏观层次上的不确定性用 b 来度量，微观层次上的不确定性用不确定系数 i 来承载。i 并不是在联系数的确立过程中确定的，而是在 3 个宏观参数确定后赋予 b，目的在于进一步在微观层面上对不确定性程度进行调整。联系数 $u_{A\text{-}B}$具备了从宏观和微观 2 个尺度对系统进行刻画的能力。

可以看出，同异反联系度和同异反联系数既有区别，又有联系。联系就是同异反联系数是由同异反联系度这个概念引申而来的，同时具有 $a+bi+cj$ 的表达形式；区别就是系数 a、b、c 的含义不同，同异反联系度中的 a、b、c 有约束条件 $a+b+c=1$，而同异反联系数中的 a、b、c 则受 $a+b+c=k(k\geqslant 1)$的约束，当 $k=1$ 时，两者之间可以相互转化。针对实际问题，在物理意义上二者并没有内涵的差异，本书后续都采用同异反联系数一词。

同异反联系数具有系统性、辩证性、可扩展性和不确定性等基本性质。其中：系统性是指同异反联系数把 2 个集合的同、异、反分层次刻画又有机联系成一个整体，同部中的 a、异部中的 b、反部中的 c 处于宏观层次，异部中的 i 则处于微观层次；辩证性是指同异反联系数把同反对立及其同异过渡做了客观描述，在一定条件下，同部 a、异部 bi、反部 cj 均可以相互转化；可扩展性是指同异反联系数在同一层次上是可以展开的，其一般展开式为$(a_1+\cdots+a_n)+(b_1+\cdots+b_n)i+(c_1+\cdots+c_n)j$；不确定性是指同异反联系数中的同部 a、反部 cj 是确定的，而异部 bi 是不确定的，或者说宏观上是确定的，微观上是不确定的，这种不确定性主要体现在 i 取值的不确定上。

2.1.4 同异反联系熵

对于 $n(n\geqslant 2)$个同异反联系数：

$$u_1 = a_1 + b_1 i_1 + c_1 j_1$$

$$u_2 = a_2 + b_2 i_2 + c_2 j_2$$

$$\vdots$$

$$u_n = a_n + b_n i_n + c_n j_n$$

对其中的 n 个同一度 $a_1, \cdots, a_n$ 取熵值,可得同熵为

$$S_S = \sum_{k=1}^{n} a_k \ln a_k \tag{2-10}$$

对其中的 n 个差异度 $b_1, \cdots, b_n$ 取熵值,可得异熵为

$$S_F = i \sum_{k=1}^{n} b_k \ln b_k \tag{2-11}$$

对其中的 n 个对立度 $c_1, \cdots, c_n$ 取熵值,可得反熵为

$$S_P = j \sum_{k=1}^{n} c_k \ln c_k \tag{2-12}$$

则有同异反联系熵

$$\begin{aligned} S &= S_S + S_F + S_P \\ &= \sum_{k=1}^{n} a_k \ln a_k + i \sum_{k=1}^{n} b_k \ln b_k + j \sum_{k=1}^{n} c_k \ln c_k \end{aligned} \tag{2-13}$$

可以看出,同异反联系熵具有下述常用性质。

(1) 同异反联系熵是一个系统。联系熵中的同熵、异熵、反熵互相联系制约,并可在一定条件下相互转化。

(2) 确定性的熵和不确定性的熵有机地结合在一起。在联系熵中,同熵和反熵相对来说是确定性的熵,异熵则是相对不确定的,还可以进一步分析是同熵还是反熵。

(3) 同异反联系熵的值可正可负。这是由于 a_k、b_k、c_k 均在[0,1]区间取值,故一般地说,同熵是负的,反熵是正的,异熵则不能确定。总之,联系熵可正可负,在不同情况下有不同的取值。

(4) 同异反联系熵是一种数学熵,相应的物理意义要结合具体的电子装备试验与评估背景加以讨论。

(5) 同异反联系熵有特殊的极值。同熵的极值为 0,反熵的极值为 $j0$,异熵的极值为 $i0$,这 3 个值表示电子装备试验与评估系统 3 种不同的初始、终极状态。

(6) 同异反联系熵遵守守恒定律。联系熵中一种熵的增加或减少总伴随着其他熵的减少或增加,尽管有时我们不知道是哪部分熵增加了还是减少了。

2.1.5 同异反联系势

联系数 $u = a + bi + cj$ 中三个参数 a、b、c 一般大小不等,其大小差别在一定意

义上反映了所论 2 个集合在指定问题背景下的某种联系趋势。当 $c \neq 0$ 时，定义同一度 a 与对立度 c 的比值 a/c 为所论集对 H 在指定问题背景下的集对势，记为 $\text{shi}(H) = a/c$，集对势可分为集对同势、集对反势、集对均势等。

2.1.5.1 集对的同势

定义 2.1 在联系数 $u = a + bi + cj$ 中，若 $a/c > 1$，则称这时的 $\text{shi}(H)$ 为集对 H 中 2 个集合在指定问题背景下的同势，简记为 $\text{shi}(H)_S$。即有

$$\text{shi}(H)_S = \frac{a}{c},\ \frac{a}{c} > 1 \tag{2-14}$$

集对同势的存在意味着所论 2 个集合在同异反联系中存在同一趋势，是不是主要趋势还需要根据集合 b 的大小来讨论。本节中同一的实际含义，要结合相应的问题背景和预先给定的参考集含义进行理解。

例如，考察某通信侦察装备与通信专向背靠背的训练效果，若以通信侦察装备能对通信信号进行侦察并正确识别为参考集，用同异反联系数 $4/8 + 3/8i + 1/8j$ 表明通信侦察装备在对抗中能对通信方所有信号进行侦察并正确识别 4 次，对通信方所有信号完全不能进行侦察并正确识别 1 次，能进行部分侦察并正确识别（不能确定究竟是完全能进行侦察并正确识别还是完全不能进行侦察并正确识别）3 次，则同势为 $a/c = 4/8 \div 1/8 = 4$，这意味着通信侦察装备在对抗中对通信方所有信号完全能进行侦察并正确识别的趋势为 4。反之，在本次背靠背的训练中，若以通信侦察装备完全不能对通信信号进行侦察并正确识别为参考集，用同异反联系数 $1/8 + 3/8i + 4/8j$ 表明通信侦察装备在对抗中对通信方所有信号完全不能进行侦察并正确识别 1 次，能进行部分侦察并正确识别 3 次，能对通信方所有信号进行侦察并正确识别 4 次，则同势为 $a/c = 1/8 \div 4/8 = 0.25 < 1$，这意味着通信侦察装备在对抗中对通信方所有信号完全不能进行侦察并正确识别的趋势小于 1。

定义 2.2 在集对具有同势的前提下，若满足 $b < c$，则称这 2 个集合具有强同势，简记为 $\text{shi}(H)_{S强}$。即有

$$\text{shi}(H)_{S强} = \frac{a}{c},\ a > c > b \tag{2-15}$$

当集对 H 存在强同势时，表明所论 2 个集合的同异反联系中以“同一趋势”为主。这里同一的实际含义也要结合相应的问题背景和预先给定的参考集含义进行理解。

例如，上述通信侦察装备在对抗训练过程中能对通信方所有信号进行侦察并正确识别 5 次，能进行部分侦察并正确识别 1 次，对通信方所有信号完全不能进行侦察并正确识别 2 次，则有同异反联系数 $5/8 + 1/8i + 2/8j$，其中 $a = 5/8$、$b = 1/8$、$c = 2/8$，$a > c > b$，由此可知该通信侦察装备在对抗训练过程中能对通信方进行侦

察并正确识别的趋势占主导地位。

定义 2.3 在集对具有同势的前提下,若满足 $a>b>c$,则称这 2 个集合具有弱同势,简记为 $\mathrm{shi}(H)_{S弱}$。即有

$$\mathrm{shi}(H)_{S弱}=\frac{a}{c},\ a>b>c \tag{2-16}$$

当集对 H 存在弱同势时,表明所论 2 个集合的同异反联系中虽有"同一趋势"存在,但比较弱。

例如,上述通信侦察装备在对抗训练过程中能对通信方所有信号进行侦察并正确识别 4 次,能进行部分侦察并正确识别 3 次,对通信方所有信号完全不能进行侦察并正确识别 1 次,则有同异反联系数 $4/8+3/8i+1/8j$,其中 $a=4/8$、$b=3/8$、$c=1/8$,$a>b>c$,由此可知该通信侦察装备在对抗训练过程中能对通信方进行侦察并正确识别为主要趋势,但从总体看,由于不确定部分 b 比较大,所以认为这时的"同一趋势"比较弱。

定义 2.4 在集对具有同势的前提下,若满足 $b>a$,则称这 2 个集合具有微同势,简记为 $\mathrm{shi}(H)_{S微}$。即有

$$\mathrm{shi}(H)_{S微}=\frac{a}{c},\ b>a>c \tag{2-17}$$

当集对 H 存在微同势时,表明所论 2 个集合的同异反联系中虽有"同一趋势"存在,但其势力已微弱。

例如,上述通信侦察装备在对抗训练过程中能对通信方所有信号进行侦察并正确识别 3 次,能进行部分侦察并正确识别 4 次,对通信方所有信号完全不能进行侦察并正确识别 1 次,则有同异反联系数 $3/8+4/8i+1/8j$,其中 $a=3/8$、$b=4/8$、$c=1/8$,$a>c$,由此可知该通信侦察装备在对抗训练过程中能对通信方进行侦察并正确识别的"同一趋势"存在,但由于 $b>a$,故认为这时的"同一趋势"相对前面所说的弱同势更微小。

定义 2.5 在集对具有同势的前提下,若满足 $b=0$,则称这 2 个集合具有准同势,简记为 $\mathrm{shi}(H)_{S准}$。即有

$$\mathrm{shi}(H)_{S准}=\frac{a}{c},\ b=0,\ a>c \tag{2-18}$$

当集对 H 存在准同势时,表明所论 2 个集合的同反联系中"同一趋势"是完全确定的。

例如,上述通信侦察装备在对抗训练过程中能对通信方所有信号进行侦察并正确识别 6 次,对通信方所有信号完全不能进行侦察并正确识别 2 次,则有同异反联系数 $6/8+2/8j$,其中 $a=6/8$、$b=0$、$c=2/8$,$a>c$,故可知该通信侦察装备在对抗

训练过程中能对通信方进行侦察并正确识别的趋势是明显确定的。

由上述这些定义可以看出,在集对具有同势的前提下,能根据 3 个参数 a、b、c 的大小来分析 2 个集合"同一趋势"的关系情况,并获得其潜在的信息。

2.1.5.2 集对的反势

定义 2.6 在联系数 $u=a+bi+cj$ 中,若 $a/c<1$,则称这时的 shi(H)为集对 H 中 2 个集合在指定问题背景下的反势,简记为 $\text{shi}(H)_P$。即有

$$\text{shi}(H)_P=\frac{a}{c},\ \frac{a}{c}<1 \tag{2-19}$$

集对反势的存在意味着所论 2 个集合在同异反联系中存在"对立"的趋势,是不是主要趋势还需要集合根据 b 的大小来讨论。对立的实际含义,要结合相应的问题背景和预先给定的参考集含义进行理解。

例如,考察某通信侦察装备与通信专向背靠背的训练效果,若以通信侦察装备能对通信信号进行侦察并正确识别为参考集,用同异反联系数 $3/8+1/8i+4/8j$ 来反映通信侦察装备在对抗中能对通信方所有信号进行侦察并正确识别 3 次,对通信方所有信号完全不能进行侦察并正确识别 4 次,不能判定装备是否能进行侦察并正确识别 1 次,则 $a=3/8$、$b=1/8$、$c=3/8$,$a/c=3/8\div 4/8=0.75<1$,这意味着通信侦察装备在对抗中对通信方所有信号具有完全不能进行侦察并正确识别的趋势。

类似于集对的同势,集对的反势也可以划分为强反势、弱反势、微反势、准反势等。

定义 2.7 在集对具有反势的前提下,若满足 $b<a$,则称这 2 个集合具有强反势,简记为 $\text{shi}(H)_{P强}$。即有

$$\text{shi}(H)_{P强}=\frac{a}{c},\ 0<b<a<c \tag{2-20}$$

当集对 H 存在强反势时,表明所论 2 个集合的同异反联系中以"对立趋势"为主。当然,对立的实际含义也要结合相应的问题背景和预先给定的参考集含义进行理解。

例如,对于上例的同异反联系数 $3/8+1/8i+4/8j$,由于 $a=3/8$、$b=1/8$、$c=3/8$,$b<a<c$,就意味着通信侦察装备在对抗中以反势为主,也就是以对通信方所有信号完全不能进行侦察并正确识别的趋势为主。

定义 2.8 在集对具有反势的前提下,若满足 $b>a$、$b<c$,则称这 2 个集合具有弱反势,简记为 $\text{shi}(H)_{P弱}$。即有

$$\text{shi}(H)_{P弱}=\frac{a}{c}<1,\ b>a,\ b<c \tag{2-21}$$

当集对 H 存在弱反势时，表明所论 2 个集合的同异反联系中虽有“对立趋势”存在，但比较弱。

例如，用同异反联系数 $1/8 + 3/8i + 4/8j$ 表示通信侦察装备在对抗中能对通信方所有信号进行侦察并正确识别 1 次，对通信方所有信号完全不能进行侦察并正确识别 4 次，能进行部分侦察并正确识别 3 次，即 $a = 1/8$、$b = 3/8$、$c = 4/8$，因 $a/c = 1/8 \div 4/8 = 0.25 < 1$，故存在反势，但由于 $b > a$、$b < c$，因此认为对立趋势较弱，也就是说通信侦察装备对通信方所有信号完全不能进行侦察并正确识别的趋势比较弱。

定义 2.9 在集对具有反势的前提下，若满足 $b > c$，则称这 2 个集合具有微反势，简记为 $\mathrm{shi}(H)_{P微}$。即有

$$\mathrm{shi}(H)_{P微} = \frac{a}{c} < 1,\ b > c \tag{2-22}$$

当集对 H 存在微反势时，表明所论 2 个集合的同反联系中虽有“对立趋势”存在，但其势头已微弱。

例如，用同异反联系数 $1/8 + 4/8i + 3/8j$ 表示通信侦察装备在对抗中能对通信方所有信号进行侦察并正确识别 1 次，对通信方所有信号完全不能进行侦察并正确识别 3 次，能进行部分侦察并正确识别 4 次，即 $a = 1/8$、$b = 4/8$、$c = 3/8$，因 $a/c = 1/8 \div 3/8 = 0.33 < 1$，故存在反势，但由于 $b > c$，因此认为对立趋势微弱，也就是说通信侦察装备对通信方所有信号完全不能进行侦察并正确识别的趋势也很微弱。

2.1.5.3 集对均势

定义 2.10 在联系数 $u = a + bi + cj$ 中，若 $a/c = 1$，即 $a = c$，则称 $\mathrm{shi}(H)$ 为集对 H 中 2 个集合在指定问题背景下的均势，简记为 $\mathrm{shi}(H)_F$。即有

$$\mathrm{shi}(H)_F = \frac{a}{c} = 1 \tag{2-23}$$

集对均势的存在意味着所论 2 个集合在同异反联系中同一趋势和对立趋势存在“势均力敌”的状态。这时可结合集合中 b 的大小来进一步划分出强均势、弱均势、微均势、准均势等。

例如，考察某通信侦察装备与通信专向背靠背的训练效果，若以通信侦察装备能对通信信号进行侦察并正确识别为参考集，用同异反联系数 $3/8 + bi + 3/8j$ 来反映通信侦察装备在对抗中能对通信方所有信号进行侦察并正确识别 3 次，对通信方所有信号完全不能进行侦察并正确识别 3 次，能进行部分侦察并正确识别 b 次，则由于 $a = c$，意味着通信侦察装备在对抗中对通信方所有信号完全能进行侦察并正确识别的趋势与完全不能进行侦察并正确识别的趋势“势均力敌”，“势均力敌”的程度还要依据 b 的大小再进行判别。

定义 2.11 在集对具有均势的前提下,若满足 $a>b>0$,则称这 2 个集合具有强均势,简记为 $\text{shi}(H)_{F强}$。即有

$$\text{shi}(H)_{F强}=\frac{a}{c}=1,\ a>b>0 \tag{2-24}$$

当集对 H 存在强均势时,表明所论 2 个集合的同异反联系中以均势为主。当然,同一、对立的实际含义也要结合相应的问题背景和预先给定的参考集含义进行理解。

例如,在上例中,假设 $b=2/8$,用同异反联系数 $3/8+2/8i+3/8j$ 来反映通信侦察装备在对抗中能对通信方所有信号进行侦察并正确识别 3 次,对通信方所有信号完全不能进行侦察并正确识别 3 次,能进行部分侦察并正确识别 2 次,则由于 $a=c$、$b<a$,意味着通信侦察装备在对抗中对通信方所有信号完全能进行侦察并正确识别与完全不能进行侦察并正确识别以"势均力敌"为主要趋势。

定义 2.12 在集对具有均势的前提下,若满足 $b=0$,则称这 2 个集合具有准均势,简记为 $\text{shi}(H)_{F准}$。即有

$$\text{shi}(H)_{F准}=\frac{a}{c}=1,\ b=0 \tag{2-25}$$

当集对 H 存在准均势时,表明所论 2 个集合的同异反联系中均势是完全确定的。准均势是强均势的极限。

定义 2.13 在集对具有均势的前提下,若满足 $b=a$,则称这 2 个集合具有弱均势,简记为 $\text{shi}(H)_{F弱}$。即有

$$\text{shi}(H)_{F弱}=\frac{a}{c}=1,\ b=a \tag{2-26}$$

当集对 H 存在弱均势时,表明所论 2 个集合的同异反联系中已不再以均势为主。在此情况下的均势,其不确定性已明显,即属于一种不稳定均势。

定义 2.14 在集对具有均势的前提下,若满足 $b>a$,则称这 2 个集合具有微均势,简记为 $\text{shi}(H)_{F微}$。即有

$$\text{shi}(H)_{F微}=\frac{a}{c}=1,\ b>a \tag{2-27}$$

当集对 H 存在微均势时,表明所论 2 个集合的同反联系中已不再以均势为主,而是以不确定性均势为主。

2.1.5.4 集对的无穷大势和不确定势

定义 2.15 在同异反联系数 $u=a+bi+cj$ 中,若 $c=0$、$a/c\to\infty$,则称这时的 $\text{shi}(H)$ 为 2 个集合在指定问题背景和给定参考集下的无穷大势,简记为 $\text{shi}(H)_{\infty}$。即有

$$\text{shi}(H)_{\infty} = \frac{a}{c} \to \infty \ , \ c = 0 \tag{2-28}$$

针对集对的同势内涵，同异反联系数的无穷大势可以看作是同势的一种极限情况。当 $c=0$ 时，同异反联系数转化为同异联系数 $u=a+bi$，约束条件由 $a+b+c=1$ 转化为 $a+b=1$，可以把无穷大势划分为具有同一趋势的无穷大势和具有不确定趋势的无穷大势两种情况，以利于借助 a、b 的大小做进一步分析。

定义 2.16 在同异反联系数 $u=a+bi+cj$ 具有无穷大势的前提下，若满足 $a>b$，则称这时 2 个集合的无穷大势 $\text{shi}(H)_{\infty}$ 为同一趋势的无穷大势。

定义 2.17 在同异反联系数 $u=a+bi+cj$ 具有无穷大势的前提下，若满足 $a \leqslant b$，则称这时 2 个集合的无穷大势 $\text{shi}(H)_{\infty}$ 为不确定趋势的无穷大势。

例如，某型号通信侦察装备在两次对抗训练中的信号侦察概率用同异反联系数分别表示为 $6/8+2/8i$ 和 $3/8+5/8i$，由于 $c=0$，因此两种侦察概率关于集对均具有无穷大势，但是两者有本质的区别。其中联系数 $6/8+2/8i$，意味着通信侦察装备在对抗训练中对通信方所有信号完全能进行侦察并正确识别为基本趋势，而联系数 $3/8+5/8i$，意味着通信侦察装备在对抗训练中对通信方所有信号完全能进行侦察并正确识别相对困难。

在同异反联系数 $u=a+bi+cj$ 具有无穷大势的前提下，还可以通过比较 a、b 的大小关系来刻画同异反联系数的势。

定义 2.18 假设同异反联系数 $u=a+bi+cj$ 具有无穷大势，若满足 $b\neq 0$，则用 a/b 来表示 2 个集合的势，并称 a/b 为同异反联系数的不确定势，简记为 $\text{shi}(H)_i$。即有

$$\text{shi}(H)_i = \frac{a}{b}, c=0, b\neq 0 \tag{2-29}$$

定义 2.19 在同异反联系数 $u=a+bi+cj$ 具有不确定势的前提下，若满足 $a>b$、$b\neq 0$，则称同异反联系数中 2 个集合具有不确定的同一趋势，简称不确定同一势。

定义 2.20 在同异反联系数 $u=a+bi+cj$ 具有不确定势的前提下，若满足 $a\leqslant b$，则称同异反联系数中 2 个集合具有不确定的不确定趋势，简称不确定不确定势。

例如，对于上述联系数 $6/8+2/8i$，有 $\text{shi}(H)_i=(6/8)\div(2/8)=3$，意味着通信侦察装备在对抗训练中对通信方所有信号完全能进行侦察并正确识别具有不确定同一势；对于联系数 $3/8+5/8i$，有 $\text{shi}(H)_i=(3/8)\div(5/8)=0.6$，意味着通信侦察装备在对抗训练中对通信方所有信号完全能进行侦察并正确识别具有不确定不确定势。

2.2 同异反联系数的不确定性内涵

由联系数 $u_{A\text{-}B}$的定义可以看出,联系数能以统一的形式对多种不确定性加以客观描述,并且思路清晰,客观合理,便于对系统做进一步分析,本节结合电子装备试验与训练过程进行说明。

2.2.1 模糊不确定性的描述

例如,红、蓝双方进行电子装备训练,红方需要对蓝方某个地区某体制信号进行压制,以蓝方通信的抄报错误组数来认定红方压制的有效性。假设蓝方通信抄报 100 组,抄报错误组数 85 ~ 100 时为压制有效,抄报错误组数 70 ~ 85 时为压制基本有效,60 ~ 70 时为压制效果一般,抄报错误组数 60 以下为压制无效。考查抄报错误 90 组属于压制有效的程度,按模糊数学理论,认为抄报错误 90 组属于压制有效的程度为 0.9。事实上,同样是抄报错误 90 组反映了不同的信道条件,信道条件好的情况下基本上反映红方压制的有效性,信道条件本来就差的情况下无法真实地反映红方压制的有效性;另一方面,抄报错误 90 组只是当时某抄报员的评价结果,换一个抄报员会是另外一个结果。

按照联系数的定义,本例中抄报错误 90 组属于压制有效的程度为 $0.9+0.1i$,即在给定的条件下,抄报错误 90 组属于压制有效的程度有 0.9 是可以确定的,有 0.1 程度的不确定。显而易见,这一描述符合客观实际。

2.2.2 不知道不确定性的描述

红、蓝双方进行背靠背的通信电子装备对抗训练,红方利用通信干扰系统对蓝方某个地区某体制通信信号进行压制,红、蓝双方都希望获得胜利,事实上只能有一方获得胜利,哪一方获胜在对抗开始之前谁都不能保证,也就是说具有不确定性。但是由于对任何一方来说,结局只有胜和败 2 个结果,因此可以记每一方实际结果与希望获胜的联系数为

$$u_{A\text{-}B}=\frac{1}{2}+\frac{1}{2}i \tag{2-30}$$

式中:下标 A 表示希望获胜的结果集合;下标 B 表示实际对抗的结果集合。

由不知道引起的不确定性这类情况比较复杂,而这类情况在电子装备的试验与训练活动中经常会遇到。

又例如,在上述红、蓝双方背靠背的通信电子装备对抗训练中,红方利用通信干扰系统对蓝方某个地区某体制通信信号进行压制,但是实际并不知道蓝方某个地区有多少个需要干扰的通信信号目标。仅根据前期侦察情报和有关分析,估计

蓝方某个地区最少有 n 个需要干扰的通信信号目标，最多有 m 个通信信号目标，则可以写出实际目标数与估计数的联系数表达式，即

$$u_{A\text{-}B}=\frac{n}{m}+\frac{m-n}{m}i \tag{2-31}$$

式中：下标 A 表示实际目标数目集合；下标 B 表示估计的目标总数目集合。

2.2.3 模糊与不知道不确定性的描述

在电子装备试验中，针对某个技术指标的考核，假设 100 分为满分，按传统考核得分 88 分，确认其符合指标要求的程度为 0.88，余下的 0.12 是什么含义？这个“0.12”与“0.88”有什么联系？

这是一个模糊不确定性又夹带由不知道引起的不确定性问题。这是由于电子装备试验是一项有人参与的工作，试验考核过程中难免会掺杂一些主观不确定的因素。问题中的“0.12”，按传统评价方法可以理解为“不符合指标要求的程度”，它与“0.88”的关系合起来刚好等于 1。但实际情况是，这“0.12”所代表的那部分不符合，如果对电子装备的技术指标进行修改，有可能会对“0.88”产生“正效应”，但也有可能对“0.88”产生“负效应”。即从实际情况看，这里的“0.88”和“0.12”的关系存在着不确定性。

按照联系数的定义，电子装备某技术指标考核得分 88 分符合指标要求的程度为 $0.88+0.12i$。也就是说，该技术指标在试验条件下符合指标要求的程度 0.88 是可以确定的，与此同时有 0.12 程度的不确定。

2.2.4 随机不确定性的描述

考核某通信电子侦察装备的侦察性能，假设有 10 个目标配合进行侦察概率试验，共进行 3 次试验。第 1 次试验侦察到 6 个目标，第 2 次试验侦察到 7 个目标，第 3 次试验侦察到 8 个目标。

传统的数据处理方法是先假设侦察次数服从一定的概率分布，然后求得侦察次数的数学期望值，即可求得该装备的侦察概率。在本例中，传统地认为该装备的侦察概率为 0.7，但是另外的 0.3 说明什么问题不能给出令人信服的解释。

按照联系数的定义，本例中可以认为，该装备对 10 个目标最少可以侦察到 6 个，这是确定的，至少有 2 个目标不能侦察到，这也是确定的，另外有 2 个目标能否侦察到不能确定，于是可以写出该装备实际侦察到的目标与目标总数之间的联系数表达式为

$$u_{A\text{-}B}=\frac{6}{10}+\frac{2}{10}i+\frac{2}{10}j \tag{2-32}$$

式中：下标 A 表示该装备实际侦察到的目标数目集合；下标 B 表示目标总数目集合。

2.2.5 由随机性引起、夹带模糊不确定性、又夹带由不知道引起的不确定性的描述

红、蓝双方进行背靠背的通信电子装备对抗训练,红方的通信干扰系统对蓝方某个地区某体制通信信号进行压制,红方依据该系统过去5年间共40次的训练效果来制定其使用计划,以确保其训练效果。就这40次的训练效果来看,已知该系统能对目标进行有效压制的次数为28次,不能对目标进行有效压制的次数为3次,能对目标进行压制但效果不理想的次数为7次,特别地,还有2次训练资料因故缺失。那么,如何根据这40次的训练效果来分析这次通信电子装备对抗训练该系统对目标进行有效压制的可能性。

上述问题是一个随机性夹带模糊不确定性、又夹带由不知道引起的不确定性的判别问题。这是由于:第一,由电子装备过去40次的训练效果资料来分析这次通信电子装备对抗训练该系统对目标进行有效压制的可能性,这件事是个随机不确定性问题;第二,"能对目标进行压制但效果不理想"是个模糊的概念,具有模糊不确定性;第三,40次训练中有2次的训练资料因故缺失,这就自然地产生由不知道引起的不确定性。情况如此复杂,传统的模糊数学、灰色系统理论等不确定性理论都不能根据已知条件来分析这次通信电子装备对抗训练该系统对目标进行有效压制的可能性。

按照联系数的定义,把联系数稍作拓展,可以写出电子装备过去40次训练,以对目标进行有效压制作参考集,与实际对目标进行有效压制的联系数为

$$u_{A\text{-}B}=\frac{28}{40}+\frac{7}{40}i_1+\frac{2}{40}i_2+\frac{3}{40}j \tag{2-33}$$

式中:下标A表示该装备实际对目标进行有效压制的次数集合;下标B表示对目标进行有效压制的总数目集合;i_1表示"对目标进行压制但效果不理想"这个模糊不确定性;i_2表示由不知道引起的不确定性;j表示不能对目标进行有效压制。

综上所述,当联系数$u_{A\text{-}B}=a+bi+cj$中的不确定量bi中含有多种不确定性时,可以把bi分成b_1i_1、b_2i_2、b_3i_3、b_4i_4、b_5i_5等,以分别表示随机性不确定性、模糊不确定性、中介不确定性、由不知道引起的不确定性以及由信息不完全而引起的不确定性,即可以写出其一般形式

$$u_{A\text{-}B}=a+b_1i_1+b_2i_2+b_3i_3+b_4i_4+b_5i_5+cj \tag{2-34}$$

式中:i_1、i_2、i_3、i_4、i_5是对处于微观层次上的各种不确定性的承载,联系数通过其把宏观层次上的确定量与微观层次上的不确定量联系起来,从而构成一个确定不确定性系统。

联系数 u_{A-B} 中的信息,包括确定性与非确定性互相转化的信息、对立与同一互相转化的信息,对这些信息加以开发,可以建立一种基于联系数的系统分析理论。

2.3 联系数的基本运算

设有 3 个联系数 $u_1 = a_1 + b_1 i + c_1 j$、$u_2 = a_2 + b_2 i + c_2 j$ 和 $u_3 = a_3 + b_3 i + c_3 j$,本节介绍其加、减、乘、除及关系运算。

2.3.1 加(减)法运算及性质

$$\begin{aligned} u_1 + u_2 &= a_1 + b_1 i + c_1 j + a_2 + b_2 i + c_2 j \\ &= (a_1 + a_2) + (b_1 + b_2) i + (c_1 + c_2) j \end{aligned} \tag{2-35}$$

$$\begin{aligned} u_1 + u_2 + u_3 &= a_1 + b_1 i + c_1 j + a_2 + b_2 i + c_2 j + a_3 + b_3 i + c_3 j \\ &= (a_1 + a_2 + a_3) + (b_1 + b_2 + b_3) i + (c_1 + c_2 + c_3) j \end{aligned} \tag{2-36}$$

由上述运算可以得到

$$u_1 + u_2 = u_2 + u_1 \tag{2-37}$$

$$\begin{aligned} (u_1 + u_2) + u_3 &= u_1 + (u_2 + u_3) \\ &= (u_1 + u_3) + u_2 \end{aligned} \tag{2-38}$$

这就是说同异反联系数满足加法交换律与结合律,且可推广到有限个联系数的和。由加法运算规则还可以推导出平均联系数表达式:

$$\begin{aligned} u_1 + u_2 + u_3 &= 3 \times \frac{a_1 + b_1 i + c_1 j + a_2 + b_2 i + c_2 j + a_3 + b_3 i + c_3 j}{3} \\ &= 3 \times \left(\frac{a_1 + a_2 + a_3}{3} + \frac{b_1 + b_2 + b_3}{3} i + \frac{c_1 + c_2 + c_3}{3} j \right) \\ &= 3 \times (\bar{a} + \bar{b} i + \bar{c} j) \end{aligned} \tag{2-39}$$

式中:$\bar{a}$、$\bar{b}$、$\bar{c}$ 分别为 3 个同一度、差异度和对立度的平均值。

对于同异反联系数的减法运算,实质上就是对所减去的同异反联系数对应的负值进行求和运算,即有

$$u_1 - u_2 = u_1 + (-u_2) \tag{2-40}$$

$$u_1 + u_2 - u_3 = u_1 + u_2 + (-u_3) \tag{2-41}$$

2.3.2 乘法运算及其性质

对于同异反联系数的乘法运算,在 $a_1 + b_1 + c_1 = 1$、$a_2 + b_2 + c_2 = 1$ 和 $a_3 + b_3 +$

$c_3=1$ 的前提下，采取"先简化、再运算、后还原"的思路。首先对所减去的同异反联系数对应的负值进行求和运算，即用 u_1、u_2、u_3 进行简化，有

$$u_1'=a_1+c_1 j$$

$$u_2'=a_2+c_2 j$$

$$u_3'=a_3+c_3 j$$

则有

$$\begin{aligned}u_1'u_2'&=(a_1+c_1 j)\times(a_2+c_2 j)\\&=a_1a_2+c_1c_2+(a_2c_1+a_1c_2)j\\&=u_2'u_1'\end{aligned}\tag{2-42}$$

$$\begin{aligned}u_1'u_2'u_3'&=(a_1+c_1 j)\times(a_2+c_2 j)\times(a_3+c_3 j)\\&=a_1a_2a_3+a_3c_1c_2+a_2c_1c_3+a_1c_2c_3+\\&\quad(a_1a_2c_3+a_2a_3c_1+a_1a_3c_2+c_1c_2c_3)j\\&=u_2'u_1'u_3'=u_3'u_1'u_2'\end{aligned}\tag{2-43}$$

最后将 $a+cj$ 还原为 $a+b+cj$ 的形式，即有

$$\begin{aligned}u_1u_2&=(a_1+b_1i+c_1 j)\times(a_2+b_2i+c_2 j)\\&=a_1a_2+c_1c_2+(1-a_1a_2-a_2c_1-a_1c_2-c_1c_2)i+\\&\quad(a_2c_1+a_1c_2)j\\&=u_2u_1\end{aligned}\tag{2-44}$$

$$\begin{aligned}u_1u_2u_3&=(a_1+b_1i+c_1 j)\times(a_2+b_2i+c_2 j)\times(a_3+b_3i+c_3 j)\\&=a_1a_2a_3+a_3c_1c_2+a_2c_1c_3+a_1c_2c_3+\\&\quad(1-a_1a_2a_3-a_1a_2c_3-a_2a_3c_1-a_1a_3c_2-\\&\quad a_3c_1c_2-a_2c_1c_3-a_1c_2c_3-c_1c_2c_3)i+\\&\quad(a_1a_2c_3+a_2a_3c_1+a_1a_3c_2+c_1c_2c_{3\ 3})j\\&=u_2u_1u_3=u_3u_1u_2\end{aligned}\tag{2-45}$$

可见同异反联系数的乘积满足乘法交换律。

基于上述计算过程，可以得到 n 个同异反联系数的加乘混合运算

$$u_1(u_2+u_3)=u_1u_2+u_1u_3\tag{2-46}$$

可以看出，n 个同异反联系数的加乘混合运算满足分配律。

2.3.3 除法运算

当 n 个同异反联系数的乘积去除 1 个联系数时，也采取"先简化、再运算、后还

原”的思路。

假设 2 个联系数 $u_1=a_1+b_1i+c_1j$、$u_2=a_2+b_2i+c_2j$，求取 u_1/u_2。假设 $u_1/u_2=u=a+bi+cj$，于是有 $uu_2=u_1$。

先将上述 3 个联系数进行简化，即有 $u_1'=a_1+c_1j$、$u_2'=a_2+c_2j$ 和 $u'=a+cj$；然后根据 $u'u_2'=u_1'$ 求取相关系数，即

$$aa_2+cc_2+(a_2c+ac_2)j=a_1+c_1j \tag{2-47}$$

可得下述方程组

$$\begin{cases}aa_2+cc_2=a_1\\a_2c+ac_2=c_1\end{cases} \tag{2-48}$$

方程组中参数 a_1、c_1、a_2、c_2 已知，即可解出未知参数 a、c。

2.3.4 关系运算

若同异反联系数 u_1 与 u_2 相等，则联系数的同部、异部和反部必须分别相等，即

$$u_1=u_2 \Leftrightarrow a_1=a_2,b_1=b_2,c_1=c_2 \tag{2-49}$$

对于同异反联系数 u_1 与 u_2 的大小比较，与联系数的同部、异部、反部和 i 的实际取值综合相关，其比较关系见 2.5 节有关内容。

2.4 不确定性系数取值方法

同异反联系数 u 中的 a、b、c 处于确定不确定系统的宏观层次上，i 则是对处于微观层次上的不确定性的承载。但是，宏观层次与微观层次是紧密联系的，i 在微观层次上的自由值，受到宏观层次的约束，以至于在某个联系数中，i 的实际值往往是 i 的自由值和 a、b、c 约束值综合作用的结果。在综合过程中，哪一方面起主要作用，哪一方面起次要作用，依不同情况而定，因而导致了有关 i 取值思路及取值方法的多样性。

关于 i 的取值方法，本节介绍电子装备试验数据分析常用的顺势取值法、逆势取值法、计算取值法、统计取值法和特殊值法等。

2.4.1 顺势取值法

i 在顺着集对势取值时，一般同时取值 a、b、c，取值结果是把 b 分成“ab”、“bb”和“bc”3 个部分，其中的“ab”可以并入 a，“bb”可以并入 b，“bc”可以并入 c，这个过程相当于对 b 进行了“一分为三”的分解。

用同异反联系数表示某型号通信侦察装备对某地域信号的侦察概率，在进行有限次侦察训练后得到结果 $u_{A\text{-}B}=0.5+0.2i+0.3j$，由于这里 $a=0.5$、$b=0.2$、$c=0.3$，故有 $a/c>1$、$a>c>b$，通信侦察装备信号侦察概率处于强同势状态。如果不改变通信侦察装备信号侦察概率的强同势状态，该通信侦察装备对某地域信号进行大量的侦察训练，那么 i 如何取值能有效预测通信侦察装备的信号侦察概率呢？

令 $i_1=a$、$i_2=c$、$i_3=b$，则有 $i_1b=ab=0.5\times0.2=0.1$，$a+ab=0.5+0.1=0.6$，$i_2b=bc=0.2\times0.3=0.06$，$c+bc=0.3+0.06=0.36$，$i_3b=bb0.2\times0.2=0.04$，经过大量的侦察训练后，通信侦察装备信号侦察概率的同异反联系数表达式为

$$u_{A\text{-}B}=0.6+0.04i+0.36j \tag{2-50}$$

此时 $a=0.6$、$b=0.04$、$c=0.36$，故有 $a/c>1$、$a>c>b$，未改变通信侦察装备信号侦察概率的强同势状态。因为这时把 b 按原有 a、b、c 的比例关系进行了分解，再按此比例分给了 a、c 和 b。

2.4.2 逆势取值法

在电子装备试验与评估中，同异反联系数在很多情况下会发生集对势的倒转，这时 i 的取值起着主要的作用。i 的逆势取值与顺势取值有很大不同，需要根据不同情况求解关于 i 的一元一次不等式。

2.4.2.1 集对同势的倒转

对于集对同势的同异反联系数，由于 $a/c>1$，因此要使其势发生倒转，必须使倒转后的联系数 $c'>a$，可以把 bi 加到 c 上，求解下述一元一次不等式

$$c+bi>a \tag{2-51}$$

即可得到 i 的取值范围。

例如，某型号通信侦察装备在某战场电磁环境下对信号的侦察概率联系数为 $u_{A\text{-}B}=0.40+0.35i+0.25j$，这时 $a/c>1$，$a>b>c$，由此可知该通信侦察装备侦察概率的“同一趋势”比较弱。如果该通信侦察装备受到更复杂电磁环境的影响，则可能产生该通信侦察装备侦察概率的“对立趋势”，为了使 $c'>a$，可求一元一次不等式

$$0.25+0.35i>0.4$$

解得 $i>\dfrac{3}{7}$。

根据定义有 $i\in[-1,1]$，得到 i 的取值范围为 $\dfrac{3}{7}<i<1$。

2.4.2.2 集对反势的倒转

对于集对反势的同异反联系数，由于 $a/c<1$，因此要使同异反联系数的集对反势倒转为集对同势，必须使倒转后的联系数 $a'<c$，可以把 bi 加到 a 上，求解下述一元一次不等式

$$a+bi>c \tag{2-52}$$

即可得到 i 的取值范围。

假设上述某型号通信侦察装备在某战场电磁环境下对信号的侦察概率联系数为 $u_{A\text{-}B}=0.30+0.30i+0.40j$，这时 $a/c<1$，$a=b$，由此可知该通信侦察装备侦察概率以反势为主。如果要使该通信侦察装备在实际任务中发挥其作战效能，必须更变其"对立趋势"，使 $a'>c$，可求一元一次不等式

$$0.30+0.30i>0.40 \tag{2-53}$$

解得 $i>\frac{1}{3}$。

根据定义有 $i\in[-1,1]$，得到 i 的取值范围为$\frac{1}{3}<i<1$。

需要说明的是，i 的逆势取值并不是总能使同异反联系数的集对势发生倒转。

2.4.3 计算取值法

电子装备系统及其试验系统都是动态系统，不仅在某个时刻具有不确定性，且在不同时刻其确定不确定性程度也不一样。当系统的确定不确定性程度主要由 i 变化引起时，可根据 u 的变化求取 i 的值。

电子侦察装备的侦察性能用联系数表示，假设其在作战想定一背景下的侦察性能为 $u_{A\text{-}B}=0.65+0.2i_1+0.15j$，在作战想定二背景下的侦察性能为 $u'_{A\text{-}B}=0.7+0.12i_2+0.18j$，试分析 i_1 的取值情况。

根据上述 $u_{A\text{-}B}$ 及 $u'_{A\text{-}B}$ 的表达式有两个方程：

$0.65+0.2i_1=0.7$　　①

$0.2i_1+0.15j=0.18j$　　②

解方程①得到

$i_1=0.25$

解方程②得到

$i_1=0.15$

这时，可以把作战想定二背景下的 $u'_{A\text{-}B}$ 看作 $u_{A\text{-}B}$ 中 i_1 同时取值 0.25、0.15 和 0.6 的结果。也就是说，对于该电子侦察装备从作战想定一到作战想定二背景下的侦察性能，通过 i_1 的不同取值，把不确定性 $b=0.2$ 的 25% 转化为同一度，即增

强了对目标的侦察概率,15% 转化为对立度,增大了不能对目标进行侦察的概率,60% 仍然保留在 b 内。

2.4.4 统计取值法

联系数 u 中的 i 定义在区间[-1,1],对电子装备试验数据进行不确定性分析时,可以利用类似作战想定下试验或训练的数据来决定 i 的取值。

例如,在某复杂电磁环境下电子装备训练过程中,某电子侦察装备对某种信号时而能侦察到、时而侦察不到,侦察到和侦察不到该信号的次数大概相同,那么对该信号侦察到的概率大还是对该信号侦察不到的概率大?假设侦察概率用联系数表示,则有

$$u=\frac{m}{n}+\frac{n-2m}{n}i+\frac{m}{n}j \tag{2-54}$$

式中:n 为总侦察次数;m 为对某种信号侦察到或侦察不到次数。为了弄清某电子侦察装备对该信号侦察到的概率大还是对该信号侦察不到的概率大,可以在类似的复杂电磁环境下进行 3 次试验:如果 3 次都能侦察到该信号或 3 次中有 2 次能侦察到该信号,则 i 在区间(0,1]中取值;如果 3 次都侦察不到该信号或 3 次中有 2 次侦察不到该信号,则 i 在区间[-1,0)中取值。

又如,某批投掷式电子干扰弹 200 发,通过抽取 6 发进行干扰效果试验,其中 3 发干扰效果合格,3 发干扰效果不合格,剩下的 194 发干扰效果合格还是不合格不知道。假设该批干扰弹干扰效果合格率用联系数表示,则有

$$u=\frac{3}{200}+\frac{194}{200}i+\frac{3}{200}j \tag{2-55}$$

为了确定干扰效果合格的电子干扰弹多还是干扰效果不合格的电子干扰弹多,进行放回抽样试验。连续进行 3 次试验:每次抽取 1 个电子干扰弹进行干扰效果试验,如果 3 次干扰效果都合格或 3 次中有 2 次干扰效果合格,则 $i=1$;如果 3 次干扰效果都不合格或 3 次中有 2 次干扰效果不合格,则 $i=-1$。

2.4.5 特殊值法

i 的特殊值包括 i 的极限值 -1、1,中间值 0、0.5 和 -0.5。对电子装备试验数据进行不确定性分析时,还可以基于专家经验,利用不同作战想定下试验或训练的数据来决定 i 取值为 0.1 ~0.9 或 -0.1 ~ -0.9。

例如,在某复杂电磁环境中,某电子侦察装备对某种信号的侦察概率用联系数表示,有

$$u=p_1+(1-p_1-p_2)i+p_2 j \tag{2-56}$$

在后续的试验或训练过程中对该装备的侦察概率进行预测时:若装备所处的电磁环境相对简单了,则 i 可以在区间 $(0,1]$ 中取特殊值;若装备所处的电磁环境相对复杂了,则 i 在区间 $[-1,0)$ 中取特殊值。

2.5 同异反分析方法体系

集对分析应用于电子装备试验与评估过程时,将电子装备试验与评估系统视为一个确定性不确定性系统,而同异反联系数就是这种确定性不确定性的映射。本节主要介绍同异反联系数的一些常用分析方法。

2.5.1 基于联系数的直接比较分析法

直接比较分析法是直接利用同异反联系数中的联系分量与某个给定的参考对象进行比较分析的方法,它可分为局部比较分析法和全局比较分析法。

2.5.1.1 局部比较分析法

局部比较分析法,是将比较对象联系数表达式中的个别联系分量进行比较。

例如,专家组对 3 种电子装备试验总体技术方案的评审结果用同异反联系数表示为

$$u_A=\frac{7}{11}+\frac{2}{11}i+\frac{2}{11}j \tag{2-57}$$

$$u_B=\frac{7}{11}+\frac{3}{11}i+\frac{1}{11}j \tag{2-58}$$

$$u_C=\frac{7}{11}+\frac{1}{11}i+\frac{3}{11}j \tag{2-59}$$

从 3 个方案的联系数表达式来看,u_A、u_B、u_C 的同一度相等,即有 $a_A=a_B=a_C$,而 u_C 的对立度大于 u_A 的对立度,u_A 的对立度大于 u_B 的对立度,所以在不考虑相关信息支持的情况下,可以认为电子装备试验总体技术方案 B 略优于方案 A,方案 A 略优于方案 C。

2.5.1.2 全局比较分析法

全局比较分析法,是将比较对象联系数表达式中的每个联系分量进行比较。

针对上述 3 种电子装备试验总体技术方案的同异反联系数 u_A、u_B、u_C,从全局的角度来看时,除去考虑它们的同一度与对立度外,还需考察方案的不确定性。很显然,由于 $b_B>b_A>b_C$,所以电子装备试验总体技术方案 B 的不确定性大于方案 A,方案 A 的不确定性大于方案 C。在考虑评审结果含有不确定性的情况下,比

较3种方案的优劣需要对联系数表达式中的i进行取值分析。

2.5.2 基于集对势的比较方法

研究基于集对势的比较与分析方法,首先必须了解集对的大势和集对的小势等概念。集对的大势是关于同异反类别的集对势,具体地,就是对集对的同势、均势、反势、无穷大势、不确定势的一个统称;集对的小势是指同一个同异反类别的集对势中带有强调级别的势,如准同势、强均势、强反势、弱均势、弱同势等。

2.5.2.1 集对势的分级和势序

依据a/c的大小,根据前述同势、反势、均势的定义可以对其进行明确的区分;在同异反某一类别的集对势内部,又依据b的大小可以进行分级,我们把这种明显的次序关系称为集对势序。集对势的分级和势序关系,如表2-1所列。

表2-1 集对势的分级和势序关系

序号	等级划分	集对势		a、b、c的大小关系
1	均势	一级	微均势	$a=c$、$b>a$
2		二级	弱均势	$a=c$、$b=a$
3		三级	强均势	$a=c$、$a>b>0$
4		四级	准均势	$a=c$、$b=0$
5	同势	一级	准同势	$a>c$、$b=0$
6		二级	强同势	$a>c$、$c>b$
7		三级	弱同势	$a>c$、$a>b>c$
8		四级	微同势	$a>c$、$b>a$
9	反势	一级	准反势	$a<c$、$b=0$
10		二级	强反势	$a<c$、$a>b>0$
11		三级	弱反势	$a<c$、$c>b>a$
12		四级	微反势	$a<c$、$b>c$
13	不确定同一势			$c=0$、$a>b$
14	不确定不确定势			$c=0$、$a\leqslant b$

由表可见:集对的均势随b的变小而增大,当$b=0$时达到极限,其极限值$a/c=1$且$a=c=0.5$,这是一个重要的临界值;a比c略大一点,集对均势演变为集对同势;a比c略小一点,集对均势演变为集对反势。

集对同势随b的增大而变小,当b足够大时,集对同势可以足够小。类似地,集对反势也随b的增大而变小。这些规律表明,集对势的变化与不确定性有着密切的联系,其关系可以通过如图2-1所示的势轮图进行形象地分析。

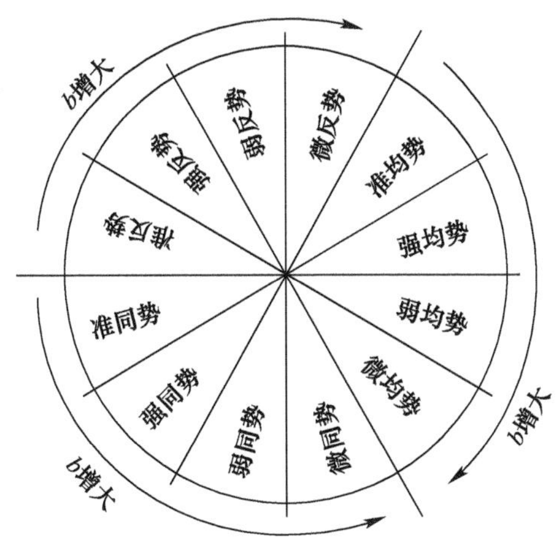

图 2-1　集对势的势轮图

2.5.2.2　集对势的演变

在电子装备试验与评估活动中,集对势的演变包括集对势的倒转、集对势的变化等。

1）集对势的倒转

定义 2.21　假设同异反联系数 $u=a+bi+cj$ 的势在时刻 t_1 是同势、时刻 t_2 是反势,或者,在时刻 t_1 是反势、时刻 t_2 是同势,则称同异反联系数的集对势发生了倒转。

同异反联系数的集对势发生倒转,表明由同异反联系数所表征的事物性质发生了变化。

例如,某型号通信侦察装备在某战术对抗训练中的信号侦察概率用同异反联系数表示为 $4/9+3/9i+2/9j$,由于 $a/c>1$,意味着通信侦察装备在战术对抗训练中的信号侦察概率以集对同势为基本趋势。当通信方采用有关通信反侦察措施后,该装备的信号侦察概率同异反联系数为 $2/9+3/9i+4/9j$,此时 $a/c<1$,意味着通信侦察装备在战术对抗训练中的信号侦察概率以集对反势为基本趋势。两种情况下该通信侦察装备对信号的侦察能力发生了根本的变化。

2）集对势的变化

定义 2.22　假设同异反联系数 $u=a+bi+cj$ 的势从一个势级变到另一个势级,如果不引起集对势倒转,则称其为同异反联系数集对势的变化,简称势变。

依据该定义,在同一类大势中,同异反联系数集对势从一种小势变化到另一种小势,如从弱同势变化为微同势,属于势的变化。另外,在集对的同势与均势之间、反势与均势之间的变化,也属于势变。

例如：某型号通信侦察装备在某战术对抗训练中的信号侦察概率用同异反联系数表示为 $4/9+3/9i+2/9j$，由于 $a/c>1$、$a>b>c$，因此该通信侦察装备信号侦察概率的发展趋势属于弱同势，其弱同势势值为 $a/c=2$；若信号侦察概率的同异反联系数为 $4/9+2/9i+3/9j$，由于 $a/c>1$、$c>b$，因此该通信侦察装备信号侦察概率的发展趋势属于强同势，其强同势势值为 $a/c=4/3$；若信号侦察概率的同异反联系数为 $5/8+2/8i+1/8j$，由于 $a/c>1$、$a>b>c$，因此该通信侦察装备信号侦察概率的发展趋势属于弱同势，其弱同势势值为 $a/c=5$。可见，第一种和第三种情况属于同一个小势内的势变现象，势级未发生变化，但其势值发生了变化，这种情况称为集对势的渐变。

根据上述两个定义可以看出，同异反联系数集对势的变化属于事物的量变，而集对势的倒转则属于事物的质变。

2.5.3 不确定性系数分析法

不确定性系数分析法是指通过同异反联系数中 i 的取值来进行分析。下面通过电子装备试验与评估活动中同类型装备的效能优劣比较说明该方法的应用。

假设某类型两种型号通信侦察装备在某战术对抗训练中的信号侦察概率分别用同异反联系数表示为

$$u_A=0.5+0.2i+0.3j$$

$$u_B=0.5+0.3i+0.2j$$

这里对两种型号通信侦察装备的信号侦察性能进行优劣分析。假设对两个同异反联系数的不确定性系数 i 进行顺势取值，即 i_A 分别取为 0.5、0.2、0.3，i_B 分别取为 0.5、0.3、0.2，则原有的联系数变为

$$\begin{aligned} u_A' &= (0.5+0.5\times 0.2)+(0.2\times 0.2)i+(0.3+0.3\times 0.2)j \\ &= 0.6+0.04i+0.36j \end{aligned}$$

$$\begin{aligned} u_B' &= (0.5+0.3\times 0.5)+(0.3\times 0.3)i+(0.2+0.3\times 0.2)j \\ &= 0.65+0.09i+0.26j \end{aligned}$$

基于该取值结果，B 型号通信侦察装备的信号侦察性能优于 A 型号，但是切不可认为这个分析结论完全可靠，因为只是 i 进行顺势取值的前提下得到的分析结论，基于其他取值方法，有可能得到截然相反的分析结论。比如，上述 i_A 进行顺势取值，而 i_B 进行逆势取值，得到 B 型号通信侦察装备信号侦察概率的同异反联系数为

$$\begin{aligned} u_B' &= 0.5+(0.2+0.3\times 1)j \\ &= 0.5+0.5j \end{aligned}$$

很显然,这时 A 型号通信侦察装备的信号侦察性能优于 B 型号。事实上,在电子装备试验与评估活动中,由于 i 取值的不确定性、多值性,为了确保分析结论的完整与可靠,必须要结合研究对象的实际问题背景进行取值。

例如,结合上述两种型号通信侦察装备对复杂电磁环境的适应性能进行分析,假设 A 型号通信侦察装备的复杂电磁环境适应性稍强一些,进一步考察上述两种型号通信侦察装备在复杂电磁环境背景下的战术对抗训练情况来确定 i 的取值。假设 A 型号通信侦察装备的信号侦察性能基本不变,而 B 型号通信侦察装备的复杂电磁环境适应性稍差,其对信号侦察的不确定性属性发生变化,大概有 50% 的概率表现为完全不能侦察到信号,这时 B 型号通信侦察装备信号侦察概率的同异反联系数为

$$
\begin{aligned}
u'_{\mathrm{B}} &= 0.5 + (0.3 - 0.3 \times 0.5)i + (0.2 + 0.3 \times 0.5)j \\
&= 0.5 + 0.15i + 0.35j
\end{aligned}
$$

这时优于 A 型号通信侦察装备的复杂电磁环境适应性稍强,其信号侦察性能略优于 B 型号。

2.5.4 纵横分解分析法

纵横分解分析法是利用同异反联系数 $u = a + bi + cj$ 做横向展开和纵向两层或多层展开的分析方法。

在电子装备试验与评估活动中,很多问题需要对 bi 这部分做分解和展开,继续以复杂电磁环境下某型号通信侦察装备的信号侦察性能为例说明纵横分解分析法的应用。

以同异反联系数 $u = a + bi + cj$ 表征复杂电磁环境下某型号通信侦察装备的信号侦察概率,其中 a 表示该通信侦察装备完全能对通信方信号进行侦察并正确识别,bi 表示不能判定该通信侦察装备是否能对通信方信号进行侦察并正确识别,cj 表示该通信侦察装备完全不能对通信方信号进行侦察并正确识别。这里的不确定量 bi 通常含有多种不确定性,或者是由多种不确定性因素引起的不确定性,可以把 bi 直接分解为多种不确定性分量。不能判定该通信侦察装备是否能对通信方信号进行侦察并正确识别通常分为以下几种情况:一是该通信侦察装备对通信方信号时而能侦察时而不能侦察;二是该通信侦察装备能对通信方信号进行侦察、但是无法给出识别结果;三是该通信侦察装备能对通信方信号进行侦察、但是不能进行准确的识别。这 3 种不确定性分量分别用 b_1i_1、b_2i_2 和 b_3i_3 表示,则复杂电磁环境下该通信侦察装备的信号侦察概率可以表示为

$$u = a + (b_1i_1 + b_2i_2 + b_3i_3) + cj$$

这是一种针对 bi 不确定性类别层次的横向展开分析方法。还有针对 bi 不确

定性发展趋势层次的横向展开分析方法，下面继续以上述事例进行分析。同异反联系数 $u=a+bi+cj$ 表征复杂电磁环境下某型号通信侦察装备的信号侦察概率，对复杂电磁环境下某型号通信侦察装备的信号侦察能力进行有针对性的改进，其实质就是有针对性地控制联系数 $u=a+bi+cj$ 中不确定量 bi 的变化趋势。假设 dii 表示该通信侦察装备进行改进后仍然不能判定其是否能对通信方信号进行侦察并正确识别，eij 表示该通信侦察装备进行改进后仍然完全不能对通信方信号进行侦察并正确识别，fjj 表示该通信侦察装备进行改进后完全能对通信方信号进行侦察并正确识别，则该通信侦察装备有针对性的改进后信号侦察概率可以表示为

$$\begin{aligned} u &= a+bi+cj+dii+eij+fjj \\ &= (a+fjj)+(bi+dii)+(cj+eij) \end{aligned}$$

当然，在电子装备试验与评估活动中，还可以利用 2 阶同异反联系数及其展开式来表示有关试验数据，特别是在一些需要分析决策与评估结论可靠性的场景下，基于同异反联系数的纵横分解分析法，可以更明晰地分析决策与评估结论的不确定性。其基本思路是用同异反联系数 $u_1=a_1+b_1i+c_1j$ 表示某决策或评估指标测试设备的可靠性，而基于该测试设备所显示的某决策或评估指标的同异反联系数可以表示为 $u_2=a_2+b_2i+c_2j$，则某决策或评估指标的最终测试结果可以表示为

$$\begin{aligned} u=u_1u_2 &= (a_1+b_1i+c_1j)(a_2+b_2i+c_2j) \\ &= a_1a_2+(a_1b_2+a_2b_1)i+(a_1c_2+a_2c_1)j+ \\ &\quad (b_1c_2+b_2c_1)ij+b_1b_2ii+c_1c_2jj \end{aligned}$$

这种表示法除了可以利用 2 阶同异反联系数对测试结论进行详细的不确定性分析外，还可以详细分析不确定性的来源及影响大小。这种方法倒过来应用时，即用 2 阶同异反联系数去除 1 阶同异反联系数，可以解决测试设备的可靠性分析等实际问题。

第3章 试验数据的同异反处理原理与应用

同异反联系数 $a+bi+cj$ 统一处理模糊、随机、中介和信息不完全所致不确定性，从同、异、反三个方面研究两个事物的确定性与不确定性，全面刻画两个不同事物的联系，它对武器装备试验活动中具有复合不确定特征的试验数据的描述与分析有着重要的理论与应用价值。因其所具有的特性，本章初步将集对分析（SPA）方法应用于武器装备试验中的不确定性信息的描述与处理。

3.1 试验数据的同异反模型构建方法

武器装备试验与评估过程中同异反联系数有不同的表达方式，本节介绍常用的确定联系数表达式构建立方法。

3.1.1 穷举法

穷举法就是把2个集合关于某一问题的所有特性全部列举出来，这时由于 N 是确定的，相应的 S、F、P 也随之确定，从而确定各个联系分量并写出同异反联系数表达式 $u_{A\text{-}B}$ 的方法。

例如，对于某通信干扰装备的设计定型试验，共有接收机灵敏度、干扰功率、目标侦察干扰概率、干扰距离、干扰反应时间、多目标干扰能力、架设与撤收时间、可靠性、维修性共9个主要战术技术指标要求。通过试验，发现除可靠性、维修性之外的其他指标完全符合要求，维修性指标达不到规定要求，而可靠性指标由于时间的限制没有完成规定的内容，无法判别是否符合要求。则在不考虑各个指标权重的前提下，该通信干扰装备的能力状况可以表示为

$$u_{A\text{-}B}=\frac{7}{9}+\frac{1}{9}i+\frac{1}{9}j$$

可采用穷举法根据试验结果确定某个战术技术指标的同异反联系数表达式，这时由于试验总次数 N 是确定的，因此每一次试验结果与战术技术指标要求的相符、不相符情况也是确定的，即相应的 S、F、P 也随之确定了。例如，上述某通信干扰装备的干扰距离试验，总共进行了8次试验，其中5次试验的干扰距离符合战术技术指标要求，1次试验的干扰距离不符合战术技术指标要求，其他2次试验时通

信专向遭遇不知来源的干扰，导致无法判别干扰距离是否符合战术技术指标要求，这时该通信干扰装备干扰距离指标的试验结果可以表示为

$$u_{A\text{-}B}=\frac{5}{8}+\frac{2}{8}i+\frac{1}{8}j$$

3.1.2 直接比较法

直接比较法就是被研究对象的2个集合元素都已明确，通过直接比较，直接写出被研究对象联系数表达式的方法。

假设检查某雷达干扰机的干扰样式，已知要求的干扰机干扰样式集合 A 为（瞄准式干扰，扫描式干扰，阻塞式干扰，转发式欺骗干扰，箔条干扰），实际测试结果集合 B 为（瞄准式干扰，扫描式干扰，阻塞式干扰，转发式压制干扰，箔条干扰），这时 A 与 B 的同一度为4/5，差异度为1/5，于是此次试验背景下雷达干扰机干扰样式的联系数表达式为

$$u_{A\text{-}B}=\frac{4}{5}+\frac{1}{5}i$$

3.1.3 最大最小法

假设电子装备性能或其影响因素试验数据为$(x_1,x_2,\cdots,x_n)$，$x_{\min}=\min\{x_1,x_2,\cdots,x_n\}$、$x_{\max}=\max\{x_1,x_2,\cdots,x_n\}$，可以通过适当的假设之后，用联系数来刻画这一序列。这里介绍两种方法，一是采用 $u=a+bi$ 的形式，构造方法如下：

$$a=\frac{x_{\max}+x_{\min}}{2} \tag{3-1}$$

$$b=\frac{x_{\max}-x_{\min}}{2} \tag{3-2}$$

从而构造出联系数 $a+bi$（i 在区间$[-1,1]$内取值）来表达原始试验数据列。可以看出，该表达方式保留了原始信息的有用成分，能避免确定性参数描述的绝对化。

二是采用 $u=a+bi+cj$ 的形式，这时假设该数据列的理想测试值为 x_{ideal}，根据数据列属性的极大、极小或适中特性确定归一化算子 D，则有数据列$(Dx_1,Dx_2,\cdots,Dx_n)$，可以分别求最小值和不确定性区间，即

$$Dx_{\min}=\min\{Dx_1,Dx_2,\cdots,Dx_n\} \tag{3-3}$$

$$D\Delta x=\max\{Dx_1,Dx_2,\cdots,Dx_n\}-\min\{Dx_1,Dx_2,\cdots,Dx_n\} \tag{3-4}$$

继续根据上述数据列属性的极大、极小或适中特性，确定还原算子 d，分别求得

$$a = dDx_{\min} \tag{3-5}$$

$$c = dD\Delta x \tag{3-6}$$

$$b = d(1 - Dx_{\min} - D\Delta x) \tag{3-7}$$

从而有原始试验数据列$(x_1, x_2, \cdots, x_n)$的联系数表达式为

$$u_{A\text{-}B} = dDx_{\min} + d(1 - Dx_{\min} - D\Delta x)i + dD\Delta x \cdot j$$

可以看出，该方法保留了测试数据列上下界数据提供的信息，同时保留了介于最大、最小数据之间的数据所提供的信息。

3.1.4 确定不确定法

对于电子装备试验与评估的定性语言描述问题，已经给出的条件部分看上去是确定的，但实际上有不确定的因素在里面，这时可以采用确定不确定法来建立 2 个集合的联系数。

在通信对抗装备试验中，通常使用“411”，…，“415”来表示通信效果，其中“414”在多大程度上表示好的通信效果呢？符号“411”，…，“415”与通信效果是 2 个不同的概念，两者之间有一定联系，但这种联系并不总是确定的，故可以用联系数的同异式来刻画“414”属于通信效果好的程度。

在电子装备试验与评估中，假设描述某战术技术指标的定性语言分为 N 个等级，则对于第 S 等级，其符合战术技术指标程度的联系数表达式为

$$u_{A\text{-}B} = \frac{S}{N} + \left(1 - \frac{S}{N}\right)i \tag{3-8}$$

当 i 在 $-1 \sim 1$ 之间取不同的值时，第 S 等级相对战术技术指标就有了不同的符合程度。上述通信对抗装备通信效果试验，“414”属于通信效果好的程度可以表示为

$$u_{A\text{-}B} = \frac{4}{5} + \frac{1}{5}i$$

3.2 试验数据的同异反模型构建实例

电子装备试验与评估过程中同异反联系数有不同的表达方式，本节通过实例介绍常用的联系数表达式建立过程，并总结出试验数据的同异反模型构建步骤。

3.2.1 电子系统可靠度的同异反模型

可靠性的定义是：“产品在规定的条件下和规定的时间内，完成规定功能的能

力”。该定义明确指出评价一个产品的可靠性,与规定的工作条件和规定的工作时间有关,也与规定产品应完成的功能有关。

电子系统可靠性用以说明电子系统在规定的条件下和规定的时间内,可能具有完成规定功能的能力,也可能丧失了完成规定功能的能力(称为失效)。这应属于一种随机事件。这种随机事件的概率可用作表征电子系统可靠性的特征量和特征函数,即用概率来表征电子系统完成规定功能能力的大小,即可靠度。这样,电子系统的可靠度定义即可定量化为:电子系统在规定的条件下和规定的时间内完成规定功能的概率,通常用字母 R 表示。

假设电子系统由 N 个电子模块或电子元器件组成,其中从开始工作到 t 时刻的失效数为 $n(t)$,则该电子系统在 t 时刻的可靠度可近似表示为

$$R=\frac{N-n(t)}{N} \tag{3-9}$$

式中:$0\leqslant R\leqslant 1$。随着时间不断增长,系统的可靠度 R 将不断下降。

式(3-9)描述的系统可靠度,失效数 $n(t)$ 存在不确定性和含混性。“失效”是指产品丧失规定的功能,产品丧失功能有部分丧失功能与整机丧失功能之分和暂时丧失功能与长时间丧失功能之分。例如,某通信电台由于电源受到干扰通话质量下降,某通信干扰系统某频段的功率放大器问题使该频段不能施放干扰信号等。部分地、暂时地丧失规定的功能在工程上称为“故障”。从集对分析角度看,设备故障是设备既不能完全发挥其应有功能,又不是完全不能发挥其应有功能这样一种“中间过渡状态”,因而具有不确定性。因此,可以假设电子系统从开始工作到 t 时刻时有 $n_1(t)$ 个电子模块或电子元器件完全失效、$n_2(t)$ 个电子模块或电子元器件不完好但也不是完全失效,则该系统内完好电子模块或电子元器件为 $N-n_1(t)-n_2(t)$,该电子系统在 t 时刻的可靠度可表示为

$$R(t)=\frac{N-n_1(t)-n_2(t)}{N}+\frac{n_2(t)}{N}i+\frac{n_1(t)}{N}j \tag{3-10}$$

该式可更系统、全面地描述电子系统的可靠度。

3.2.2 欺骗干扰成功率的同异反模型

欺骗式干扰机是电子对抗装备的重要组成部分,其作战原理是接收和储存雷达或通信信号,并形成假的目标和信息,在适当时候再以合适的幅度、相位等重新发射出去,以假乱真,达到欺骗或迷惑目的。

欺骗式干扰机的一个重要评估指标是欺骗干扰成功率。欺骗干扰成功的内涵包括两个方面:一是由于欺骗干扰的作用,雷达系统或通信系统不能正常工作;二是由于欺骗干扰的迷惑作用,雷达系统或通信系统误把假目标当作真目标。因此,

欺骗干扰成功的概率是这两个事件集合所组成并集的概率。总之,若要雷达系统或通信系统抗欺骗干扰成功,既要有效探测真目标,又要完全有效地去除欺骗干扰所造成的假目标。

假设某型雷达欺骗式干扰机在某种典型战情下进行 m 次欺骗式干扰试验,并假定对某雷达进行欺骗干扰成功的次数为 m_a,在试验过程中,雷达既能有效探测真目标、又能去除干扰机发出的假目标的次数为 m_c,则有欺骗式干扰机欺骗干扰成功率的同异反模型为

$$u_{A\text{-}B}=\frac{m_a}{m}+\left(1-\frac{m_a}{m}-\frac{m_c}{m}\right)i+\frac{m_c}{m}j \tag{3-11}$$

需要指出的是,上述同异反联系数是一个随干扰距离变化的量,试验中欺骗式干扰机设置的干扰距离不同,所得到的 m_a、m_c 也不同。根据欺骗干扰成功的内涵,该同异反模型可以改写为

$$u_{A\text{-}B}=\frac{m_a}{m}+b_1i_1+b_2i_2+\frac{m_c}{m}j \tag{3-12}$$

式中:$b_1+b_2=1-m_a/m-m_c/m$;b_1 表示在欺骗式干扰试验中雷达系统不能探测真目标并不会把假目标当作真目标的概率;b_2 表示在欺骗式干扰试验中雷达系统能够探测真目标并把假目标当作真目标的概率。可见,基于欺骗干扰成功率的同异反联系数模型,能更多层面地对欺骗式干扰能力进行分析。

3.2.3 试验数据的同异反模型

从同异反联系的概念和前面的实例来看,同异反联系所刻画的量不是常量,因为常量是不论在何种情况下都取确定值的量,而同异反联系中的 i 要视不同情况取不确定值。同异反联系所刻画的量不能理解成常规的变量,这是因为常规的变量在宏观上取不确定值而在微观上却取确定的值。同异反联系具有多值性,因为 i 具有不确定性,即使在同一时刻也可能取多个不同的值。

电子装备试验与评估同异反原理的基石在于以同异反联系数值来表征试验与评估问题中集合 A 和 B 之间的不确定的定量关系,同异反联系数的构建是所有实际问题解决的起点。试验数据的同异反联系数构建的一般步骤为:

(1) 根据试验数据的内涵和外延以及试验任务要求,合理构造表征试验数据标准要求的集合 A、实际测试的试验数据集合 B 以及试验数据集对 $H(A,B)$。

(2) 通过一定的分类标准,将集合 A 和 B 的各个元素进行定性或定量化描述处理。

(3) 将集合 A 与集合 B 的定性或定量化描述进行逐一比较:统计描述相同的个数,记为 S,即同一性;统计描述满足预先给定的差异性标准的个数,记为 F,即

差异性;统计描述满足预先给定的对立性标准的个数,记为 P,即对立性。

(4) 分别计算同一度、差异度、对立度,即有

$$a=\frac{S}{S+F+P} \tag{3-13}$$

$$b=\frac{F}{S+F+P} \tag{3-14}$$

$$c=\frac{P}{S+F+P} \tag{3-15}$$

(5) 取定 i 值,即得到试验数据的同异反联系数为

$$\begin{aligned} u_{A\text{-}B} &= a+bi+cj \\ &= \frac{S}{S+F+P}+\frac{F}{S+F+P}i+\frac{P}{S+F+P}j \end{aligned} \tag{3-16}$$

3.3 试验数据的同异反模型分析实例

同异反联系数丰富了电子装备试验与评估活动中基于确定性参数的试验数据比较、分析等方法,本节通过实际事例介绍基于同异反联系数的电子装备试验数据处理与分析方法。

3.3.1 侦察能力的同异反模型与分析

对某电子侦察装备 A 的侦察性能进行试验,假设试验中配试目标为 10 个,该装备即使在没有情报支持的情况下能对其中的 6 个目标进行截获与识别,有 2 个目标必须在相关情报支持的情况下才能截获与识别,还有 2 个目标无论使用什么工作方式都不能截获到,则该电子侦察装备侦察性能用联系数表示为

$$u_{\mathrm{A}}=\frac{6}{10}+\frac{2}{10}i+\frac{2}{10}j$$

对同类型的电子侦察装备 B、C 进行侦察性能试验,得到其基于联系数的侦察性能为

$$u_{\mathrm{B}}=\frac{6}{10}+\frac{3}{10}i+\frac{1}{10}j$$

$$u_{\mathrm{C}}=\frac{6}{10}+\frac{1}{10}i+\frac{3}{10}j$$

基于传统的确定性参数而言，由于 $a_A = a_B = a_C$，所以电子侦察装备 A、B、C 的侦察性能相同，对它们之间的侦察性能差异不能进行分析。

采用下面 2 种分析方法考察 u_A、u_B、u_C：

(1) 局部比较分析法。在不考虑相关情报支持的情况下，认为电子侦察装备 B 的侦察性能略优于电子侦察装备 A，电子侦察装备 A 的侦察性能略优于电子侦察装备 C。

(2) 全局比较分析法。很显然，由于 $b_B > b_A > b_C$，因此电子侦察装备 B 侦察性能的不确定性大于电子侦察装备 A，电子侦察装备 A 侦察性能的不确定性大于电子侦察装备 C。在这种情况下来比较电子侦察装备侦察性能的优劣，需要对联系数表达式中的 i 进行取值分析。

假设基于装备的性能特征对联系数表达式 $u = a + bi + cj$ 中的 b 进行"一分为三"的分解，即 i 同时取值为 a、b、c，将 b 分为 ab、bb、cb 三个部分，其中 ab 并入 a 中，bb 保留在 b 中，cb 并入 c 中，则有新的联系数表达式

$$u = (a + ab) + bbi + (c + cb)j \qquad (3-17)$$

对上述 3 套电子侦察装备的 u_A、u_B、u_C 按式(3-17)所示的 i 取值，则有

$$u'_A = 0.72 + 0.04i + 0.24j$$

$$u'_B = 0.78 + 0.09i + 0.13j$$

$$u'_C = 0.66 + 0.01i + 0.33j$$

由此可以看出：电子侦察装备 B 的侦察性能优于电子侦察装备 A，电子侦察装备 A 的侦察性能优于电子侦察装备 C；电子侦察装备 B 侦察性能的不确定性大于电子侦察装备 A，电子侦察装备 A 侦察性能的不确定性大于电子侦察装备 C。需要指出的是，该结论并不一定是完全可靠的，因为它是在讨论 i 不确定性取值的前提下得到的，还需要结合具体的应用背景进行综合分析。

3.3.2 基于同异模型的装备试验时间不确定性分析

电子装备试验时间的分析与控制是电子装备试验管理的主要内容之一，基于统筹图的网络计划方法是一种常用的方法，其中的试验阶段工作时间以某个定值出现。但是由于电子装备实际试验过程中存在种种不确定性因素，其试验阶段持续时间信息在性质上是不确定的，因此用一个定值表示不能完全客观地描述试验的实际情况。电子装备试验阶段工作时间本质上是在某个区间内变化的量，不确定性是其本质特征，利用联系数来表达和处理试验阶段工作时间不失为一个崭新的思路，能准确客观地表示和处理试验实际过程中的不确定性。

以某情报射击指挥控制系统的架设时间试验为例。首先分析该系统架设过程中的各项工作以及它们的相互关系，其架设过程可以分为 14 项工作，列出工作项

目及其工作时间(明确最快单位时间和最迟单位时间,以 $a+bi$ 型联系数表示),如表 3-1 所列;然后绘制统筹图草图,在统筹图草图上标出基于联系数表达的各项工作时间,得到该系统架设统筹图,如图 3-1 所示;最后根据该统筹图统计出该系统的架设时间,并进行不确定性分析。

表 3-1　某情报射击指挥控制系统架设工作时间

序号	工作名称	代号	工作时间
1	架设前准备	A	$20+3i$
2	取下油机	B	$30+3i$
3	取下地钉、地线、信号线和电源线	C	$20+2i$
4	打开天线罩,架设雷达天线	D	$70+6i$
5	连接信号线	E	$50+4i$
6	连接电源线,发动油机	F	$60+5i$
7	打地钉	G	$45+5i$
8	连接地线	H	$15+2i$
9	配电箱加电、检查	I	$10+2i$
10	系统方位校正	J	$90+10i$
11	通信设备加电	K	$30+4i$
12	主控计算机加电	L	$50+6i$
13	主控计算机输入参数	M	$30+2i$
14	报告架设完成	N	$15+i$

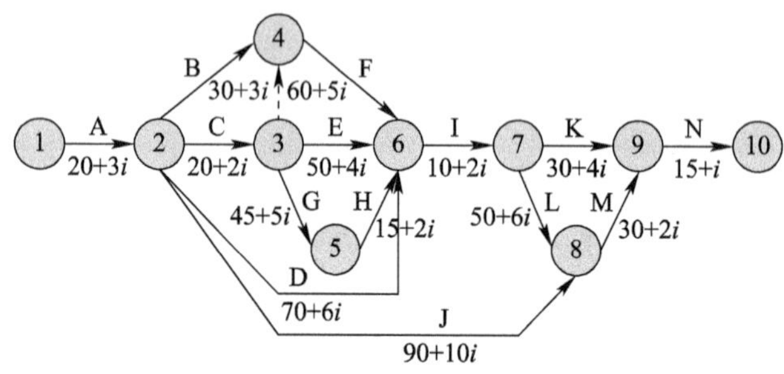

图 3-1　某情报射击指挥控制系统架设时间统筹图

图 3-1 中以一条有向边来表示电子装备试验过程的一件具体工作,有向边上面的字母代表该工作代号,下面的联系数表达式表示完成该工作所需要的时间(图中时间单位为单位时间,如分钟、小时等),有向边的起点和终点分别表示相应工作的开工和完工,如点①、②分别表示工作 A 的开工和完工,点②又表示工作 B 和 C 的开工。

在图 3-1 中,从开始节点按照各个工作的顺序连续不断地到达任务完成节点的一条通路称为路线。上述统筹图共有 9 条路线,路线的组成和所需要的时间如表 3-2 所列。

表 3-2　架设工作的路线组成及所需时间

路线	路线组成	路线所需时间
1	①②④⑥⑦⑧⑨⑩	$T_1=215+22i_1$
2	①②④⑥⑦⑨⑩	$T_2=165+18i_2$
3	①②③⑥⑦⑧⑨⑩	$T_3=195+20i_3$
4	①②③⑥⑦⑨⑩	$T_4=145+16i_4$
5	①②③⑤⑥⑦⑧⑨⑩	$T_5=205+23i_5$
6	①②③⑤⑥⑦⑨⑩	$T_6=155+19i_6$
7	①②⑥⑦⑧⑨⑩	$T_7=195+20i_7$
8	①②⑥⑦⑨⑩	$T_8=145+16i_8$
9	①②⑧⑨⑩	$T_9=155+16i_9$

基于定值的网络计划方法中完成各项工作时间之和最大的路线称为关键路线。本例中关键路线所需时间就是该情报射击指挥控制系统的架设时间,在实际架设过程中,即使在一定范围内适当延长非关键路线上各项工作所需的时间,也不会影响架设工作的完成,所以可以抽出适当的人力用在关键工作上,缩短关键工作所需时间,以缩短该系统的架设时间。由于表 3-2 中完成各项工作的时间之和以联系数形式表达,不能直接比较大小,因而不能直接得到关键路线,需要根据 $i_k(k=1,2,\cdots,9)$ 的取值确定,i 的取值不同,所得到的关键路线也不相同。关键路线与非关键路线可以相互转化。

假设 $i_k(k=1,2,\cdots,9)=0$,则有

$$T_1=\max\{T_1,T_2,\cdots,T_9\}$$

即路线 1 所代表的路线①、②、④、⑥、⑦、⑧、⑨、⑩为关键路线。下面考察路线 1 和 5,有

$$T_1-T_5=10+22i_1-23i_5$$

式中:i_1、i_5 在区间$[-1,1]$上取值。假设 $i_1=-0.5$,则当

$$10+22i_1-23i_5<0$$

即 i_5 在区间$[-0.0435,1]$上取值时,$T_1<T_5$,此时路线 5 所代表的路线为关键路线。可见在实际电子装备试验过程中,关键路线并不是一成不变的,需要根据试验中的不确定性因素进行调整和优化。

需要说明的是,本例只是针对联系数在试验时间计划与控制中的应用进行了

初步探讨，而实际情况要远远复杂得多。因为基于联系数的分析方法依赖不确定数 i 的取值，而 i 在不同试验阶段工作时间中取值不同，所以需要结合具体问题，综合运用不同的 i 取值进行分析。

3.3.3 基于集对同势的装备侦察概率影响因素分析

表 3－3 记录了 9 种电子侦察装备对某体制信号的侦察概率与信噪比、装备操作熟练程度、背景信号密度 3 种影响因素的相关情况。

表 3－3 装备侦察概率与影响因素的相关情况

装备序号	信噪比	操作熟练程度	背景信号密度	侦察概率
1	大	熟练	小	高
2	大	熟练	中	高
3	大	不熟练	大	低
4	小	熟练	中	低
5	中	比较熟练	中	中
6	中	不熟练	小	低
7	大	比较熟练	中	高
8	小	比较熟练	中	低
9	小	不熟练	中	低

由表中数据可以统计出装备的侦察概率与信噪比、装备操作熟练程度、背景信号密度的同异反联系数为

$$u_{\text{信噪比}} = \frac{7}{9} + \frac{1}{9}i + \frac{1}{9}j$$

$$u_{\text{熟练程度}} = \frac{6}{9} + \frac{2}{9}i + \frac{1}{9}j$$

$$u_{\text{信号密度}} = \frac{3}{9} + \frac{5}{9}i + \frac{1}{9}j$$

由此可以看出，三个联系数都有 $a > c$，所以信噪比、装备操作熟练程度、背景信号密度都是装备侦察概率的主要影响因素，其重要性程度依次为信噪比、装备操作熟练程度、背景信号密度。

对于 $u_{\text{信噪比}}$，由于 $a > c$、$c = b$，故装备侦察概率与信噪比存在强同势，即信噪比在对装备侦察概率的影响中占主导地位。

对于 $u_{\text{熟练程度}}$，由于 $a > b > c$，故装备侦察概率与装备操作熟练程度存在弱同势，即装备操作熟练程度对装备侦察概率有影响，但影响程度比较弱。

对于 $u_{\text{信号密度}}$，由于 $b > a > c$，故装备侦察概率与背景信号密度存在微同势，即

背景信号密度对装备侦察概率有一定的影响,但影响程度微弱。

3.3.4 基于同异模型的试验数据方差分析及应用

根据电子装备战术技术性能及其影响因素的试验结果进行方差分析,鉴别影响因素对性能的影响程度,是电子装备试验数据处理中常用的一种方法。目前进行试验数据的方差分析都是基于确定值,王霞提出了基于联系数的方差分析方法,比传统方差分析法能更细致地分析观察数据的变差并做出显著性检验,本节介绍其原理,并将其应用于电子装备性能及其影响因素的试验数据分析中。

3.3.4.1 基于同异模型的试验数据方差分析原理

本节基于单因素多水平方差分析原理进行研究,试验数据以联系数的形式表达,基本步骤如下:

(1) 把电子装备性能影响因素集合实际背景划分为 k 个不同的试验条件 A_1, $A_2,\cdots,A_k$。

(2) 在试验条件 $A_j(j=1,2,\cdots,k)$ 下进行相关影响因素的电子装备性能试验,进行相互独立的试验 m 次,每次试验结果用联系数表达为 $u_{nl}=a_{nl}+b_{nl}i(n=1,2,\cdots,k;l=1,2,\cdots,m)$。

(3) 对所有的试验数据进行相关计算,得到如表 3-4 所列的单因素方差计算表。

表 3-4 基于联系数的单因素方差计算表

项目		因素水平				总和
		A_1	A_2	…	A_k	
序号	1	u_{11}	u_{21}	…	u_{k1}	
	2	u_{12}	u_{22}	…	u_{k2}	
	⋮	⋮	⋮	…	⋮	
	m	u_{1m}	u_{2m}	…	u_{km}	
样本和		$\sum_{l=1}^{m}u_{1l}$	$\sum_{l=1}^{m}u_{2l}$	…	$\sum_{l=1}^{m}u_{kl}$	$\sum_{n=1}^{k}\sum_{l=1}^{m}u_{nl}$
样本和的平方		$\left(\sum_{l=1}^{m}u_{1l}\right)^2$	$\left(\sum_{l=1}^{m}u_{2l}\right)^2$	…	$\left(\sum_{l=1}^{m}u_{kl}\right)^2$	$\sum_{n=1}^{k}\left(\sum_{l=1}^{m}u_{nl}\right)^2$
样本平方的和		$\sum_{l=1}^{m}u_{1l}^2$	$\sum_{l=1}^{m}u_{2l}^2$	…	$\sum_{l=1}^{m}u_{kl}^2$	$\sum_{n=1}^{k}\sum_{l=1}^{m}u_{nl}^2$

按照上一节联系数的运算规则计算表 3-4 中的各个平方和,并令

$$P=\frac{1}{mk}\left(\sum_{n=1}^{k}\sum_{l=1}^{m}u_{nl}\right)^2 \tag{3-18}$$

$$Q = \frac{1}{k}\sum_{n=1}^{k}\left(\sum_{l=1}^{m}u_{nl}\right)^2 \tag{3-19}$$

$$R = \sum_{n=1}^{k}\sum_{l=1}^{m}u_{nl}^2 \tag{3-20}$$

则有组间离差平方和

$$S_1 = Q - P(\text{自由度}:m-1) \tag{3-21}$$

组内离差平方和

$$S_2 = R - Q(\text{自由度}:m(k-1)) \tag{3-22}$$

总平方和

$$S = S_1 + S_2 = R - P(\text{自由度}:mk-1) \tag{3-23}$$

(4) 依据上述计算结果设计方差分析表,并计算统计量 F 值,如表 3－5 所列。

表 3－5　基于联系数的单因素方差分析表

方差来源	平方和	自由度	均方差	F
组间	S_1	$m-1$	$\overline{S}_1 = S_1/(m-1)$	$\overline{S}_1/\overline{S}_2$
组内	S_2	$m(k-1)$	$\overline{S}_2 = S_2/m(k-1)$	
总和	S	$mk-1$		

(5) 进行 F 检验。

上述计算得到的 F 值是联系数形式的,需要对 i 取值得到确定的 F 值后才能进行检验。从常规的 F 检验表中查得 $F_{0.05}$、$F_{0.01}$ 和 $F_{0.1}$:若 $F > F_{0.01}$,则判定该影响因素对装备性能的影响特别显著;若 $F_{0.01} \geqslant F > F_{0.05}$,则认为该影响因素对装备性能的影响显著;若 $F_{0.05} \geqslant F > F_{0.1}$,则认为该影响因素对装备性能有一定的影响;若 $F < F_{0.1}$,则判定该影响因素对装备性能的影响不大。

该方法在实际使用中必须结合背景确定 i 的取值范围。i 的取值不同,得到不同的 F 值,可能会出现判断结果的边界模糊情况,即同时得出"影响因素对装备性能的影响特别显著"和"影响因素对装备性能的影响显著"的结论,这时需要进一步录取试验数据进行分析。

3.3.4.2　信噪比对接收机性能的影响程度分析事例

下面考察信噪比对接收机侦察性能的影响程度,利用联系数表达一定信噪比下接收机对某种体制信号的侦察概率。设置 5 种不同的信噪比,每一种信噪比下接收机对该体制信号进行 3 次侦察试验,其侦察概率方差如表 3－6 所列。

表 3-6　基于联系数的侦察概率方差计算表

项目		信噪比水平					总和
		A_1	A_2	A_3	A_4	A_5	
侦察概率	1	$80+0.4i$	$82+0.8i$	$83+1.1i$	$87+1.4i$	$92+1.6i$	
	2	$82+0.6i$	$84+1.0i$	$84+1.2i$	$89+1.5i$	$93+1.8i$	
	3	$83+0.7i$	$86+1.1i$	$85+1.4i$	$91+1.8i$	$95+2.0i$	
样本和		$245+1.7i$	$252+2.9i$	$252+3.7i$	$267+4.7i$	$280+5.4i$	$1296+18.4i$
样本和的平方		$60025+835.89i$	$63504+1470i$	$63504+1878.5i$	$71289+2531.9i$	$78400+3053.2i$	$336722+9769.5i$
样本平方的和		$20013+279.61i$	$21176+491.25i$	$21170+626.81i$	$23771+845.65i$	$26138+1019i$	$112268+3262.3i$

由表中数据可知 $m=5$、$k=3$，则计算可以得到

$$P=\frac{1}{15}(1296+18.4i)^2=111970+3202.1i$$

$$Q=\frac{1}{3}(336722+9769.5i)=112240+3256.5i$$

$$R=112268+3262.3i$$

则有

$$S_1=Q-P=270+54.4i$$

其自由度 $f_1=m-1=4$。

$$S_2=R-Q=28+5.8i$$

其自由度 $f_2=m(k-1)=10$。

$$S=S_1+S_2=298+60.2i$$

其自由度 $f=mk-1=14$。

从而有

$$\bar{S}_1=67.5+13.6i$$

$$\bar{S}_2=2.8+0.58i$$

$$F=\frac{\bar{S}_1}{\bar{S}_2}=\frac{67.5+13.6i}{2.8+0.58i}=24.1071-0.1131i$$

查 F 检验表 $F_{0.05}(4,10)=3.5$、$F_{0.01}(4,10)=6.0$。F 中 $i\in[-1,1]$，当 $i=1$

时，有 $F_{\min}=23.994$。所以有 $F_{\min}>F_{0.01}$，于是可以判定信噪比对接收机侦察性能的影响特别显著。

3.4 基于同异模型的电子装备效能分析

科学家钱学森把比较复杂的研究对象称为系统，即系统相互作用和相互依赖的若干组成部分组合而成的具有特定功能的有机整体。这个系统又从属于一个更大的系统。而体系则定义为系统之系统。系统要素的功能必须服从系统的整体功能，系统的功能不等于要素功能的简单相加，各种武器组成系统或体系后可能产生"兵力倍增器"的作用。从现有文献来看，虽然体系对作战效能的提升作用基本上是定性分析，并指出了分析过程中存在的不确定性问题，但是可以肯定，目前基于随机、模糊等信息机理的不确定性分析方法是对体系作战效能倍增效应进行分析的可行方法。本节利用基于作战能力指数的同异联系数来描述电子装备的作战效能，并根据不确定系数的取值分别对电子装备系统和电子装备体系作战效能的倍增效应进行分析。

3.4.1 基于同异模型的电子装备系统效能分析

设有 $n(n\geqslant 2)$ 套同类型电子装备为某一作战目标组成一电子装备系统，这时作用在该目标上的总作战效能等于所有电子装备的作战效能之合成。该系统中每一装备发挥本身具备的作战效能时，其作战效能在与其他 $n-1$ 套装备作战效能合成时，并不是单纯的求和关系，因为电子装备在作战时受电磁波传播衰减等很多不确定因素的影响，且每一装备在与其他 $n-1$ 套装备组成系统时还有相互影响与制约作用，这种影响作用是很复杂的非线性关系，并不是一个简单的函数关系能描述的。因此，在进行系统作战效能的合成时，如果同类型电子装备组成系统进行作战是一种并行关系，那么对组成系统的每一装备的作战效能描述时应首先考虑不确定性，然后简化认为系统的总作战效能等于所有电子装备的作战效能之和。

以战斗力值衡量电子装备的作战效能，采用 $a+bi$ 型联系数的形式进行描述，其中 a 表示电子装备本身具备的作战效能，b 表示受其他电子装备影响而增加或衰减的作战效能，不确定性系数 i 在区间 $[-1,1]$ 内取值。

一般情况下，假设该系统中每套电子装备的作战效能为 $a+kai(1\leqslant k\leqslant n-1)$，其中 k 定义为装备成系统作战带来的作战效能倍增系数，则由 $n(n\geqslant 2)$ 套电子装备组成的电子装备系统的作战效能为 $an+kani$。由于将电子装备组成系统进行作战的目的是取得最大的作战效能，即若使不确定性发挥积极的影响，则不确定性系数 i 最好能趋近于 1。由此得到该系统作战效能的优化模型为

$$\lim_{i\to 1}[an + akni]$$

根据该模型可以做如下分析：

(1) 当 $i\to 1$ 时，表示系统作用的最理想状态，该状态下系统中任何一套电子装备作战效能的发挥对其他装备作战效能的发挥都起积极的作用，每套电子装备都由于系统的作用而带来作战效能的倍增，此时装备系统的作战效能值为 $an(1+k)$。由此可知，在理想状态下，一个由 $n(n\geqslant 3)$ 套电子装备组成的电子装备系统的作战效能大于这 n 套电子装备单独作战时的作战效能之和 an。当 $k_{\max}=n-1$ 时，装备系统的作战效能值为 an^2，是该系统中 n 套电子装备单独作战时作战效能之和的 n 倍，这是系统的积极作用发挥到最大时的理想结果。

(2) 当 $i=0$ 时，表示该系统中任何一套电子装备系统作战效能的发挥对其他电子装备作战效能的发挥既不起积极作用也不起消极的作用，此时该模型的优化结果为 an。这表明该系统中任何一套电子装备都在独立地发挥作战效能，系统的作战效能仅仅等同于各个电子装备的作战效能之和，即此时毫无系统作战效能可言。

(3) 当 $i\to -1$ 时，表示该系统中任何一套电子装备作战效能的发挥对其他电子装备作战效能的发挥只起消极的作用，装备成系统作战带来的作战效能起不到倍增的作用，倍增系数 $k\to 1^+$，此时该模型的优化结果为 $an(1-k)$，并有 $an(1-k)\to 0^-$，趋近于0的含义是指系统的作战效能越来越难以发挥。即当 $i\to -1$ 时，系统中的电子装备不能“相互帮助”以实现作战效能的倍增，而是“相互拆台”、相互干扰，甚至使每套电子装备自身的正常作战效能也难以发挥，并且由 $an(1-k)\to 0^-$ 可以看出，n 越大，系统效能 $an(1-k)$ 越小，还不如单套电子装备作战效能的发挥，因为系统的规模越大，系统中电子装备之间的“相互拆台”、相互干扰作用越大。

事实上，如果系统中任何一套电子装备作战效能的发挥对其他装备作战效能的发挥起“相互帮助”的作用大于“相互拆台”的作用，即 $0<i<1$ 时，$an+akni>an(1+k)>an$，则表明一个由 $n(n\geqslant 2)$ 套电子装备组成的电子装备系统的作战效能大于这 n 套电子装备作战效能之和，起到了系统效能的作用。

3.4.2 基于同异模型的电子装备体系效能分析

体系是指系统的系统，电子装备体系是指为了完成电子对抗作战任务，为发挥最佳的整体作战效能，而由功能上相互联系、性能相互补充的各种电子装备系统按照一定结构综合集成的更高层次的电子装备系统。

电子装备体系的作战效能是指在体系规模范围内，在给定的作战条件和作战环境中，完成作战使命和达到预期目标的能力。该体系中的任何一套电子装备系统所发挥的作战效能，由于受其他电子装备系统的影响、制约，因此难以基于加性或拟加性函数对各电子装备系统的作战效能进行简单的累加而得到体系的整体作战效能。另外，战场环境的时变性、各个电子装备系统之间的相关复杂性，以及各种函数关系数学模型描述的非精确性等不确定性，也使得电子装备体系作战效能的分析难度极大。

联系数对客观存在的种种不确定性予以客观承认，并把不确定性与确定性作为一个既确定又不确定的同异反系统进行辩证分析和数学处理。本节基于联系数，以一个图 3-2 所示的简单电子装备体系为例，对电子装备体系作战效能的倍增效应进行初步的探讨。

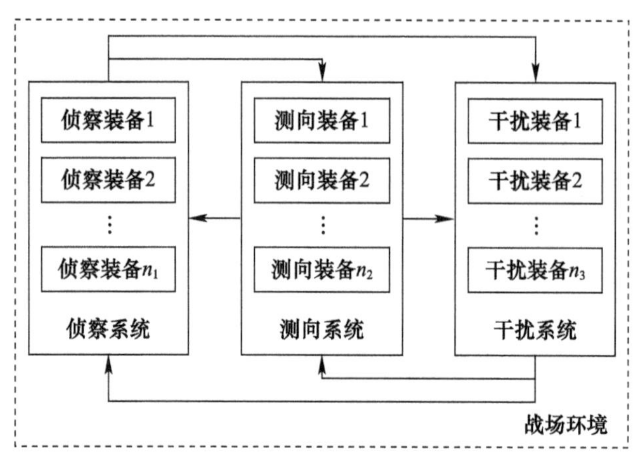

图 3-2　电子装备体系事例组成图

设有 $n(n\geqslant3)$ 个不同性能的电子装备系统为完成某一作战任务组成一电子装备体系，这时该体系中的任何一套电子装备系统所发挥的作战效能，除了装备系统本身具备的作战效能外，还受到其他 $n-1$ 套装备系统的影响、制约等作用，但这种作用对该体系作战效能的发挥是积极作用还是消极作用，装备系统之间是协同还是离心，或者两者都不是，则具有不确定性。体系中的这种不确定性因子用联系数表示为 $1+(n-1)i$，其中 i 在区间 $[-1,1]$ 内取值。

图 3-2 中是电子装备体系由位于某战场环境中的 1 套电子侦察系统、1 套电子测向系统和 1 套电子干扰系统基于信息系统构成，其中电子侦察系统由 n_1 套电子侦察装备组成，电子测向系统由 n_2 套电子测向装备组成，电子干扰系统由 n_3 套电子干扰装备组成。本节的电子装备体系作战效能的倍增效应不考虑信息系统的作战效能，此时该体系的不确定性因子为 $1+2i$。

假设电子侦察装备系统的作战效能 $u_1=a_1n_1+a_1k_1n_1i$、电子测向装备系统的作战效能 $u_2=a_2n_2+a_2k_2n_2i$、电子干扰装备系统的作战效能 $u_3=a_3n_3+a_3k_3n_3i$，则该电子装备体系的作战效能为

$$
\begin{aligned}
u &= u_1(1+2i)+u_2(1+2i)+u_3(1+2i)\\
&=(a_1n_1+a_1k_1n_1i)(1+2i)+(a_2n_2+a_2k_2n_2i)(1+2i)+\\
&\quad(a_3n_3+a_3k_3n_3i)(1+2i)\\
&=a_1n_1+(2a_1n_1+3a_1k_1n_1)i+a_2n_2+(2a_2n_2+3a_2k_2n_2)i+\\
&\quad a_3n_3+(2a_3n_3+3a_3k_3n_3)i\\
&=a_1n_1+a_2n_2+a_3n_3+(2a_1n_1+2a_2n_2+2a_3n_3+\\
&\quad 3a_1k_1n_1+3a_2k_2n_2+3a_3k_3n_3)i
\end{aligned}
$$

于是该体系作战效能的优化模型为

$$
\lim_{i\to 1}[a_1n_1+a_2n_2+a_3n_3+(2a_1n_1+2a_2n_2+2a_3n_3+3a_1k_1n_1+3a_2k_2n_2+3a_3k_3n_3)i]
$$

该模型依据 i 的取值可以做如下的分析：

（1）当 $i\to 1$ 时，表示在正理想状态下，该体系中任何一套电子装备系统作战效能的发挥对其他装备系统都起积极的作用，此时体系的作战效能为

$$
\begin{aligned}
u &= a_1n_1+a_2n_2+a_3n_3+2a_1n_1+2a_2n_2+2a_3n_3+3a_1k_1n_1+3a_2k_2n_2+3a_3k_3n_3\\
&=3a_1n_1(1+k_1)+3a_2n_2(1+k_2)+3a_3n_3(1+k_3)
\end{aligned}
$$

该体系中所有装备独立作战时效能之和为

$$
u'=a_1n_1+a_2n_2+a_3n_3
$$

令 $k_{\min}=\min\{k_1,k_2,k_3\}$，则有

$$
\begin{aligned}
u &=3a_1n_1(1+k_1)+3a_2n_2(1+k_2)+3a_3n_3(1+k_3)\\
&>3a_1n_1(1+k_{\min})+3a_2n_2(1+k_{\min})+3a_3n_3(1+k_{\min})\\
&=3(1+k_{\min})(a_1n_1+a_2n_2+a_3n_3)\\
&=3(1+k_{\min})u'
\end{aligned}
$$

由此可知，该电子装备体系的作战效能是该体系中所有装备作战效能之和的 $3(1+k_{\min})$ 倍，远远大于这些装备的作战效能之和，充分说明了进行体系作战时装备作战效能的倍增效应。

在电子装备的体系作战效能实际发挥中，由于多种不确定性因素的存在，很难达到上述理想状态，但是一般能实现 $0<i<1$，即该体系中任何一套电子装备系统作战效能的发挥对其他装备系统作战效能的发挥所起的积极作用大于消极作用，这时有

$$
\begin{aligned}
u &=a_1n_1+a_2n_2+a_3n_3+(2a_1n_1+2a_2n_2+2a_3n_3+\\
&\quad 3a_1k_1n_1+3a_2k_2n_2+3a_3k_3n_3)i\\
&=a_1n_1(1+2i+3k_1i)+a_2n_2(1+2i+3k_2i)+a_3n_3(1+2i+3k_3i)\\
&>a_1n_1(1+2i+3k_{\min}i)+a_2n_2(1+2i+3k_{\min}i)+a_3n_3(1+2i+3k_{\min}i)\\
&=(1+2i+3k_{\min}i)u'
\end{aligned}
$$

可以看出，该电子装备体系的作战效能大于这些装备独立工作时的作战效能之和，起到了体系效能倍增的作用。所以，在电子装备的作战使用上，若要确保它们工作时的相互干扰较小，装备之间“相互帮助”的作用大于“相互拆台”，则应该将多套电子装备组成体系来工作，避免多套装备独立工作的现象。

（2）当 $i=0$ 时，表示该体系中任何一套电子装备系统作战效能的发挥对其他装备系统作战效能的发挥既不起积极也不起消极的作用，这时有

$$\begin{aligned} u &= a_1n_1 + a_2n_2 + a_3n_3 \\ &= (a_1n_1 + a_1k_1n_1i) + (a_2n_2 + a_2k_2n_2i) + (a_3n_3 + a_3k_3n_3i) \\ &= u_1 + u_2 + u_3 \end{aligned}$$

结合 3.4.1 节 $i=0$ 时的分析结论，这表明该体系中任何一套电子装备都在独立地发挥着作战效能，体系的作战效能仅仅等同于各个电子装备的作战效能之和，即这时毫无体系作战效能可言。

（3）当 $i \to -1$ 时，表示在负理想状态下，该体系中任何一套电子装备系统作战效能的发挥对其他装备系统作战效能的发挥只起消极作用，此时

$$\begin{aligned} u &= a_1n_1(1+2i+3k_1i) + a_2n_2(1+2i+3k_2i) + a_3n_3(1+2i+3k_3i) \\ &= a_1n_1(-1-3k_1) + a_2n_2(-1-3k_2) + a_3n_3(-1-3k_3) < 0 \end{aligned}$$

该式表明体系作战效能完全无法发挥（并不是表示作战效能为负数），而且电子装备体系的规模越大，即 n_1 越大，或 n_2 越大，或 n_3 越大，或 $n_1+n_2+n_3$ 越大，体系作战效能无法发挥的程度越大，这时体系中装备系统或装备之间的“相互拆台”作用越大。

综上所述，基于联系数对体系作战效能进行分析，可以得到电子装备体系作战效能随不确定性系数的倍增效应示意图，如图 3-3 所示。

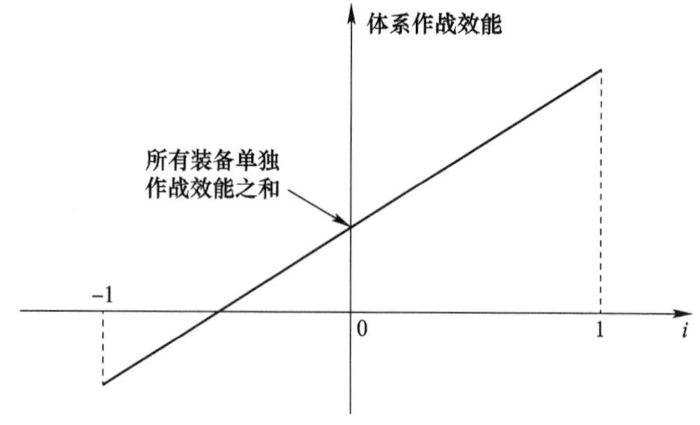

图 3-3 体系作战效能倍增效应示意图

3.4.3 电子侦察装备侦察能力分析实例

假设三套电子侦察装备 E_1、E_2、E_3 对某个地域的 $t_1, t_2, \cdots, t_9, t_{10}$ 10 个目标进行侦察,并假设:侦察装备 E_1 在不受任何影响的情况单独进行侦察,可以侦察识别 t_1、t_2、t_3、t_4、t_5 5 个目标,有外界情报辅助时还可以侦察识别 t_6、t_7、t_8 3 个目标,受到外界干扰时仅能侦察识别 t_3、t_4、t_5 3 个目标;侦察装备 E_2 在不受任何影响的情况单独进行侦察,可以侦察识别 t_2、t_3、t_4、t_5、t_7 5 个目标,有外界情报辅助时还可以侦察识别目标 t_6、t_8,受到外界干扰时仅能侦察识别 t_3、t_4、t_5 3 个目标;侦察装备 E_3 在不受任何影响的情况单独进行侦察,可以侦察识别 t_2、t_3、t_4、t_5、t_9、t_{10} 6 个目标,有外界情报辅助时还可以侦察识别目标 t_7、t_8,受到外界干扰时仅能侦察识别 t_3、t_4、t_5、t_9、t_{10} 5 个目标。

在上述假设条件下,以侦察识别目标的个数表示侦察装备的作战效能,则电子侦察装备 E_1、E_2、E_3 的作战效能联系数表达式分别为

$$\begin{aligned} u_1 &= a_1 + b_1 i_1 + c_1 i_2 \\ &= (t_1, t_2, t_3, t_4, t_5) + (t_6, t_7, t_8) i_1 + (t_1, t_2) i_2 \\ &= (5) + (3) i_1 + (2) i_2 \end{aligned}$$

$$\begin{aligned} u_2 &= a_2 + b_2 i_1 + c_2 i_2 \\ &= (t_2, t_3, t_4, t_5, t_7) + (t_6, t_8) i_1 + (t_2, t_7) i_2 \\ &= (5) + (2) i_1 + (2) i_2 \end{aligned}$$

$$\begin{aligned} u_3 &= a_3 + b_3 i_1 + c_3 i_2 \\ &= (t_2, t_3, t_4, t_5, t_9, t_{10}) + (t_7, t_8) i_1 + (t_2) i_2 \\ &= (6) + (2) i_1 + (1) i_2 \end{aligned}$$

可以看出,当三套电子侦察装备 E_1、E_2、E_3 都单独进行侦察时($i_1 = 0$、$i_2 = 0$),其作战效能之和为

$$u_1 + u_2 + u_3 = (5) + (5) + (6) = 8$$

即最多能侦察到 8 个目标。

当三套电子侦察装备 E_1、E_2、E_3 组成系统进行侦察,并假设三套装备相互起促进作用时,$i_1 = 1$、$i_2 = 0$,其作战效能之和为

$$u_1 + u_2 + u_3 = (5) + (3) i_1 + (5) + (2) i_1 + (6) + (2) i_1 = 10$$

即最大能侦察到 10 个目标。

又当三套电子侦察装备 E_1、E_2、E_3 组成系统进行侦察,并假设三套装备相互起“相互拆台”的反作用时,$i_1=0$、$i_2=-1$,其作战效能之和为

$$u_1+u_2+u_3=(5)+(2)i_2+(5)+(2)i_2+(6)+(1)i_2=5$$

即在这种情况下仅能侦察到 5 个目标。

第4章　复杂电磁环境适应性的同异反模型

武器装备复杂电磁环境适应性试验与评估的根本任务是,在构建接近实际战场电磁环境中,对装备在电磁环境影响下的战术技术性能和使用性能进行定量描述、测试与评估。根据装备研制总要求中规定的电磁环境适应性战术技术指标和作战使用要求,识别、评估并降低装备论证、研制过程中其电磁环境适应性战术技术性能不能适应复杂战场的巨大风险。本章初步建立雷达及雷达侦察装备等典型电子装备的复杂电磁环境适应性指标体系,并建立评估指标的联系数描述模型。

4.1　适应性评估指标体系与描述

4.1.1　适应性评估指标体系

电子装备对复杂电磁环境的适应性,就是电子装备在其全寿命管理期内,在可能遇到的各种战场电磁环境下能达到其战术技术性能要求,并完成给定作战任务的能力。为了衡量电子装备对复杂电磁环境的适应性,必须采用某种定量尺度去度量一定复杂电磁环境下装备的作战效能。电子装备复杂电磁环境适应性评估的重要任务或内容之一就是确定或选择复杂电磁环境适应性指标,由于复杂电磁环境适应性概念的特殊性,使得其评估指标不能像战术技术指标那样可以直接度量,但是适应性指标必须反映该装备在不同复杂电磁环境下的作战效能。

电子装备对复杂电磁环境的适应性必须用一组具体的适应性指标来描述。但是:一方面,由于不同类型电子装备的技术体制、使用环境以及作战运用模式千差万别,因此难以建立对所有电子装备复杂电磁环境适应性都通用的评估指标体系;另一方面,电子装备复杂电磁环境的适应性评估又有其共同特征,即评估电子装备在复杂电磁环境下实现所有预定功能与性能的能力。为了实现所有预定功能与性能,电子装备在复杂电磁环境下必须具有“战备完好性”和“持续作战能力”,装备的“战备完好性”可以由装备的可用性、使用可信度来度量,装备的“持续作战能力”可以由装备的使用可信度和保障性来度量。基于上述两个方面,本书建立电子装备复杂电磁环境适应性的一般性评估指标体系,如图4-1所示。

在图4-1中,电子装备的复杂电磁环境适应性由“战备完好性”和“持续作战

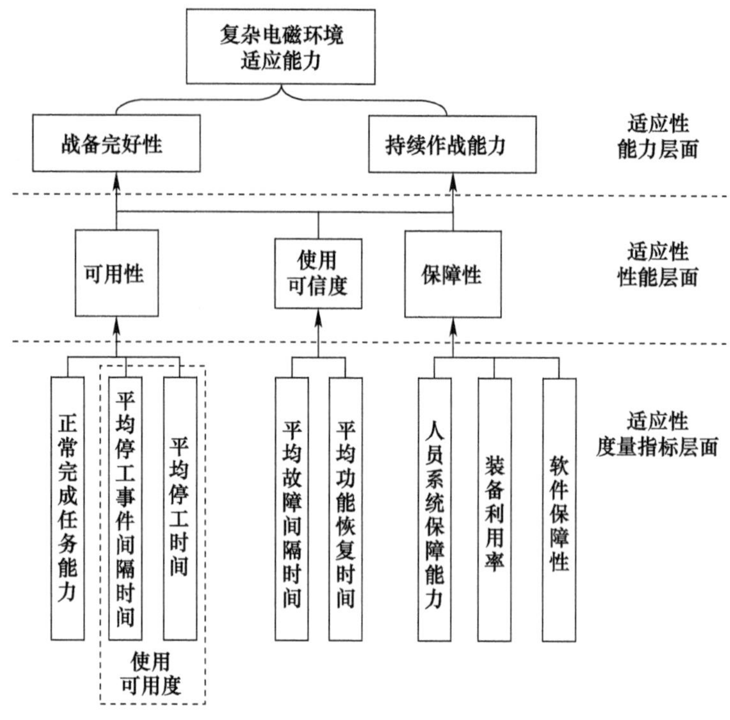

图 4－1　电子装备复杂电磁环境适应性的一般评估指标体系

能力”2 个指标进行表征。“战备完好性”的含义是在一定的复杂电磁环境下，电子装备及时投入部署和使用，并且发挥作用的能力；“持续作战能力”的含义是在一定的复杂电磁环境下，电子装备按照必要的强度和持续时间执行作战任务，以达到完成作战任务的能力。基于这 2 个指标对电子装备的复杂电磁环境适应性进行度量，电子装备能够令人满意地投入战场使用的程度，取决于作战任务的一个或多个阶段完成任务的能力。

装备的“战备完好性”由装备的可用性、使用可信度来度量。装备的可用性是电子装备处于可使用状态，或者说是使电子装备做好投入作战使用前的准备；装备可用性是可靠性和维修性的综合体现。装备的使用可信度是装备在需要时能够执行其规定任务的概率。装备的“持续作战能力”由装备的使用可信度和保障性来度量，装备的保障性是指电子装备在一定复杂电磁环境下，在规定的任务持续时间内或者进入任务状态后的规定时间内，维持该装备正常工作所需要的人力和人员保障、人因工程、软件维修性、软件资源保障及安全性等。装备的可用性、维修性、保障性必须由具体型号电子装备的复杂电磁环境适应性度量指标来表征：装备的可用性由装备在复杂电磁环境下“正常完成任务能力”“平均停工事件间隔时间”“平均停工时间”指标来综合描述；装备的使用可信度由“平均故障间隔时间”“平均功能恢复时间”指标来综合描述；装备的保障性由“人员系统保障能力”“装备利用率”“软件保障性”3 个指标来综合描述。

在图 4－1 中，由于指标体系中的过渡层“适应性性能层面”是一个过渡性的概略指标，因此在实际评估计算过程中可以忽略，由“适应性度量指标”直接反映“适应性能力”。另外，在考核电子装备复杂电磁环境适应性过程中，通常假设操作人员已经过足够强度（包括基础理论知识和操作熟练程度）的培训，认为复杂电磁环境对人员系统的保障能力和软件保障能力的影响很小。基于上述原因，在实际的电子装备复杂电磁环境适应性性能评估过程中，可以采用图 4－2 所示的三层评估指标体系。

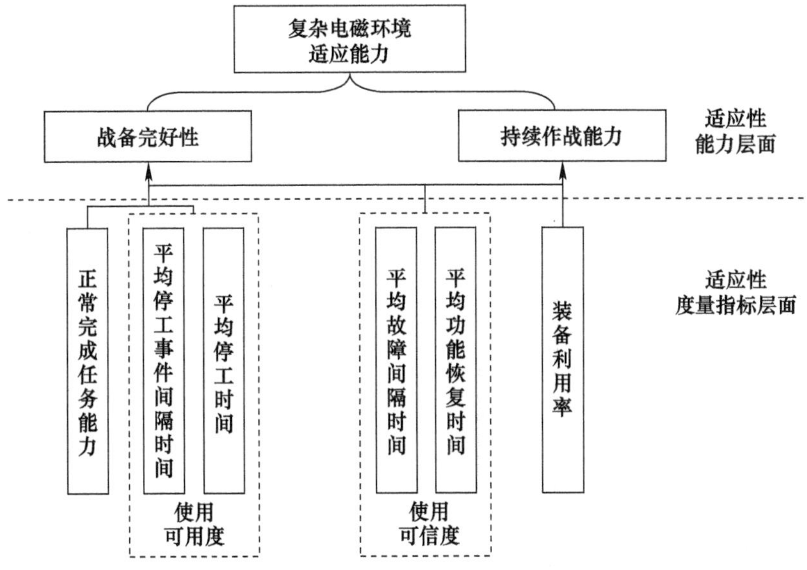

图 4－2　电子装备复杂电磁环境适应性的简单评估指标体系

需要特别说明的是，电子装备复杂电磁环境适应性性能评估的本质是确定并量化电子装备在一定复杂电磁环境中完成其规定功能的能力和基于复杂电磁环境的抗损能力，图 4－2 所示的评估指标体系就是利用指标“战备完好性”来表征电子装备在一定复杂电磁环境中完成其规定功能的能力，利用指标“持续作战能力”来表征其抗损能力。

4.1.2　适应性评估指标的联系数模型

4.1.2.1　基本思路

图 4－1 或图 4－2 所示的适应性评估指标体系，其适应性度量指标层面的参数必须结合具体型号电子装备评估数据来确定，适应性性能层面的参数由适应性度量指标层面的参数按照一定的合成算法得到，适应性能力层面的参数由适应性

性能层面的参数按照一定的合成算法得到。

进行电子装备的复杂电磁环境适应性能力评估,必须明确需求,以需求为对照,以需求满足度作为适应性能力评估的尺度。把电子装备的战术技术性能需求作为衡量实际装备能力的标准,把电子装备在某种复杂电磁环境下表现出来的战术技术性能分布,及该复杂电磁环境适应性能力的分布与需求做比较,求出复杂电磁环境适应性能力的度量。

适应性度量指标层面的参数"能正常工作的概率"由典型电子装备在复杂电磁环境适应性试验中直接测量得到的战术技术指标度量参数进行合成,参数"平均故障间隔时间""平均维修间隔时间""平均维修时间""人员系统保障能力""装备利用率""软件保障性"在复杂电磁环境试验中直接测量得到,将上述参数与研制总要求中所列的战术技术指标门限值进行比较,统计出符合研制总要求中战术技术指标门限值的比例和不符合门限值的比例。

很显然,上述适应性评估战术技术指标值都是与复杂电磁环境适应性试验的作战任务想定直接相关的,因此,通过这种符合门限值的比例算法,各评估部分按照一定程度的合成得到电子装备的复杂电磁环境适应性评估值,即判断电子装备在多大程度上能够完成复杂电磁环境适应性作战任务,在多大程度上能够良好地执行其受领的作战任务,或者在多大程度上能够良好地满足其必须具备的功能特性。这种评估方法是科学合理的,也是符合实际应用背景的。

4.1.2.2 基于联系数的描述模型

1）能正常工作的概率

能正常工作表示电子装备在一定复杂电磁环境下符合研制总要求或任务书中规定的战术技术指标门限值,通过对所有规定的战术技术指标符合程度的聚合得到"能正常工作的概率"。

假设电子装备战术技术性能复杂电磁环境适应性试验在 $f_g(g=1,2,\cdots,n)$ 个频点上进行,每个频点的复杂电磁环境试验种类分别为 $ce_1,ce_2,\cdots,ce_n$,在频点 f_g 上复杂电磁环境 ce_h 下共试验 N_{gh} 次,对适应性试验结果进行数学统计,以联系数的数学解析式表达所试验战术技术性能在频点 f_g 和复杂电磁环境 ce_h 下的适应性性能。利用联系数 $a+bi+cj$ 来描述效能评估的性能指标时,a 表示试验结果符合性能指标要求的同一度,b 表示试验结果与性能指标要求的差异度,c 表示试验结果与性能指标要求的对立度,其中 a 和 c 根据试验结果数据统计而得到,$b=1-a-c$。

目前的很多评估方法采用战术技术性能符合性能指标要求的程度进行评价,实质上就是采用联系数中的同一度进行评价。基于哲学的思想,这种评价的方法是不全面的,在很多情况下,我们不仅要了解电子装备战术技术性能符合性能指标要求的程度,更需要了解不符合性能指标要求的程度以及改进的空间有多大。

“哲学与科学的关系如同基石与大厦的关系一样，只懂哲学不懂科学就没有高度，只懂科学不懂哲学就没有深度。”因此，基于哲学辩证思维的角度，提出利用联系数来对战术技术性能进行描述，并实现对电子装备复杂电磁环境适应性的评估既有深刻的哲学意义，又有很高的实践应用价值。

针对上述试验结果，以电子装备研制总要求或研制任务书中的战术技术性能要求为判决门限，假设符合要求的试验结果为 A_{gh}，不符合要求的试验结果为 C_{gh}，则

$$a_{gh} = \frac{A_{gh}}{N_{gh}} \tag{4-1}$$

和

$$c_{gh} = \frac{C_{gh}}{N_{gh}} \tag{4-2}$$

于是有 $b_{gh} = 1 - a_{gh} - c_{gh}$，故该装备性能在频点 f_g 和复杂电磁环境 ce_h 下的适应性性能为 $a_{gh} + b_{gh}i + c_{gh}j$。

2）使用可用度

使用可用度是电子装备在需要时能够用于执行任何特定作战任务的概率。它包括电子装备的固有可靠性和维修性参数，以及与系统预期的寿命周期有关的后勤保障效能。电子装备使用可用度可以表示为

$$A_0 = \frac{\text{MTBDE}}{\text{MTBDE} + \text{MDT}} \tag{4-3}$$

式中：MTBDE 为平均停工事件间隔时间，即造成系统不能工作的事件（如关键或非关键故障、计划性维修和训练等）之间的平均时间。除了固有的维修和维修性特征外，现场条件（如技术指令的可用性与充分性、保障设备的能力与可用性、供应等级、人员、经验等级以及轮换班结构等）也影响停工时间。其计算公式为

$$\text{MTBDE} = \frac{\text{装备使用时间}}{\text{停工事件数}} \tag{4-4}$$

式(4-3)中：MDT 为平均停工时间，即停工事件发生后使系统恢复到完全工作状态而花费的平均时间。停工时间包括维修和保障响应、行政延迟和真实在线维修时间。其计算式为

$$\text{MDT} = \frac{\text{总停工时间}}{\text{停工事件数}} \tag{4-5}$$

3）使用可信度

使用可信度是电子装备在需要时能够执行其规定任务的概率，它包括系统的

固有可靠性和维修性参数，以及与任务使用、可能发生致命故障的所有时间有关的后勤保障效能。使用可信度同时影响装备的战备完好性和持续作战能力。在一定复杂电磁环境下基于平均故障间隔时间的电子装备使用可信度 DEP 为

$$DEP=\frac{MTBCF}{MTBCF+MTTRF} \tag{4-6}$$

式中：DEP 可以通过公式转换成联系数的表达形式参与聚合运算；MTBCF 为平均故障间隔时间；MTTRF 为平均功能恢复时间。平均故障间隔时间是指电子装备在一定复杂电磁环境下，其任务必要功能（任务必要功能是装备完成任务所必须使用的功能）发生关键故障的平均间隔时间。如果电子装备被用于执行持续时间明显不同的多项任务，则必须使用该项任务所对应的平均间隔时间。关键故障在一次任务中不一定发生，但它会对装备完成任务造成影响。其计算式为

$$MTBCF=\frac{\text{工作小时数}}{\text{关键故障次数}} \tag{4-7}$$

平均功能恢复时间是指在一定复杂电磁环境下发生关键故障后，为了使电子装备恢复到完全工作状态而花费的平均时间，包括在关键故障发生后恢复与功能有关的行政管理时间和后勤延迟时间，其计算公式为

$$MTTRF=\frac{\text{关键故障的恢复总时间}}{\text{关键故障次数}} \tag{4-8}$$

4）装备利用率

装备利用率用符号 UR 表示，它是一种频度度量参数：单位时间内的工作或事件数；或者每项任务或其他活动（规定持续时间长度）的工作或事件数。即在规定的时间间隔内，装备用于执行任务的平均寿命单元数，其计算公式为

$$UR=\frac{\text{工作小时数}}{\text{拥有小时数}} \tag{4-9}$$

UR 可以通过公式转换成联系数的表达形式，参与聚合运算。

4.2 雷达及雷达侦察装备适应性的同异反模型

雷达对抗是电子战的重要组成部分，它是以雷达为主要作战对象，通过电子侦察获取敌方雷达、携带雷达的武器平台和雷达制导武器系统的技术参数及军事部署情报，并利用电子干扰、电子欺骗和电子攻击等软硬杀伤手段，削弱、破坏敌方雷达的作战效能而进行的电子斗争。雷达对抗的基本内容包括雷达侦察、雷达干扰和反辐射攻击，本节主要介绍雷达、雷达侦察装备和组网雷达的复杂电磁环境适应性指标体系。

4.2.1 雷达适应性评估指标的联系数描述

复杂电磁环境中雷达工作频段内的干扰信号对雷达系统的影响较大,包括大功率的同频雷达信号或同频段、高脉冲密度的雷达信号以及雷达干扰信号等。复杂电磁环境将使雷达最大探测距离、测量精度及航迹连续跟踪能力等性能降低,甚至无法发现目标。适应性指标体系应该由雷达系统的一些重要性能参数组成,这些参数的值因为电磁环境的变化而发生变化,能体现出雷达性能的变化程度,本书建立的雷达复杂电磁环境适应性评价指标体系如图 4 -3 所示。

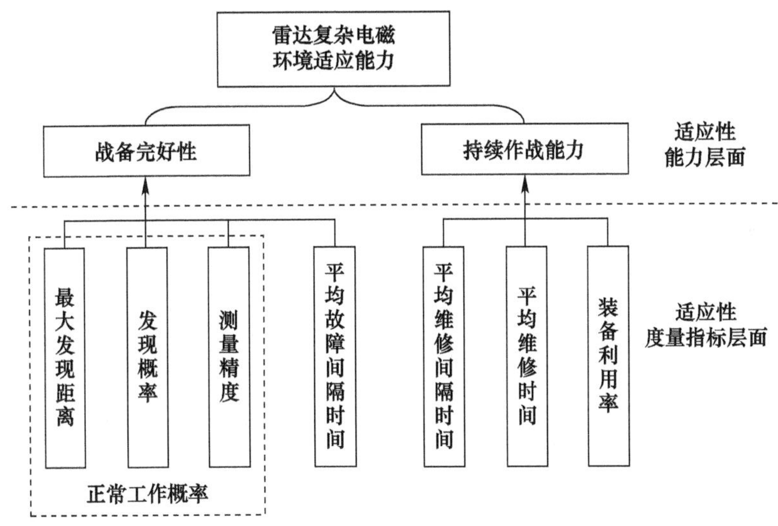

图 4 -3 雷达复杂电磁环境适应性评价指标体系

图 4 -3 中正常工作概率模块中的指标含义及其计算方法如下:

1) 最大发现距离

雷达的最基本任务是探测目标并测量其坐标,因此,作用距离是雷达的重要性能指标之一,它表示雷达能在多大的距离上发现目标。发现距离的大小取决于雷达本身的性能,其中包括发射机、接收机、天线等因素,也与目标的性质及环境因素有关。在雷达的复杂电磁环境适应性试验与评估中,最大发现距离可以定义为雷达以一定的检测概率首次发现目标时的距离。最大发现距离是与雷达检测概率相对应的,通过预先设置不同的检测概率值,即使是同一次飞行试验,也可以得到不同的最大发现距离。反过来,预先设置某一距离值,可以用与之对应的检测概率作为评估准则,这二者在本质上是等价的。另外,雷达的最大发现距离是一组随机变量而不是一个定值,这主要是由大气损耗、雷达截面积(RCS)随机起伏等原因造成的,最大发现距离的最终值应该是这组随机变量的数学期望。

假设雷达复杂电磁环境适应性试验次数为 m,第 i 次飞行试验得到雷达的最大发现距离为 R_i,并假设复杂电磁环境下雷达的最大发现距离指标值为 $R_{\max}$,最大发现距离符合指标值的个数为 m_a,不符合的为 m_c,于是雷达复杂电磁环境适应性的最大发现距离的数学描述为

$$u_R = \frac{m_a}{m} + \left(1 - \frac{m_a}{m} - \frac{m_c}{m}\right)i + \frac{m_c}{m}j \tag{4-10}$$

需要指出的是,由于雷达复杂电磁环境适应性试验过程及其试验数据存在随机性、模糊性、灰色性等不确定性,式(4-10)大多数情况下 $m_a + m_c < m$。

2)发现概率

发现概率是以发现目标为目的的各种雷达的最主要的效能指标。雷达在进行目标搜索时,首先划定搜索区域,然后通过扫描使雷达视场覆盖搜索区域,当目标落入雷达波瓣时,探测并识别目标。在雷达荧光屏上能否检测出目标信号,取决于信号能量与噪声能量之比的大小。在无绝对外界干扰时,噪声是指雷达接收系统内部的热噪声;在有干扰时,噪声是指各种电磁环境信号。

假设雷达复杂电磁环境适应性试验次数为 g,第 i 次飞行试验得到的雷达发现概率为 f_i,并假设复杂电磁环境下雷达的发现概率指标值为 f,发现概率符合指标值的个数为 g_a,不符合的为 g_c,于是雷达复杂电磁环境适应性的发现概率的数学描述为

$$u_f = \frac{g_a}{g} + \left(1 - \frac{g_a}{g} - \frac{g_c}{g}\right)i + \frac{g_c}{g}j \tag{4-11}$$

3)测量精度

雷达的主要功能,一是检测目标是否存在,二是对目标进行定位,包括测量目标的距离、方位、仰角、速度等。测量精度是警戒搜索雷达及跟踪制导雷达的重要战术技术指标。测量精度与雷达性能有关,与信噪比有关。复杂电磁环境下的各种噪声信号,都影响雷达的测量精度,降低雷达的作战效能。

假设雷达复杂电磁环境适应性试验次数为 h,第 i 次飞行试验得到的雷达测量误差为 δ_i,并假设复杂电磁环境下雷达的测量误差指标值为 δ,实际雷达测量误差符合指标值的个数为 h_a,不符合的为 h_c,于是雷达复杂电磁环境适应性的测量误差的数学描述为

$$u_\delta = \frac{h_a}{h} + \left(1 - \frac{h_a}{h} - \frac{h_c}{h}\right)i + \frac{h_c}{h}j \tag{4-12}$$

另外,雷达进入发现、建批或跟踪状态后,受复杂电磁环境的影响,其工作状态会变得不稳定,如间歇发现目标,断续建批或跟踪等,探测稳定性变差,雷达的这种稳定性通过“装备利用率”得到反映。

4.2.2 雷达侦察装备适应性评估指标的联系数描述

雷达对抗装备中，雷达侦察的目的是从敌方雷达发射的信号中检测出有用的信息，获取敌方雷达、携带雷达的武器平台和雷达制导武器系统的技术参数及军事情报，引导我方做出及时、准确和有效的反应，利用电子干扰、电子欺骗和电子攻击等软硬杀伤手段，削弱、破坏敌方雷达的作战效能。雷达侦察是雷达对抗的前提，复杂电磁环境中的雷达干扰信号、虚假信号使雷达侦察装备对真实目标信号的截获能力下降，虚警概率增加，使侦察装备与干扰装备间的无线指挥通信无法正常进行，严重影响系统的干扰效果。

由雷达侦察装备的工作过程可知，复杂电磁环境信号将影响其侦察作用距离、测向与定位误差、系统截获概率与时间等，本书建立的雷达侦察装备复杂电磁环境适应性评价指标体系如图 4－4 所示。

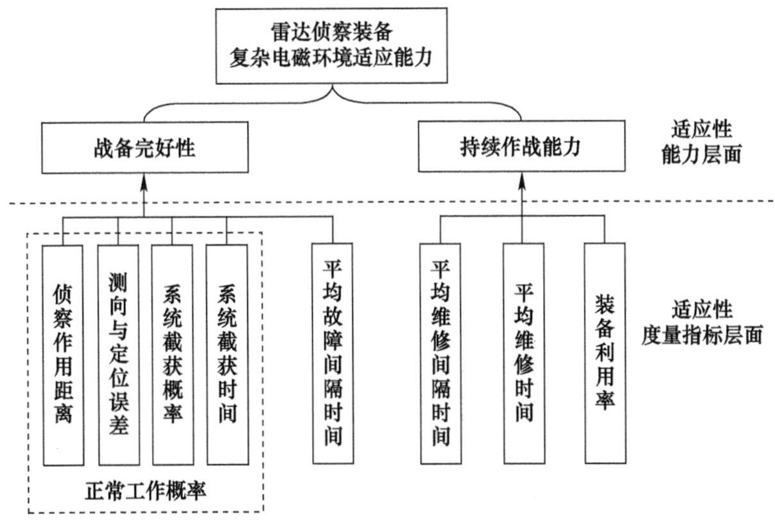

图 4－4　雷达侦察装备的复杂电磁环境适应性评价指标体系

1）侦察作用距离

侦察作用距离是指在接收点的信号强度足以保证侦察接收机正常工作的条件下，侦察机与被侦察雷达之间的最大距离，它表明侦察机能在多远的距离上发现雷达，是衡量侦察机对雷达的探测能力的一个重要战术技术参数。

假设雷达侦察装备复杂电磁环境适应性试验次数为 m，第 i 次试验得到的侦察作用距离为 R_i，并假设复杂电磁环境下雷达侦察装备的侦察作用距离指标值为 $R_{\max}$，侦察作用距离符合指标值的个数为 m_a，不符合的为 m_c，于是雷达侦察装备复杂电磁环境适应性的侦察作用距离的数学描述为

$$u_R = \frac{m_a}{m} + \left(1 - \frac{m_a}{m} - \frac{m_c}{m}\right)i + \frac{m_c}{m}j \tag{4-13}$$

2）测向与定位误差

用无源定位手段获取雷达的位置信息是雷达侦察装备的另一项重要任务。在战略情报的获取上，无源定位能测出雷达网的配置，进而推断出防御的布局。在战术行动中，精确的无源定位技术可以为反辐射导弹、火炮提供对雷达进行瞄准的坐标数据，还可以为飞机、军舰等提供机动方向。

测向误差指的是雷达侦察装备对雷达位置的测向准确度。由于复杂电磁环境的影响，导致雷达侦察装备搜索频段内噪声电平较强，使得接收到的目标信号信噪比减小，因此其测向值出现较大偏差，影响其对雷达位置的测向准确度，进一步影响到定位精度。

假设雷达侦察装备复杂电磁环境测向（或定位）适应性试验次数为 g，第 i 次试验得到的雷达侦察装备的测向误差为 θ_i（或定位误差为 r_i），并假设复杂电磁环境下雷达侦察装备的测向误差指标值为 θ（或定位误差指标值为 r），测向误差（或定位误差）符合指标值的个数为 g_a，不符合的为 g_c，于是雷达侦察装备的复杂电磁环境适应性的测向误差（或定位误差）的数学描述为

$$u_\theta(u_r) = \frac{g_a}{g} + \left(1 - \frac{g_a}{g} - \frac{g_c}{g}\right)i + \frac{g_c}{g}j \tag{4-14}$$

3）系统截获概率和截获时间

雷达侦察装备截获雷达信号的过程可概括为两步：发现信号和识别信号。发现信号包括搜索和检测，由侦察装备前端完成；识别信号包括预分析、分选和识别，主要由侦察装备的后端完成。

假设雷达侦察装备复杂电磁环境适应性试验次数为 h，第 i 次飞行试验得到的雷达侦察装备截获时间为 t_i，并假设复杂电磁环境下雷达侦察装备截获时间指标值为 t，实际雷达侦察装备截获时间符合指标值的个数为 h_a，不符合的为 h_c，于是雷达侦察装备复杂电磁环境适应性的截获时间的数学描述为

$$u_t = \frac{h_a}{h} + \left(1 - \frac{h_a}{h} - \frac{h_c}{h}\right)i + \frac{h_c}{h}j \tag{4-15}$$

在复杂电磁环境中，由于存在大量的噪声干扰信号及虚假信号，雷达侦察装备对真实目标信号的侦察截获时间将随电磁环境的复杂程度而变化。当侦察截获时间增大到一定程度时，由于难以实时地为雷达干扰装备提供目标信号的相关参数，将严重影响雷达侦察装备的整体作战效能。因此，雷达侦察装备系统截获时间是评价雷达侦察装备复杂电磁环境适应性的一个重要指标。

4.2.3 组网雷达适应性评估指标的联系数描述

组网雷达是指通过将多部不同体制、不同频段、不同程式、不同极化方式的雷达或者无源侦察装备适当布站,借助于通信手段链接成网,由中心站统一调配而形成的一个有机整体。网内各雷达和雷达对抗侦察装备的信息(原始信号、点迹、航迹等)由中心站收集,综合处理后形成雷达网覆盖范围内的情报信息,并按照战场态势的变化自适应地调整网内各雷达的工作状态,发挥各个雷达和雷达对抗侦察装备的优势,从而完成整个覆盖范围内的探测、定位和跟踪等任务。

组网雷达系统是一个多源传感器信息融合系统,极易受到复杂电磁环境的影响。复杂电磁环境将对组网雷达系统的探测能力、定位能力、跟踪能力、识别能力以及抗干扰、抗隐身、抗反辐射攻击、抗地空突防的“四抗”能力产生较大影响。对于组网雷达系统的复杂电磁环境适应性评估,其评估指标体系的建立无疑是一个重要的前提和基础。上述“四抗”能力是表征组网雷达的重要性能指标,抗干扰能力通过组网雷达系统的探测能力、定位能力、跟踪能力等得到反映,抗反辐射攻击能力通过装备利用率、平均故障间隔时间等得到反映,抗隐身与抗地空突防能力通过系统预警时间得到反映。本书建立的组网雷达复杂电磁环境适应性评价指标体系如图 4-5 所示。

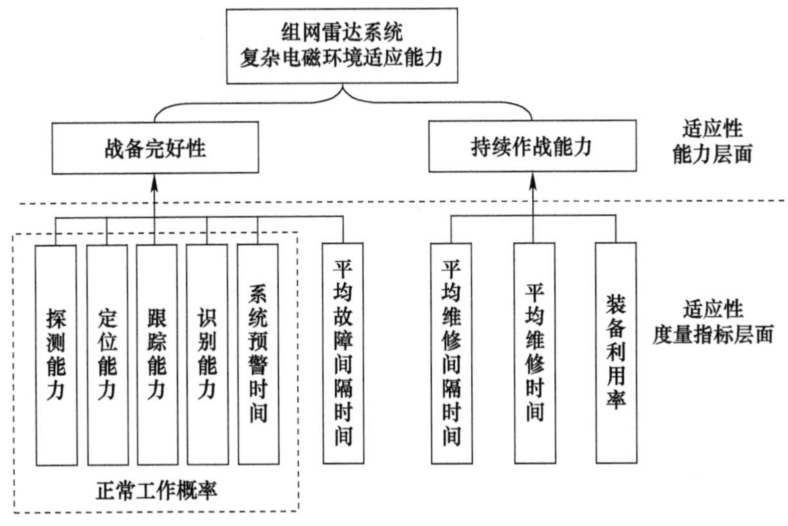

图 4-5 组网雷达的复杂电磁环境适应性评价指标体系

1) 组网雷达探测能力

组网雷达威力区是网内所有雷达威力区的合成,不同的目标高度、不同的目标截面积以及不同的发现概率下的组网雷达威力区大小是不同的。随着战场电磁环境复杂程度的变化,组网雷达威力区会发生明显的变化。

组网雷达探测能力可以通过组网雷达的盲区系数、覆盖系数、重叠系数等指标来反映,根据组网雷达的复杂电磁环境适应性试验结果和相应的战术技术指标要求值,可以求得盲区系数、覆盖系数、重叠系数等指标的联系数表达式,对上述指标进行综合即可得到组网雷达探测能力的联系数表达式。

2)组网雷达定位能力

组网雷达对目标的定位是在探测发现的前提下融合网内各雷达的观测数据,运用一定的定位算法,给出目标的空间位置。复杂电磁环境对组网雷达定位能力的影响,是通过对网内各雷达测量的方位、仰角等参数的影响来实现的。类似于雷达侦察装备的复杂电磁环境适应性的定位误差数学描述,可以求取组网雷达的定位误差联系数表达式。

3)组网雷达跟踪能力

组网雷达跟踪能力通过目标的航迹精度来表示,实质上反映了组网雷达的测量与信息融合能力。

假设单个目标的航迹点数为 n,标准航迹为 $\{X_{t_i}, Y_{t_i}, Z_{t_i}, \mathrm{Type}, \mathrm{Attr}\}$,$i = 1, 2, \cdots, n$,其中 $\{X_{t_i}, Y_{t_i}, Z_{t_i}\}$ 为目标在 t_i 时刻的位置坐标,Type 为目标类型,Attr 为目标属性。对应于该目标的标准航迹,组网雷达经过测量与信息融合后得到的同样时刻的航迹为 $\{\hat{X}_{t_i}, \hat{Y}_{t_i}, \hat{Z}_{t_i}, \hat{\mathrm{T}}\mathrm{ype}, \hat{\mathrm{A}}\mathrm{ttr}\}$,根据融合航迹位置坐标与标准航迹位置坐标的相符合情况,得到目标航迹 3 个方向的跟踪能力表达式为

$$u_x = \frac{x_a}{n} + \left(1 - \frac{x_a}{n} - \frac{x_c}{n}\right)i + \frac{x_c}{n}j \tag{4-16}$$

$$u_y = \frac{y_a}{n} + \left(1 - \frac{y_a}{n} - \frac{y_c}{n}\right)i + \frac{y_c}{n}j \tag{4-17}$$

$$u_z = \frac{z_a}{n} + \left(1 - \frac{z_a}{n} - \frac{z_c}{n}\right)i + \frac{z_c}{n}j \tag{4-18}$$

式中:x_a、y_a、z_a 为融合航迹 3 个位置坐标分别符合标准航迹 3 个位置坐标的个数;x_c、y_c、z_c 为融合航迹 3 个位置坐标分别不符合标准航迹 3 个位置坐标的个数。

对于多目标航迹,假设目标航迹总数为 K,则有组网雷达 3 个方向的跟踪能力表达式为

$$\bar{u}_x = \frac{1}{K}\sum_{k=1}^{K} u_{xk} \tag{4-19}$$

$$\bar{u}_y = \frac{1}{K}\sum_{k=1}^{K} u_{yk} \tag{4-20}$$

$$\bar{u}_z = \frac{1}{K}\sum_{k=1}^{K} u_{zk} \tag{4-21}$$

式中：u_{xk}、u_{yk}、u_{zk}为组网雷达对第 k 个目标 3 个方向的跟踪能力。

4）组网雷达识别能力

对于单个目标的目标类型和属性融合，根据融合航迹中目标类型和属性融合结果与标准航迹中目标类型和属性融合要求值的相符合情况，得到目标航迹目标类型和属性融合的联系数表达式为

$$u_{\text{Type}} = \frac{ty_a}{n} + \left(1 - \frac{ty_a}{n} - \frac{ty_c}{n}\right)i + \frac{ty_c}{n}j \tag{4-22}$$

$$u_{\text{Attr}} = \frac{at_a}{n} + \left(1 - \frac{at_a}{n} - \frac{at_c}{n}\right)i + \frac{at_c}{n}j \tag{4-23}$$

式中：ty_a、at_a 为融合航迹中目标类型和属性融合结果分别符合标准航迹目标类型和属性融合要求值的个数；ty_c、at_c 为融合航迹中目标类型和属性融合结果分别不符合标准航迹目标类型和属性融合要求值的个数。

对于多目标航迹，假设目标航迹总数为 K，则有组网雷达目标航迹目标类型和属性融合的联系数表达式为

$$\bar{u}_{\text{Type}} = \frac{1}{K}\sum_{k=1}^{K} u_{\text{Type}-k} \tag{4-24}$$

$$\bar{u}_{\text{Attr}} = \frac{1}{K}\sum_{k=1}^{K} u_{\text{Attr}-k} \tag{4-25}$$

式中：$u_{\text{Type}-k}$、$u_{\text{Attr}-k}$为组网雷达对第 k 个目标的目标类型和属性融合的联系数表达式。

5）组网雷达系统预警时间

系统预警时间这个指标表征雷达网的预警能力。系统预警时间可以定义为雷达网开始发现目标时目标距被保卫目标的水平距离与敌方攻击武器飞行速度的比值。

假设雷达网复杂电磁环境适应性试验次数为 m，第 i 次飞行试验得到的雷达网系统预警时间为 t_i，并假设复杂电磁环境下雷达网的系统预警时间指标值为 t，实际雷达网系统预警时间符合指标值的个数为 m_a，不符合的为 m_c，于是雷达网复杂电磁环境适应性的系统预警时间的数学描述为

$$u_t = \frac{m_a}{m} + \left(1 - \frac{m_a}{m} - \frac{m_c}{m}\right)i + \frac{m_c}{m}j \tag{4-26}$$

4.3 通信及通信侦察装备适应性的同异反模型

通信对抗是利用通信系统的开放性和易扰性，侦察和监视敌通信系统的工作情况，破坏和削弱敌通信系统的正常工作，保护己方通信系统不受敌方侦察、监视和破坏。通信对抗包括进攻性通信对抗和防御性通信对抗，进攻性通信对抗又包括无线电通信对抗侦察和无线电通信干扰，受电磁环境影响较大的是无线电通信对抗侦察和防御性通信对抗行动。本节主要研究通信装备和通信侦察装备的适应性评价指标体系及其算法。

4.3.1 通信装备适应性评估指标的联系数描述

复杂电磁环境对通信装备影响较大的是位于通信频段内的噪声及干扰信号环境，包括大功率的同频通信信号、通信干扰信号、雷达干扰信号等。复杂电磁环境可能导致通信装备无法进行正常的信息传输，严重影响通信装备的通信距离、通信质量、通信时效等性能指标，使得战场指挥控制、情报传递等无法正常实施。

本书认为复杂电磁环境信号将影响通信装备的语音传输误信率、数字误码率与最大通信距离等性能，建立其复杂电磁环境适应性评价指标体系如图 4 - 6 所示。

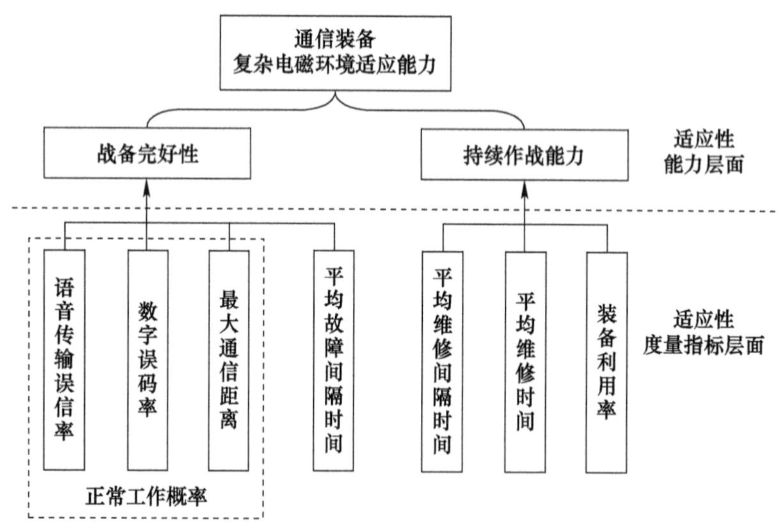

图 4 - 6　通信装备的复杂电磁环境适应性评价指标体系

1）语音传输误信率

对于部分通信装备，其主要用于话音通信（包括模拟通信和数字通信）。由于复杂电磁环境的影响,其通信质量将受到不同程度的影响,对其通信质量的主要评价是对所接收到的语音信号质量的评价,即所传输的话音信息内容无误接收的比例。无误接收到的音节、音素的比例,与上下文的意义和理解无关,称为语音清晰度;无误接收到的词汇、句子的比例,与上下文的意义和理解有关,称为词汇清晰度和句子可懂度。根据通信装备的战术技术指标要求,在实际评价时既可用语音清晰度衡量,也可用词汇清晰度和句子可懂度衡量。

假设通信装备复杂电磁环境适应性试验次数为 m,第 i 次试验得到的语音传输误信率为 P_{ei},并假设复杂电磁环境下通信装备的语音传输误信率指标值为 $P_{\max}$,语音传输误信率符合指标值的个数为 m_a,不符合的为 m_c,于是通信装备复杂电磁环境适应性语音传输误信率的数学描述为

$$u_{mP}=\frac{m_a}{m}+\left(1-\frac{m_a}{m}-\frac{m_c}{m}\right)i+\frac{m_c}{m}j \tag{4-27}$$

2) 数字误码率

对于部分通信装备,其主要用于数据报文的通信。由于复杂电磁环境的影响,其通信质量将受到不同程度的影响,使得接收端所接收报文的数字误码率发生变化。因而对通信装备复杂电磁环境适应能力的评估,必须考虑数字误码率指标。

假设通信装备复杂电磁环境适应性试验次数为 g,第 i 次试验得到的数字误码率为 Q_{ei},并假设复杂电磁环境下通信装备的数字误码率指标值为 $Q_{\max}$,语音传输误信率符合指标值的个数为 g_a,不符合的为 g_c,于是通信装备复杂电磁环境适应性的数字误码率的数学描述为

$$u_{gQ}=\frac{g_a}{g}+\left(1-\frac{g_a}{g}-\frac{g_c}{g}\right)i+\frac{g_c}{g}j \tag{4-28}$$

3) 最大通信距离

通信装备的最大通信距离,是指通信装备能以一定的话报接收正确率或数字误码率进行通信时的相互间最大距离。最大通信距离值越大,说明复杂电磁环境下通信装备的通信距离适应性越好。

假设通信装备复杂电磁环境适应性试验次数为 h,第 i 次试验得到的通信装备最大通信距离为 r_i,并假设复杂电磁环境下通信装备最大通信距离指标值为 r,实际通信装备最大通信距离符合指标值的个数为 h_a,不符合的为 h_c,于是通信装备复杂电磁环境适应性的最大通信距离的数学描述为

$$u_r=\frac{h_a}{h}+\left(1-\frac{h_a}{h}-\frac{h_c}{h}\right)i+\frac{h_c}{h}j \tag{4-29}$$

4.3.2 通信侦察装备适应性评估指标的联系数描述

通信侦察是指利用通信侦察接收装备和无线电测向设备搜索、截获敌方无线

电通信信号,经过分析识别获取其技术参数、工作特征和辐射源位置等情报的活动。

通信侦察是获取通信对抗情报的主要手段,也是通信对抗的前提。它的主要任务是侦察敌方无线电通信的工作频段、工作频率、调制方式等,测定通信信号的来波方位及对电台进行定位等。由于复杂电磁环境的影响,可能导致通信侦察装备搜索频段内干扰电平增大,虚假目标信号增多,使得其对真实目标信号的截获能力下降,虚警概率增加,测向偏差增大,影响其对目标信号的定位及目标属性的准确判断。复杂电磁环境可能导致侦察装备与干扰装备间的无线指挥通信的效率降低甚至无法正常通信;同时还可能导致采用跟踪干扰方式工作的通信干扰装备无法正常地跟踪到目标信号,使得其跟踪干扰能力明显下降。

复杂电磁环境信号将影响通信侦察装备的最大侦察距离、信号截获概率和截获时间、测频误差、测向误差、引导干扰成功率、通信信号侦察时间等性能指标,本书建立的通信侦察装备复杂电磁环境适应性评价指标体系如图 4-7 所示。

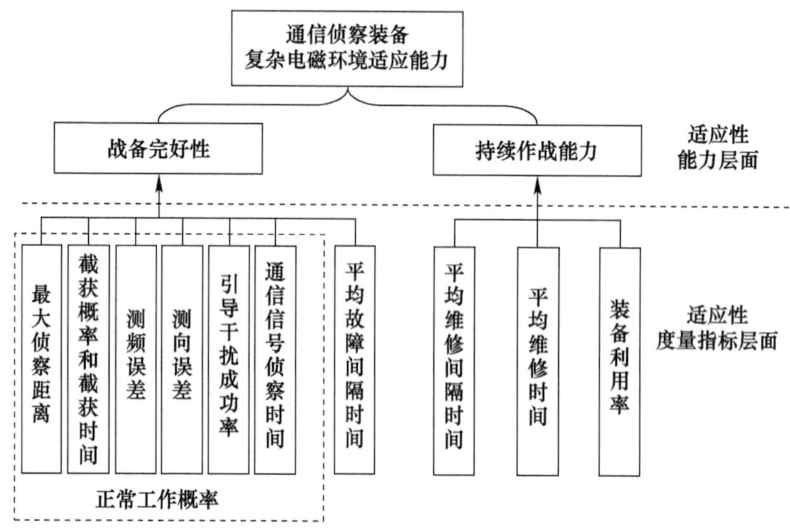

图 4-7　通信侦察装备的复杂电磁环境适应性评价指标体系

1）最大侦察距离

通信侦察装备的最大侦察距离,是指通信侦察装备能以规定的截获概率侦收到辐射源(通信信号)时的最大距离,也就是侦察装备输入端信号电平等于侦收灵敏度时的侦察距离,这是通信侦察装备的一项重要战术指标。

在通信侦察接收机侦收灵敏度一定的情况下,为了进行正常的信号侦收,接收端输入信号必须满足一定的信噪比。若针对通信侦察接收机的复杂电磁环境的复杂程度增加,即噪声变大,为了满足正常信号侦收所需的信噪比,必须使通信侦察接收机天线处的最小信号功率增大,但使得最大侦察距离减小。

假设通信侦察接收机复杂电磁环境适应性试验次数为 m,第 i 次试验得到其最大侦察距离为 R_i,并假设复杂电磁环境下通信侦察接收机的最大侦察距离指标值为 $\hat{R}$,最大侦察距离符合指标值的个数为 m_a,不符合的为 m_c,于是通信侦察接收机复杂电磁环境适应性的最大侦察距离的数学描述为

$$u_R = \frac{m_a}{m} + \left(1 - \frac{m_a}{m} - \frac{m_c}{m}\right)i + \frac{m_c}{m}j \tag{4-30}$$

2）信号截获概率和截获时间

截获敌方通信信号是通信对抗侦察的首要任务,因为只有截获了信号,才能对信号进行测量、分析和识别。信号截获概率指的是通信侦察装备进行搜索侦察时对某一距离处目标信号的截获能力,通信侦察装备对这种信号的截获概率达到一定值所需要的时间称为截获时间。由于复杂电磁环境的影响,可能导致通信侦察装备搜索频段内干扰电平增大,或虚假目标信号较多,从而使得其对真实目标信号的截获概率下降,截获时间增加。

假设通信侦察装备复杂电磁环境适应性试验次数为 h,第 i 次试验得到的通信侦察装备的截获概率为 p_i（截获时间为 t_i）,并假设复杂电磁环境下通信侦察装备截获概率指标值为 p（截获时间指标值为 t）,实际通信侦察装备截获概率（截获时间）符合指标值的个数为 h_a,不符合的为 h_c,于是通信侦察装备复杂电磁环境适应性的截获概率（截获时间）的数学描述为

$$u_p(u_t) = \frac{h_a}{h} + \left(1 - \frac{h_a}{h} - \frac{h_c}{h}\right)i + \frac{h_c}{h}j \tag{4-31}$$

3）测频误差

频率是通信信号最重要的技术参数,信号频率的测量对信号的分类、识别、测向以及干扰引导都是非常重要的,信号频率的测量通常由通信侦察接收机来完成。

假设通信侦察装备复杂电磁环境适应性试验次数为 g,第 i 次试验得到的通信侦察装备的测频均方根误差为 σ_i,并假设复杂电磁环境下通信侦察装备测频均方根误差指标值为 σ,实际通信侦察装备测频均方根误差符合指标值的个数为 g_a,不符合的为 g_c,于是通信侦察装备复杂电磁环境适应性的测频均方根误差的数学描述为

$$u_\sigma = \frac{g_a}{g} + \left(1 - \frac{g_a}{g} - \frac{g_c}{g}\right)i + \frac{g_c}{g}j \tag{4-32}$$

4）测向误差

来波的到达角是通信信号的又一个重要参数,利用它不仅能为有效干扰敌台或火力摧毁敌台提供准确的方位或位置,而且能在现代密集、复杂多变的信号环境

中为分选、识别通信信号提供重要的信号到达角信息。通信侦察装备的测向是由其中的无线电测向机完成的,其物理基础是电波在均匀介质中以等速直线传播及接收天线的方向性所测得的示向度与被测目标的真实方位角之间的误差称为测向误差。

假设通信侦察装备复杂电磁环境适应性试验次数为 l,第 i 次试验得到通信侦察装备的测向误差为 θ_i,并又假设复杂电磁环境下通信侦察装备测向均方根误差指标值为 $\Delta\theta_\sigma$,实际通信侦察装备测向误差符合测向均方根误差指标值的个数为 l_a,不符合的为 l_c,于是通信侦察装备复杂电磁环境适应性的测向误差的数学描述为

$$u_\theta = \frac{l_a}{l} + \left(1 - \frac{l_a}{l} - \frac{l_c}{l}\right)i + \frac{l_c}{l}j \tag{4-33}$$

5）引导干扰成功率

对于通信对抗装备,通常由侦察装备对目标信号进行侦察、识别,并在必要时引导干扰装备对目标信号实施干扰。而由于复杂电磁环境的影响,可能直接导致侦察装备与干扰装备间的指挥控制通信效率降低甚至无法正常通信,同时还可能导致采用跟踪干扰方式工作的通信干扰装备无法正常的跟踪到目标信号,从而使得其跟踪干扰能力明显下降。因而,在进行通信侦察装备的复杂电磁环境适应性评估时,需要考虑其对干扰装备的引导干扰成功率。

假设复杂电磁环境下通信侦察装备对干扰装备的引导试验次数为 k,其中通信侦察装备能对干扰装备准确引导的次数为 k_a,由于电磁环境的影响,通信侦察装备不能与干扰装备进行正常通信的试验次数为 k_c,于是通信侦察装备复杂电磁环境适应性的引导干扰成功率的数学描述为

$$u_k = \frac{k_a}{k} + \left(1 - \frac{k_a}{k} - \frac{k_c}{k}\right)i + \frac{k_c}{k}j \tag{4-34}$$

式中:$(1 - k_a/k - k_c/k)$描述的是通信侦察装备能对干扰装备准确引导、通信侦察装备不能与干扰装备进行正常通信之间的模糊区域,复杂电磁环境对通信侦察装备对干扰装备引导能力的影响如图 4-8 所示。基于此,可以看出本书提出的基于联系数的电子装备复杂电磁环境适应性评估方法的优越性。

6）通信信号侦察时间

在通信对抗装备中,通信侦察装备的侦察时间指标实质是指其反应时间指标,是反应时间指标的一种表述方式。通信侦察装备的侦察时间,是指通信侦察装备对电台目标完成一次侦收、测向所需要的时间,它包括接到命令把接收机设置到被测频率上截获目标信号、测向,进行处理运算以及把结果送到显示器显示出来这一过程所需要的全部时间。

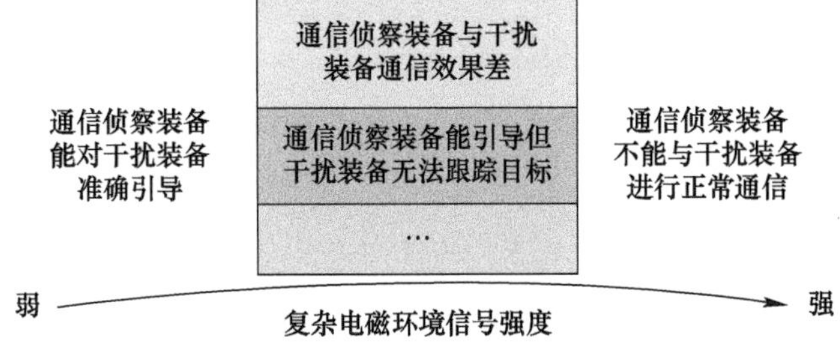

图 4-8 复杂电磁环境对通信侦察装备引导能力的影响

在复杂电磁环境下,由于存在大量的干扰虚假信号及较强的噪声电平,通信侦察装备对真实目标信号的侦收、测向时间将随电磁环境的复杂性(噪声电平)加大而加大。当侦察时间增大到一定程度时,由于难以实时地为通信干扰装备提供目标信号的相关参数,将严重影响通信对抗装备的整体作战效能。因此,通信信号侦察时间也是评价通信侦察装备复杂电磁环境适应性的重要指标。

假设复杂电磁环境下通信侦察装备通信信号侦察时间试验次数为 v,第 i 次试验得到通信侦察装备的通信信号侦察时间为 t_i,并假设复杂电磁环境下通信侦察装备反应时间指标值为 t,实际通信侦察装备通信信号侦察时间符合反应时间指标值的个数为 v_a,不符合的为 v_c,于是通信侦察装备复杂电磁环境适应性的通信信号侦察时间的数学描述为

$$u_t = \frac{v_a}{v} + \left(1 - \frac{v_a}{v} - \frac{v_c}{v}\right) i + \frac{v_c}{v} j \tag{4-35}$$

4.3.3 通信网适应性评估指标的联系数描述

本书通信网是指由军队自行建立的或由军民合建的用于军事通信的各种通信网。它既包括军事通信干线网,也包括由各军兵种自建的专用通信网;既包括固定通信系统,也包括各种野战通信系统。

随着技术的进步和现代战争的需要,军事通信已经从简单的两点间通信,发展为可以覆盖整个作战区域甚至全球的战术和战略通信网,在战争中实现跨地区、跨军种的协同作战,以保障各种信息和命令的传输。战场复杂电磁环境对通信网的影响重点表现在信息和数据的传递方面,引起通信网迟滞和性能降低,如全网传达信息的总延时加大等,本书建立其复杂电磁环境适应性评价指标体系如图 4-9 所示。

1）全网传信误信率

使通信网传输的语音和数据产生错误,是战场复杂电磁环境对通信网的主要影响之一,随着电磁环境复杂性的增加,信噪比会下降,最终导致全网传信误信率

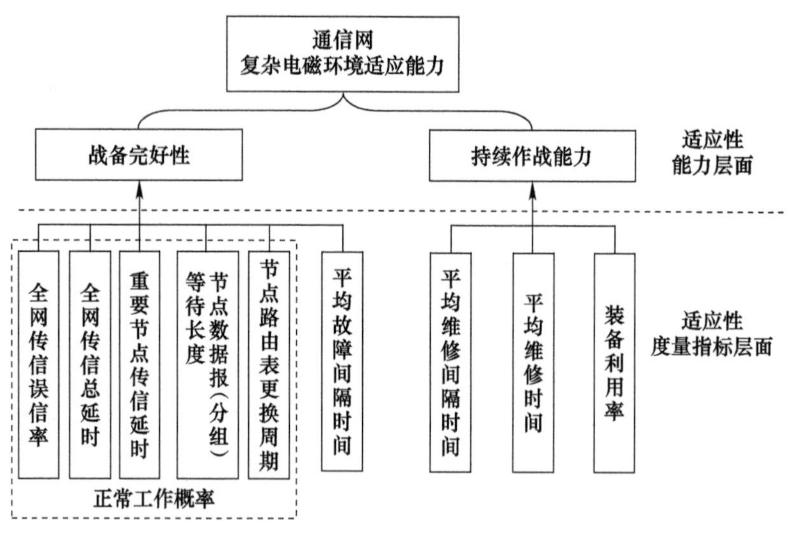

图 4-9　通信网的复杂电磁环境适应性评价指标体系

的增大。

假设针对语音传输误信率和数字传输误码率的通信网复杂电磁环境适应性试验次数分别为 m 和 n，第 k 次语音传输误信率试验得到的语音传输误信率为 P_{ek}，第 l 次数字传输误码率试验得到的数字传输误码率为 P_{dl}，并假设复杂电磁环境下通信网的语音传输误信率指标值为 $P_{e-\max}$，数字传输误码率指标值为 $P_{d-\max}$，根据试验结果统计，有语音传输误信率符合指标值的个数为 m_a，不符合的为 m_c，数字传输误码率符合指标值的个数为 n_a，不符合的为 n_c。于是通信网复杂电磁环境适应性的语音传输误信率和数字传输误码率的数学描述分别为

$$u_m = \frac{m_a}{m} + \left(1 - \frac{m_a}{m} - \frac{m_c}{m}\right)i + \frac{m_c}{m}j \tag{4-36}$$

$$u_n = \frac{n_a}{n} + \left(1 - \frac{n_a}{n} - \frac{n_c}{n}\right)i + \frac{n_c}{n}j \tag{4-37}$$

全网传信误信率的联系数描述为

$$\begin{aligned} u &= \max\{u_m, u_n\} \\ &= \max\left\{\frac{m_a}{m}, \frac{n_a}{n}\right\} + \left(1 - \max\left\{\frac{m_a}{m}, \frac{n_a}{n}\right\} - \max\left\{\frac{m_c}{m}, \frac{n_c}{n}\right\}\right)i + \max\left\{\frac{m_c}{m}, \frac{n_c}{n}\right\}j \end{aligned} \tag{4-38}$$

2）全网传信总延时

使目标通信网所传送的各个电报或分组产生最大的延迟，是战场复杂电磁环境对通信网产生的最直接影响。全网传信总延时，就是目标通信网中各节点与其

所有相邻节点路由段延迟的总和。

假设通信网全网传信总延时复杂电磁环境适应性试验次数为 g，第 i 次试验通过统计得到通信网的全网传信总延时为 σ_i，并假设复杂电磁环境下通信网全网传信总延时指标值为 σ，根据试验结果，实际通信网全网传信总延时符合指标值的个数为 g_a，不符合的为 g_c，于是通信网复杂电磁环境适应性的全网传信总延时的数学描述为

$$u_{\sigma}=\frac{g_a}{g}+\left(1-\frac{g_a}{g}-\frac{g_c}{g}\right)i+\frac{n_c}{g}j \tag{4-39}$$

3）重要节点传信延时

通信网中重要节点传信延时对整个通信网的影响大于普通节点，通信网复杂电磁环境适应性有必要考虑该指标。

假设通信网有 K 个重要节点，结合上述通信网全网传信总延时复杂电磁环境适应性试验，第 $k(k=1,2,\cdots,K)$ 个重要节点第 i 次试验的传信延时 σ_{ki}，并假设复杂电磁环境下通信网重要节点传信延时指标值为 σ'，根据试验结果，第 k 个重要节点符合重要节点传信延时指标值的个数为 g_{ka}，不符合的为 g_{kc}，于是通信网第 k 个重要节点复杂电磁环境适应性的重要节点传信延时的数学描述为

$$u_{k\sigma}=\frac{g_{ka}}{g}+\left(1-\frac{g_{ka}}{g}-\frac{g_{kc}}{g}\right)i+\frac{g_{kc}}{n}j \tag{4-40}$$

于是有全网重要节点传信延时的联系数描述为

$$\begin{aligned}u_{\sigma'}&=\max\{u_{1\sigma},u_{2\sigma},\cdots,u_{K\sigma}\}\\&=a_{\sigma'}+b_{\sigma'}i+c_{\sigma'}j\end{aligned} \tag{4-41}$$

其中

$$a_{\sigma'}=\max\left\{\frac{g_{1a}}{g},\frac{g_{2a}}{g},\cdots,\frac{g_{Ka}}{g}\right\}$$

$$c_{\sigma'}=\max\left\{\frac{g_{1c}}{g},\frac{g_{2c}}{g},\cdots,\frac{g_{Kc}}{g}\right\}$$

$$b_{\sigma'}=1-\max\left\{\frac{g_{1a}}{g},\frac{g_{2a}}{g},\cdots,\frac{g_{Ka}}{g}\right\}-\max\left\{\frac{g_{1c}}{g},\frac{g_{2c}}{g},\cdots,\frac{g_{Kc}}{g}\right\}$$

4）节点数据报（分组）等待长度

节点数据报（分组）等待长度，就是到达每节点待发送的数据报（分组）的队列长度。一个节点受到战场复杂电磁环境的影响使消息发送不出去，必然会增大该节点消息队列的长度。

假设通信网有 H 个节点，结合上述通信网全网传信总延时复杂电磁环境适应

性试验,第 $h(h=1,2,\cdots,H)$ 个节点第 i 次试验的节点数据报等待长度为 l_{hi},并假设复杂电磁环境下通信网的节点数据报(分组)等待长度指标值为 l,根据试验结果,第 h 个节点的节点数据报等待长度符合指标值的个数为 g_{ha},不符合的为 g_{hc},于是通信网第 h 个节点复杂电磁环境适应性的节点数据报等待长度的数学描述为

$$u_{hl}=\frac{g_{ha}}{g}+\left(1-\frac{g_{ha}}{g}-\frac{g_{hc}}{g}\right)i+\frac{g_{hc}}{g}j \tag{4-42}$$

因此全网节点数据报等待长度的联系数描述为

$$\begin{aligned} u_l &= \max\{u_{1l},u_{2l},\cdots,u_{Hl}\} \\ &= a_l+b_li+c_lj \end{aligned} \tag{4-43}$$

式中

$$a_l=\max\left\{\frac{g_{1a}}{g},\frac{g_{2a}}{g},\cdots,\frac{g_{Ha}}{g}\right\}$$

$$c_l=\max\left\{\frac{g_{1c}}{g},\frac{g_{2c}}{g},\cdots,\frac{g_{Hc}}{g}\right\}$$

$$b_l=1-\max\left\{\frac{g_{1a}}{g},\frac{g_{2a}}{g},\cdots,\frac{g_{Ha}}{g}\right\}-\max\left\{\frac{g_{1c}}{g},\frac{g_{2c}}{g},\cdots,\frac{g_{Hc}}{g}\right\}$$

5）节点路由表更换周期

设置路由器节点的路由表是为了保证各节点都可达到且各个路由器都可以随时掌握其他路由器的状态,每个节点路由表更换周期可以反映该节点的复杂电磁环境适应能力。

假设通信网有 L 个节点,基于试验结果的统计过程类似于上述节点数据报等待长度的统计过程,则通信网第 $l(l=1,2,\cdots,L)$ 个节点复杂电磁环境适应性的节点路由表更换周期的数学描述为

$$u_{lt}=\frac{g_{la}}{g}+\left(1-\frac{g_{la}}{g}-\frac{g_{lc}}{g}\right)i+\frac{g_{lc}}{g}j \tag{4-44}$$

计算过程类似,全网节点路由表更换周期的联系数描述为

$$u_t=\max\{u_{1t},u_{2t},\cdots,u_{Lt}\} \tag{4-45}$$

4.4 其他电子装备电磁环境适应性的同异反模型

4.4.1 光电侦察告警装备适应性的同异反模型

光电对抗是整个电子对抗的重要组成部分,它实质上是电子对抗在电磁频谱

光波段的延伸,用于截获、定位、压制和破坏敌方光电制导武器、光电侦察设备和指挥通信系统,削弱对方的作战能力。光电对抗受电磁环境影响较大的是光电侦察告警行动,本节主要介绍光电侦察告警装备的适应性评价指标体系。

光电侦察告警是对来袭的光电武器进行威胁告警的一种军事行动,它利用光电技术手段对来袭的光电武器、侦察器材以及武器平台或弹药所辐射的或散射的光波信号进行截获和识别,获取威胁源情报和参数信息,并发出警告。根据工作波段或光源类别,一般分为激光侦察告警、红外侦察告警、紫外侦察告警等形式。复杂电磁环境对光电侦察告警装备性能的影响因素有大气透明度、烟幕厚度、目标辐射强度等,将影响光电侦察告警装备的目标定向(或定位)范围和精度、探测距离、探测概率、虚警率、反应时间等性能,本书建立的光电侦察告警装备的复杂电磁环境适应性评价指标体系如图4-10所示。

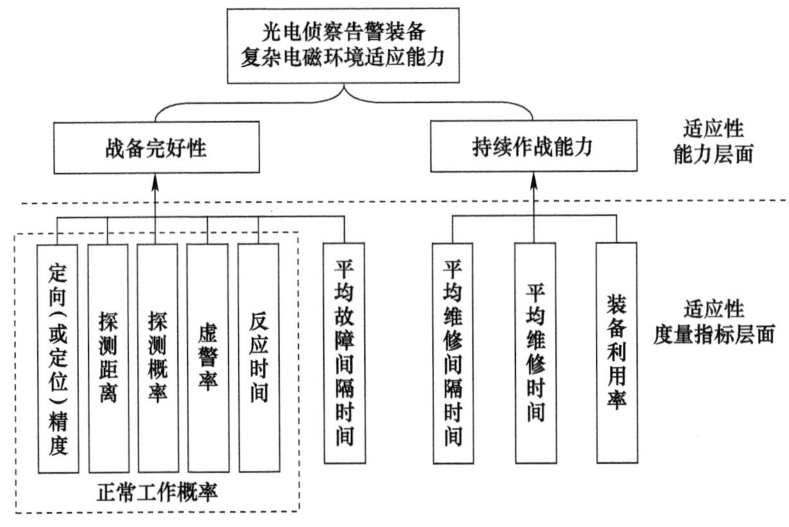

图4-10　光电侦察告警装备的复杂电磁环境适应性评价指标体系

复杂电磁环境适应性评价指标的含义及其基于联系数的数学描述模型类似雷达或通信侦察装备,这里不再赘述。

4.4.2　导航定位装备适应性评价的同异反模型

随着军事电子装备的发展,导航定位装备在战争中的作用日益强大,导航定位对抗也成为电子对抗的一个重要方面,特别是卫星导航定位装备,因其具有精度高、全天候、全天时等特点,已经成为作战平台导航和武器精确制导的主要手段。限于篇幅,本书只讨论卫星导航定位装备的复杂电磁环境适应性评价指标体系及其指标描述模型。

复杂电磁环境中对卫星导航装备影响较大的是位于导航频段内的干扰信号，包括通信信号、雷达信号以及通信干扰信号、雷达干扰信号以及导航干扰信号等。由于复杂电磁环境噪声信号和干扰信号的影响，可能导致卫星导航装备定位误差、定位时间、定位成功率、通信成功率等性能下降，严重时甚至无法进行正常输出导航定位信息。本书建立其复杂电磁环境适应性评价指标体系如图 4－11 所示。

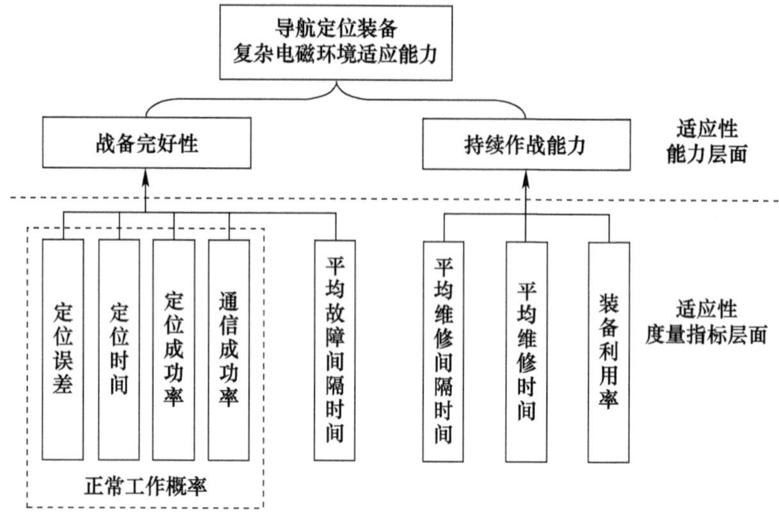

图 4－11　导航定位装备的复杂电磁环境适应性评价指标体系

1）定位误差

卫星导航装备的最大特点是可提供高精度的导航定位信息。因而，其提供的导航定位信息的精度高低，即定位误差的大小，是衡量卫星导航装备作战应用性能的最重要指标。在复杂电磁环境中，其定位误差的大小也是衡量其适应电磁环境能力的一个重要指标。

通常，定位误差可用圆概率误差（CEP）或球概率误差（SEP）来计算，其中圆概率误差是在以天线真实位置为圆心的圆内，偏离圆心概率为 50% 的二维点位离散分布度量；球概率误差是在以天线真实位置为球心的球内，偏离球心概率为 50% 的三维点位精度分布度量。

假设卫星导航定位装备复杂电磁环境适应性试验次数为 m，第 i 次试验得到其定位圆概率误差为 P_i，并假设复杂电磁环境下卫星导航定位装备的定位圆概率误差指标值为 $P_{\max}$，定位圆概率误差符合指标值的个数为 m_a，不符合的为 m_c，于是卫星导航定位装备复杂电磁环境适应性的定位圆概率误差的数学描述为

$$u_p = \frac{m_a}{m} + \left(1 - \frac{m_a}{m} - \frac{m_c}{m}\right)i + \frac{m_c}{m}j \tag{4-46}$$

2）定位时间

对于战场内高速动态运动的武器装备，卫星导航定位装备应可实时提供高精度的导航定位信息。由于复杂电磁环境的影响，卫星导航装备的定位时间可能会出现较大程度的增加。

假设卫星导航定位装备复杂电磁环境适应性试验次数为 g，第 i 次试验中其准确定位所需的时间为 t_i，并假设复杂电磁环境下卫星导航定位装备的定位时间指标值为 $t_{\max}$，定位时间符合指标值的个数为 g_a，不符合的为 g_c，于是卫星导航定位装备复杂电磁环境适应性的定位时间的数学描述为

$$u_t = \frac{g_a}{g} + \left(1 - \frac{g_a}{g} - \frac{g_c}{g}\right)i + \frac{g_c}{g}j \tag{4-47}$$

3）定位成功率

卫星导航定位装备能够在要求的定位精度和定位时间内成功定位的概率称为定位成功率。定位成功率可反映某一卫星导航定位装备适应复杂电磁环境的能力，电磁环境的噪声电平增加，可能会使卫星导航定位装备的定位成功率下降。

假设卫星导航定位装备复杂电磁环境适应性试验次数为 h，其中能在要求的定位精度和定位时间内成功定位的次数为 h_a，定位精度和定位时间都不满足要求或者不能给出定位数据信息的次数为 h_c，能给出定位数据信息但是要么定位精度不满足要求或定位时间不满足要求的次数为 $h - h_a - h_c$，于是卫星导航定位装备复杂电磁环境适应性的定位成功率的数学描述为

$$u_s = \frac{h_a}{h} + \left(1 - \frac{h_a}{h} - \frac{h_c}{h}\right)i + \frac{h_c}{h}j \tag{4-48}$$

相比于传统的定位成功率 $u_s = h_a/h$，式（4－48）很显然给出了更多的评估信息，也更符合实际评估工程应用背景。

4）通信成功率

卫星导航定位装备能够在要求的时间和误信率下成功发送通信短报文的概率称为通信成功率。通信成功率可反映某一卫星导航定位装备适应复杂电磁环境的能力，电磁环境的噪声电平增加，可能会使卫星导航定位装备的通信成功率下降。

假设卫星导航定位装备复杂电磁环境适应性试验次数为 l，其中能在要求的时间内和误信率下成功发送通信短报文的次数为 l_a，完全不能建立通信链路或通信短报文不能发送的次数为 l_c，能发送通信短报文但是发送时间不满足要求或短报文误信率不满足要求的次数为 $l - l_a - l_c$ 次，于是卫星导航定位装备复杂电磁环境适应性的通信成功率的数学描述为

$$u_c = \frac{l_a}{l} + \left(1 - \frac{l_a}{l} - \frac{l_c}{l}\right)i + \frac{l_c}{l}j \tag{4-49}$$

4.4.3 敌我识别器适应性的同异反模型

自古至今的战争中，当遇到作战平台（飞机、军舰、装甲车辆）等情况时，敌我识别是必须解决的问题。只有判定是敌军还是友军后，才能做出正确的作战部署和是否进行攻击的决定。

敌我识别器与雷达具有同样悠久的历史，一般由独立的询问器和应答器组成，两者配合工作完成敌我识别。复杂电磁环境对敌我识别器的影响可能会导致两种后果，一是阻止或拖延其进行有效的敌我识别，难以实时区分敌友，二是使其产生错误识别，即认敌为友或认友为敌。

复杂电磁环境信号将影响敌我识别器的最大作用距离、识别概率和识别时间等性能指标，本书建立的敌我识别器的复杂电磁环境适应性评价指标体系如图 4－12所示。

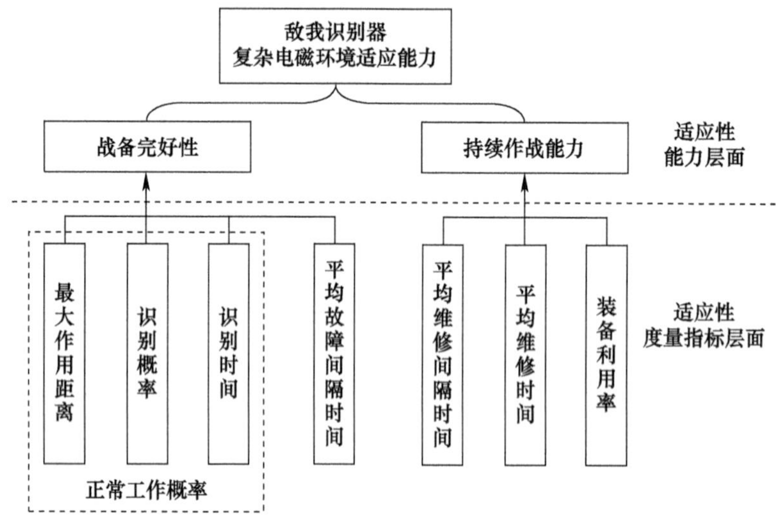

图 4－12　敌我识别器的复杂电磁环境适应性评价指标体系

1）最大作用距离

敌我识别器的最大作用距离是指询问器能收到应答器的有效应答信号并正确识别敌友属性时询问器与应答器之间的最大距离。最大作用距离值越大，说明复杂电磁环境下敌我识别器的最大作用距离适应性越好。

假设敌我识别器复杂电磁环境适应性试验次数为 m，第 i 次试验得到敌我识别器的最大作用距离为 r_i，并假设复杂电磁环境下敌我识别器最大作用距离指标值为 r，实际敌我识别器最大作用距离符合指标值的个数为 m_a，不符合的为 m_c，于是敌我识别器复杂电磁环境适应性的最大作用距离的数学描述为

$$u_r = \frac{m_a}{m} + \left(1 - \frac{m_a}{m} - \frac{m_c}{m}\right)i + \frac{m_c}{m}j \qquad (4-50)$$

2）识别概率

敌我识别器能够在要求的识别时间内准确给出敌友属性信息的概率称为识别概率。识别概率可反映敌我识别器适应复杂电磁环境的能力，电磁环境的噪声电平或干扰信号功率增加，可能会使敌我识别器的识别概率下降。

假设敌我识别器复杂电磁环境适应性试验次数为 h，其中能在要求的识别时间内准确给出敌友属性信息的次数为 h_a，询问器不能收到应答器的有效应答信号或不能准确给出敌友属性信息的次数为 h_c，能给出敌友属性信息但是识别时间不满足要求的次数为 $h - h_a - h_c$，于是敌我识别器复杂电磁环境适应性的识别概率的数学描述为

$$u_p = \frac{h_a}{h} + \left(1 - \frac{h_a}{h} - \frac{h_c}{h}\right)i + \frac{h_c}{h}j \qquad (4-51)$$

3）识别时间

对于战场内高速运动的武器装备，敌我识别器应可实时提供各种作战平台的敌友属性信息。由于复杂电磁环境的影响，敌我识别器的识别时间可能会出现较大程度的增加，识别时间不满足要求有可能延误战机。

假设敌我识别器复杂电磁环境适应性试验次数为 g，第 i 次试验中其准确给出敌友属性信息所需的时间为 t_i，并假设复杂电磁环境下敌我识别器的识别时间指标值为 $t_{\max}$，识别时间符合指标值的个数为 g_a，不符合的为 g_c，于是敌我识别器复杂电磁环境适应性的识别时间的数学描述为

$$u_t = \frac{g_a}{g} + \left(1 - \frac{g_a}{g} - \frac{g_c}{g}\right)i + \frac{g_c}{g}j \qquad (4-52)$$

第5章 同异反预测原理与应用

武器装备试验与评估方案设计是试验主持人及试验指挥机关对试验与评估全局进行的运筹和谋划，是对试验目的、试验时间、试验布局、试验方法、试验保障和试验数据处理等重大问题及其发展趋势进行预测，进而形成试验与评估方案的过程。可见预测问题在装备试验与评估过程中占有极其重要的地位。本章主要针对装备试验与评估方案设计过程中的预测需求，研究基于同异反联系数的预测原理及其在装备试验与评估活动中的应用。

5.1 试验与评估的预测需求

有效的需求是一个好的开端，电子装备试验与评估预测需求的本质就是正确、适当地推算各种资源，来获得完成规定试验与评估任务的确定需要。本节主要研究电子装备试验与评估活动中的预测需求问题。

5.1.1 预测的相关概念

古人说："凡事预则立，不预则废"。在进行电子装备试验与评估方案设计之前，我们必须对被试电子装备的运用环境、战术技术指标、作战对象、作战方式等进行调查研究，摸清情况，对试验过程中装备对抗态势及其发展趋势做出科学、周密的计划，才能达到圆满完成试验与评估任务的目的。

预测是指借助于经验对事物的演化预先做出的科学推测。广义的预测，既包括在同一时期根据已知事物推测未知事物的静态预测，也包括根据某一事物的历史和现状推测其未来的动态预测。狭义的预测，仅指动态预测，也就是指对事物的未来演化预先做出科学推测。

电子装备试验与评估的预测，就是指通过对原始试验或评估数据处理和预测模型的建立，发现、掌握装备试验系统的发展规律，对系统的未来状态做出科学的定量预测。定量预测模型作为通用的方法，既可以应用于研究自然现象，也可以应用于研究社会现象。定量预测模型通常包括灰色系统预测模型、集对分析预测模型、回归分析预测模型等。对于电子装备试验与评估方案设计中的具体预测问题，究竟应该选择什么样的预测模型，应以问题背景和充分的定性分析结论为依据。

预测模型的选择不是一成不变的,一个模型要经过多种检验才能判定其是否合理、是否有效,只有通过检验的模型才能用于预测。

5.1.2 试验中预测问题

电子装备试验预测是指试验主持人及其指挥机构对电子装备试验与评估行动的进程和结局进行估计和推测,包括对试验与评估进展、试验对抗态势变化、对抗双方可能使用的装备兵力及其战法、试验对抗结果等的预测。

试验与评估进展预测,是指试验主持人及其指挥机构观察和研究当前电子装备试验与评估情况,分析判断影响试验与评估进展的相关因素,并对进展发展趋势进行估计和推测。

试验对抗态势变化预测,是指观察和研究当前电子装备的双方对抗情况,分析判断所处形势并预测其发展趋势。

电子装备故障预测和性能预测是电子装备试验与评估过程中的重要研究内容。电子装备故障预测,通常是在电子装备发生故障之前,通过监测电子装备的主要运行指标,对电子装备可能发生的故障及其发生时间进行推测,判断故障产生的部位与原因,并预测、预报故障发展趋势。电子装备性能预测,通常是通过监控、检测电子装备的功能与性能表现状态,对可能引起装备功能与性能变化的相关因素及其发展趋势进行估计和推测。例如,目标的航迹预测,就是根据目标的历史位置数据建立目标的航迹并对目标航迹进行延续的过程,通常包括航迹建立、航迹相关、航迹融合、航迹平滑与预测等。

另外,电子装备试验与评估中的预测问题还包括保障条件的预测,如气象预测、试验安全预测等。试验气象预测,通常是对试验阵地地域未来若干天内可能出现的气候状况进行的分析和推测,包括对气温和降水量变化趋势,以及降水、冷空气和大风过程发生概率等的预测。试验安全预测通常是在对试验环境和条件安全防护性能评估的基础上,针对特定的可能引发安全的风险或威胁,对可能发生的破坏试验安全性的行为、事件进行的预测。

5.2 基于均值的同异反预测原理与应用

当所研究的电子装备试验与评估预测问题是一个平稳随机过程,且试验数据以同异反联系数的形式表达时,可以采用基于均值的同异反预测方法。

5.2.1 基于等权的同异反预测原理

基于等权的联系数预测原理适用于平稳的电子装备试验与评估过程,其基本内容是:假设电子装备试验中第 $1,2,\cdots,n$ 个阶段或部分的数据为

$$u_1 = a_1 + b_1 i + c_1 j$$

$$u_2 = a_2 + b_2 i + c_2 j$$

$$\vdots$$

$$u_n = a_n + b_n i + c_n j$$

假设 $u_1, u_2, \cdots, u_n$ 已经过无量纲化处理(无量纲化变换方法查阅有关文献,通常包括上限效果测度变换、下限效果测度变换、适中效果测度变换等方法),以这 n 个联系数的等权平均值作为对第 $n+1$ 阶段或部分的预测值,即有

$$\begin{aligned} u_{n+1} &= \frac{u_1 + u_2 + \cdots + u_n}{n} \\ &= \frac{a_1 + a_2 + \cdots + a_n}{n} + \frac{b_1 + b_2 + \cdots + b_n}{n} i + \frac{c_1 + c_2 + \cdots + c_n}{n} j \\ &= \bar{a} + \bar{b} i + \bar{c} j \end{aligned} \tag{5-1}$$

式中:$\bar{a}$、$\bar{b}$、$\bar{c}$ 分别为前 n 个联系数的同一度、差异度、对立度的平均值。

5.2.2 基于加权的同异反预测原理

电子装备试验与评估中的预测问题一般是基于历史数据来完成的,各个历史数据在预测过程中的作用不同,即各个历史数据传输给预测结果的信息量不一样,因此,确定各个历史数据的权值是十分关键的一环,权值计算的合理与否将会直接影响预测结果的准确性。本节主要介绍基于加权的同异反预测方法。

5.2.2.1 权重算法

权重反映了决策者对各个历史数据的重视程度,其算法通常包括主观确定法和客观确定法。在电子装备试验与评估的预测问题中,如何兼顾各种权重计算方法的优缺点,使得预测结果更加符合客观情况,是必须考虑的问题。

由于大多数电子装备试验与评估中预测问题都是在较少历史数据的背景下做出的,本节主要介绍基于灰色自关联矩阵的数据权重确定方法。该方法是一种基于各个历史数据样本信息的赋权方法,赋权的信息源来自客观待预测系统。取 m 个历史数据的同部,并经过归一化处理后的数据列为

$$y_j = \{y_j(1), y_j(2), \cdots, y_j(k)\},\ j = 1, 2, \cdots, m \tag{5-2}$$

对式(5-2)进行变换得到

$$x_i = \{x_i(1), x_i(2), \cdots, x_i(m)\},\ i = 1, 2, \cdots, k \tag{5-3}$$

式中:$x_i(j) = y_j(i)$。

基于灰色自关联矩阵的历史数据权重确定步骤如下：

步骤1：构造灰色自关联矩阵。

将式（5－3）中每一个数据列作为参考数据列，按照下式计算灰色关联系数，即

$$r(x_i(k),x_j(k)) = \frac{\min_i \min_j \min_k |x_i(k)-x_j(k)| + \xi \max_i \max_j \max_k |x_i(k)-x_j(k)|}{|x_i(k)-x_j(k)| + \xi \max_i \max_j \max_k |x_i(k)-x_j(k)|} \tag{5-4}$$

按照下式计算灰关联度：

$$r(x_i,x_j) = \frac{1}{k}\sum_{h=1}^{k} r(x_i(h),x_j(h)) \tag{5-5}$$

则得到灰色自关联矩阵

$$\boldsymbol{R}_{k\times k} = \begin{bmatrix} r(x_1,x_1) & r(x_1,x_2) & \cdots & r(x_1,x_k) \\ r(x_2,x_1) & r(x_2,x_2) & \cdots & r(x_2,x_k) \\ \vdots & \vdots & & \vdots \\ r(x_k,x_1) & r(x_k,x_2) & \cdots & r(x_k,x_k) \end{bmatrix} \tag{5-6}$$

步骤2：求灰色自关联矩阵 $\boldsymbol{R}_{k\times k}$ 的特征值，即

$$\boldsymbol{R}_{k\times k} \cdot \boldsymbol{X} = \lambda \cdot \boldsymbol{X} \tag{5-7}$$

式中：λ 为特征值；$\boldsymbol{X}$ 为对应于 λ 的特征向量。

步骤3：求最大特征值对应的特征向量，即

$$\boldsymbol{R}_{k\times k} \cdot (\bar{w}_1,\bar{w}_2,\cdots,\bar{w}_k) = \boldsymbol{\lambda}_{\max} \cdot (\bar{w}_1,\bar{w}_2,\cdots,\bar{w}_k) \tag{5-8}$$

步骤4：求指标权重。

对 $\bar{w}_1,\bar{w}_2,\cdots,\bar{w}_k$ 进行归一化处理，即获得历史数据的标准权重值

$$w_i = \frac{\bar{w}_i}{\sum_{l=1}^{k} \bar{w}_l},\ i = 1,2,\cdots,k \tag{5-9}$$

5.2.2.2 基于加权的同异反预测算法

对于上述 $u_1,u_2,\cdots,u_n$，以这 n 个联系数的加权均值作为对第 $n+1$ 阶段或部分的预测值，即有

$$
\begin{aligned}
u_{n+1} &= \sum_{i=1}^{n} w_i u_i \\
&= \sum_{i=1}^{n} w_i a_i + \sum_{i=1}^{n} w_i b_i i + \sum_{i=1}^{n} w_i c_i j
\end{aligned}
\tag{5-10}
$$

5.2.3 基于均值的电子装备侦察概率同异反预测

进行复杂电磁环境下的电子侦察装备训练，假设装备体系在前 3 个阶段对某体制信号的侦察概率为 $u_1 = 0.72 + 0.08i + 0.2j$、$u_2 = 0.75 + 0.10i + 0.15j$、$u_3 = 0.70 + 0.12i + 0.18j$，预测下一个训练阶段该装备体系对某体制信号的侦察概率大小。

根据等权预测算法，有

$$a = \frac{a_1 + a_2 + a_3}{3} = \frac{0.72 + 0.75 + 0.70}{3} = 0.7233$$

$$b = \frac{b_1 + b_2 + b_3}{3} = \frac{0.08 + 0.10 + 0.12}{3} = 0.10$$

$$c = \frac{c_1 + c_2 + c_3}{3} = \frac{0.2 + 0.15 + 0.18}{3} = 0.1767$$

于是可以预测下一个训练阶段该装备体系对某体制信号的侦察概率可能为

$$u = 0.7233 + 0.10i + 0.1767j$$

如果考察这 3 个阶段对下一个训练阶段影响的相对重要性大小，假设其权重向量为(0.3,0.5,0.2)，则根据加权预测算法，有

$$
\begin{aligned}
a &= 0.3a_1 + 0.5a_2 + 0.2a_3 \\
&= 0.3 \times 0.72 + 0.5 \times 0.75 + 0.2 \times 0.70 = 0.731 \\
b &= 0.3b_1 + 0.5b_2 + 0.2b_3 \\
&= 0.3 \times 0.08 + 0.5 \times 0.10 + 0.2 \times 0.12 = 0.098 \\
c &= 0.3c_1 + 0.5c_2 + 0.2c_3 \\
&= 0.3 \times 0.2 + 0.5 \times 0.15 + 0.2 \times 0.18 = 0.171
\end{aligned}
$$

于是可以预测下一个训练阶段该装备体系对某体制信号的侦察概率可能为

$$u' = 0.731 + 0.098i + 0.171j$$

5.3 基于极值的同异反预测原理与应用

电子装备试验与评估中的预测问题，在本质上也属于决策与评估问题的范畴，

是一种信息不充分、不完全情况下的决策行为，因此，在很多情况下，为了保证预测结果的可靠性，必须考虑其中部分影响因素达到或逼近理想值（极值）的情况。本节主要研究基于极值的同异反预测方法。

5.3.1 基于极值的同异反预测原理

基于极值的同异反预测必须结合具体问题背景进行，分为乐观极值预测法和悲观极值预测法。

5.3.1.1 乐观极值预测法

乐观极值预测法的基本思想是对前 n 个联系数的同一度取极大值、对对立度取极小值，得到的联系数作为对第 $n+1$ 阶段的预测值，即

$$a_{n+1}=\max\{a_1,a_2,\cdots,a_n\} \tag{5-11}$$

$$c_{n+1}=\min\{c_1,c_2,\cdots,c_n\} \tag{5-12}$$

$$b_{n+1}=1-a_{n+1}-c_{n+1} \tag{5-13}$$

则有

$$u_{n+1}=a_{n+1}+b_{n+1}i+c_{n+1}j$$

5.3.1.2 悲观极值预测法

悲观极值预测法的基本思想是对前 n 个联系数的同一度取极小值、对对立度取极大值，得到的联系数作为对第 $n+1$ 阶段的预测值，即

$$a_{n+1}=\min\{a_1,a_2,\cdots,a_n\} \tag{5-14}$$

$$c_{n+1}=\max\{c_1,c_2,\cdots,c_n\} \tag{5-15}$$

$$b_{n+1}=1-a_{n+1}-c_{n+1} \tag{5-16}$$

则有

$$u_{n+1}=a_{n+1}+b_{n+1}i+c_{n+1}j$$

5.3.2 基于极值的侦察概率同异反预测

应用示例如 5.3.1 节所述，根据训练背景想定，如果下一个训练阶段的电磁环境比前 3 个阶段复杂，则利用悲观极值预测法对其侦察概率大小进行预测，即有

$$\begin{aligned}a_4&=\min\{a_1,a_2,a_3\}\\&=\min\{0.72,0.75,0.70\}=0.70\end{aligned}$$

$$c_4 = \max\{c_1, c_2, c_3\}$$
$$= \max\{0.20, 0.10, 0.18\} = 0.20$$
$$b_4 = 1 - a_4 - c_4 = 0.10$$

则预测下一个训练阶段该装备对某体制信号的侦察概率可能为 $u_4 = 0.70 + 0.10i + 0.20j$。

如果下一个训练阶段的电磁环境比前 3 个阶段设置简单，则利用乐观极值预测法对其侦察概率大小进行预测，即有

$$a'_4 = \max\{a_1, a_2, a_3\}$$
$$= \max\{0.72, 0.75, 0.70\} = 0.75$$
$$c'_4 = \min\{c_1, c_2, c_3\}$$
$$= \min\{0.20, 0.10, 0.18\} = 0.10$$
$$b'_4 = 1 - a'_4 - c'_4 = 0.15$$

则预测下一个训练阶段该装备对某体制信号的侦察概率可能为 $u'_4 = 0.75 + 0.15i + 0.10j$。

5.4 基于灰色模型的同异反预测原理与应用

对表征电子装备性能或功能的若干个联系数的发展趋势进行估计和推测，这是一种信息不完全情况下的决策行为，很自然地联想到灰色系统理论的建模方法。本节介绍基于灰色模型的同异反预测原理，并给出应用算例。

5.4.1 基于灰色模型的同异反预测原理

根据 $u_1, u_2, \cdots, u_n$ 预测 u_{n+1}，可以依据联系数的组成，分别根据 $a_1, a_2, \cdots, a_n$ 和 $c_1, c_2, \cdots, c_n$ 对 a_{n+1}、c_{n+1}进行预测，继而得到 $b_{n+1} = 1 - a_{n+1} - c_{n+1}$，从而实现对 u_{n+1}的预测。

对数据列 $a_1, a_2, \cdots, a_n$，假设其为 GM(1,1) 建模的原始数据列，即假设 $\boldsymbol{A}^{(0)} = (a_1^{(0)}, a_2^{(0)}, \cdots, a_n^{(0)})$，$A^{(0)}$ 的 1 - AGO 数据列为 $\boldsymbol{A}^{(1)} = (a_1^{(1)}, a_2^{(1)}, \cdots, a_n^{(1)})$，其中

$$a_k^{(1)} = \sum_{i=1}^{k} a_i^{(0)} \tag{5-17}$$

式中：$k = 1, 2, \cdots, n$。则称

$$a_k^{(0)} + a \cdot a_k^{(1)} = b \tag{5-18}$$

为 GM(1,1) 模型的原始形式。又假设 $\boldsymbol{A}^{(1)}$ 的紧邻均值生成序列为 $\boldsymbol{Z}^{(1)} = (z_1^{(1)},$

$z_2^{(1)},\cdots,z_n^{(1)}$），其中

$$z_k^{(1)}=\frac{1}{2}(a_k^{(1)}+a_{k-1}^{(1)}) \tag{5-19}$$

式中：$k=2,\cdots,n$。则称

$$a_k^{(0)}+a\cdot z_k^{(1)}=b \tag{5-20}$$

为 GM(1,1)模型的基本形式。式中待估计参数 a 为 GM(1,1)的发展系数，待估计参数 b 为 GM(1,1)的灰作用量。

另设 $\hat{\boldsymbol{a}}=(a,b)^{\mathrm{T}}$ 为参数列，且

$$\boldsymbol{Y}=\begin{bmatrix}a_2^{(0)}\\a_3^{(0)}\\\vdots\\a_n^{(0)}\end{bmatrix},\ \boldsymbol{B}=\begin{bmatrix}-z_2^{(1)} & 1\\-z_3^{(1)} & 1\\\vdots & \vdots\\-z_n^{(1)} & 1\end{bmatrix} \tag{5-21}$$

则参数列的最小二乘估计为

$$\hat{\boldsymbol{a}}=(\boldsymbol{B}^{\mathrm{T}}\boldsymbol{B})^{\mathrm{T}}\boldsymbol{B}^{\mathrm{T}}\boldsymbol{Y} \tag{5-22}$$

从而 GM(1,1)模型基本形式的时间响应序列为

$$\hat{\boldsymbol{a}}_{k+1}^{(1)}=\left(a_1^{(0)}-\frac{b}{a}\right)\cdot\mathrm{e}^{-ak}+\frac{b}{a},\ k=1,2,\cdots,n \tag{5-23}$$

还原值为

$$\begin{aligned}\boldsymbol{a}_{k+1}^{(0)}&=\hat{\boldsymbol{a}}_{k+1}^{(1)}-\hat{\boldsymbol{a}}_k^{(1)}\\&=(1-e^{a})\left(a_1^{(0)}-\frac{b}{a}\right)\cdot\mathrm{e}^{-ak},\ k=1,2,\cdots,n\end{aligned} \tag{5-24}$$

根据该过程得到数据列 $a_1,a_2,\cdots,a_n$ 的外推值 a_{n+1}，类似地得到数据列 $c_1,c_2,\cdots,c_n$ 的外推值 c_{n+1}。

5.4.2 基于灰色模型的侦察概率同异反预测

在进行某型号电子侦察装备训练演练任务的设计过程中，需要估计该装备对某体制信号的侦察概率，以估计该装备的配置数量。对侦察概率进行估计的依据，就是该装备在以往多次历史演练任务中对某体制信号的侦察概率统计值。假设以往 4 次演练任务中侦察概率的联系数表达式为

$$u_1=0.72+0.08i+0.2j,\ u_2=0.75+0.10i+0.15j$$

$$u_3=0.73+0.09i+0.18j,u_4=0.76+0.11i+0.13j$$

依据联系数侦察概率的内涵，对完全能对信号进行侦察的部分进行灰色建模

估计，即建立原始数据列 $\boldsymbol{A}^{(0)}=(0.72,0.75,0.73,0.76)$，$\boldsymbol{A}^{(0)}$ 的 1 - AGO 数据列为 $\boldsymbol{A}^{(1)}=(0.72,1.47,2.20,2.96)$，$\boldsymbol{A}^{(1)}$ 的紧邻均值生成序列为 $\boldsymbol{Z}^{(1)}=(1.095,1.835,2.565)$，则参数列的最小二乘估计为

$$\hat{\boldsymbol{a}}=\left(\begin{bmatrix}-1.095 & 1\\ -1.835 & 1\\ -2.565 & 1\end{bmatrix}^{\mathrm{T}}\begin{bmatrix}-1.095 & 1\\ -1.835 & 1\\ -2.565 & 1\end{bmatrix}\right)^{\mathrm{T}}\begin{bmatrix}-1.095 & 1\\ -1.835 & 1\\ -2.565 & 1\end{bmatrix}^{\mathrm{T}}\begin{bmatrix}0.75\\ 0.73\\ 0.76\end{bmatrix}$$

$$=\begin{bmatrix}-0.006772\\ 0.734229\end{bmatrix}$$

侦察概率完全能侦察部分的 GM(1,1) 模型时间响应序列为

$$\hat{\boldsymbol{a}}_{k+1}^{(1)}=109.145\cdot \mathrm{e}^{-0.006772k}-108.425$$

从而得到侦察概率完全能侦察部分 $a_5=0.757$。

类似地，对完全不能对信号进行侦察的部分进行灰色建模估计，其原始数据列 $\boldsymbol{C}^{(0)}=(0.20,0.15,0.18,0.13)$，重复上述过程，得到侦察概率完全不能侦察部分 $c_5=0.136$，继而得到 $b_5=0.107$。因此，在本次训练演练任务设计中，可以就侦察概率为 $0.757+0.107i+0.136j$ 的估计侦察能力对该装备进行配置。

第6章　同异反决策原理与应用

决策活动是武器装备试验与评估活动中的一个重要方面，其本质是要在给定的约束环境中“做出决定”或“决定对策”。但是对于给定的约束环境，由于我们的认知能力有限，对装备及战场环境本身、装备与战场环境的交互、装备之间的交互等信息不可能完全把握，因此，所做的决策通常是一种不确定型决策。装备试验与训练活动中除随机不确定性、模糊不确定性、信息不完全引起的灰色性外，还有中介不确定性等，它们常常是相互交叉、交融在一起，形成一个复杂的既确定又不确定系统。从装备试验活动中决策与评估的角度看，集对分析方法从一定程度上能统一地处理这些不确定性。本章主要研究装备试验与评估活动中的同异反决策方法及其应用。

6.1　试验过程中决策需求

本节给出决策的一般性概念和基本结构，并分析装备试验与评估不同活动阶段所涉及的一些决策问题。

6.1.1　决策的相关概念

根据实际情况和预定目标来确定应采取的行动便是决策，决策的本质含义就是“做出决定”或“决定对策”。决策分析是在应用数学和统计原理相结合的基础上发展起来的，是人们为了达到预期的目的，从所有的可供选择的多个方案中，找出满意的方案的一种活动，在装备试验与评估活动中占有特别重要的地位。决策活动不仅是各类装备试验与评估管理活动的重要组成部分，而且也贯穿于试验与评估技术工作过程的始终。

装备试验与评估活动中的决策，是装备试验与评估管理者（包括试验指挥组织、指挥者及主持者等）最主要的活动和职责，就是根据所获得的环境信息特征，从多个备选“方案”（试验方案、试验地点、配试设备等）中选择最满意的“方案”。从广义上讲，就是指提出有关决策问题并确定决策目标、收集相关信息资料并拟订各种决策方案、分析评估以及选择较优的方案、修正决策模型和决策实施等一系列活动的全过程；从狭义上讲，仅指广义决策全过程中分析评估以及选择较优的方案这一环节。装备试验与评估活动中的决策,诸如试验方案的优化选择、装备的地域配置、作战目标的分配等,一般都是按照以上决策流程来进行的,经过充分的系统分析和论证,一个一个步骤地展开,反复修改,利用计算机进行计算、分析、模拟和预测,科学地进行选优决策的。

采用决策理论中决策分析模型的基本结构,装备试验与评估活动中的决策问题可以表述如下:

$$E_{ij} = f(a_i, b_j) \tag{6-1}$$

式中:$i=1,2,\cdots,n(n\geq2)$;$j=1,2,\cdots,m(m\geq2)$;E_{ij}、a_i、b_j 代表了决策分析的三个要素。

a_i 是决策变量,即事件,是进行决策的起点,也是试验与评估决策者可控的因素,即备选方案。决策分析问题的前提条件之一就是存在多个可供选择的备选方案。

b_j 是对策变量,是试验与评估决策者有所了解而不能控制的方案的影响因素,即对策空间。同一备选方案在不同的对策空间下可能产生不同的结果,因此才有决策分析的必要性。

E_{ij}是 a_i、b_j 的函数,它表示试验与评估决策者采用某一备选方案在某一对策空间下的价值,即益损值(收益或损失)。当然,这个益损值是决策者主观上的评价,因为决策过程中,装备试验与评估尚未开始,结果并未出现。

决策分析的三个要素决定了决策具有以下几个特征:①目标性。决策总是为了达到一个既定目标,没有目标就无从决策。目标的正确确定,是进行科学决策的前提条件,始终保持决策与目标的一致性是决策的一条重要原则。②选优性。决策总是在确定的条件下寻找优化目标和优化地达到目标。不追求优化,决策是没有意义的。③选择性。决策总是要在若干有价值的方案中进行选择。一个方案无从选择,没有选择,无从优化。

6.1.2 试验中决策问题

装备试验与评估活动过程,可以概括地划分为试验目标规划阶段、总体方案设计阶段、试验资源及条件建设阶段、试验部署实施阶段及试验鉴定和评估等阶段;根据每个实施阶段的具体实施步骤,又可以划分为总体技术方案论证、作战试验资源及条件建设、试验数据处理、装备效能评估等 14 个步骤。决策问题在装备试验与评估工程中的应用架构如图 6-1 所示。装备试验与评估活动是一个历经多次反馈、权衡、优化的工程过程,直到装备性能或效能评估完全满足试验预定的目标为止。

6.1.2.1 试验目标规划阶段

本阶段的主要任务是装备试验拟承试单位根据上级机关、装备研制主管、装备

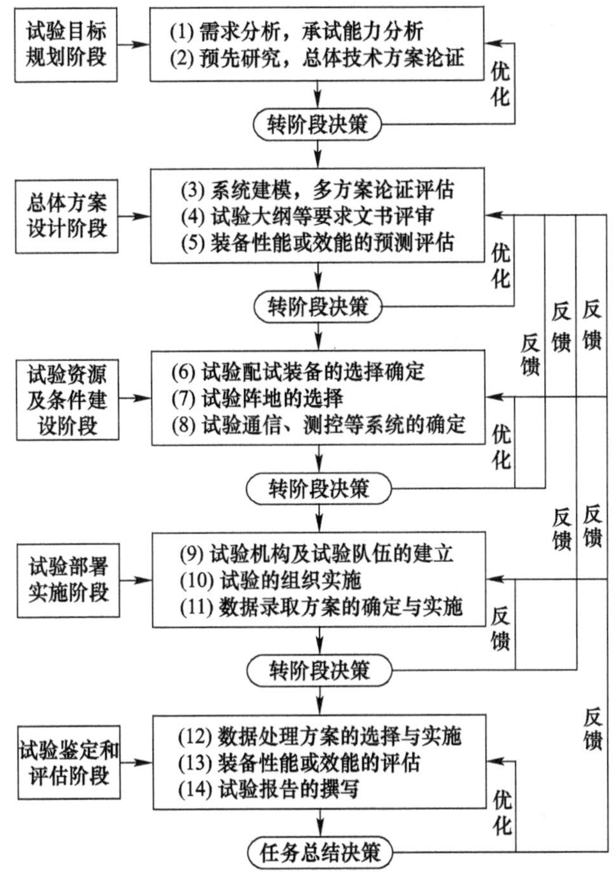

图 6－1　装备试验与评估过程的决策应用架构

论证或装备列装部队等单位预报的试验任务，了解掌握被试装备战技指标要求、作战使用要求和使命任务，对试验装备、方法、阵地及保障需求等进行论证，提出试验总体技术设想、并形成能否承担试验任务的初步意见。试验目标规划阶段的典型决策活动步骤如图 6－2 所示。

6.1.2.2　总体方案设计阶段

试验总体方案设计准备是指被试装备开始试验之前进行试验文书编写、装备性能预测等准备工作的阶段，主要任务包括试验技术方案论证评估和试验大纲等要求文书的编写评审等。本阶段试验技术总体人员开展被试装备试验任务需求分析，根据试验目标设计多种可实现的试验技术方案。在对多种技术方案进行定性和初步定量分析的基础上，进行相应的系统建模，借助计算机仿真对多种预选方案进行权衡、决策，提出最优的备选方案；拟制试验大纲、质量保证大纲、试

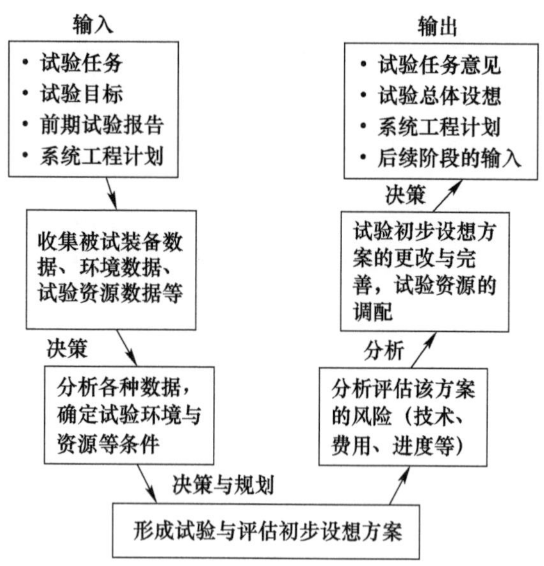

图 6-2　试验目标规划阶段的典型决策活动

验实施细则、数据采集方案、试验应急预案等技术文书也是本阶段的一项重要工作，这些文书是试验任务实施的依据，并基于备选的技术方案进行仿真试验，对装备性能或效能做出预测评估。试验总体方案设计阶段的决策活动如图 6-3 所示。

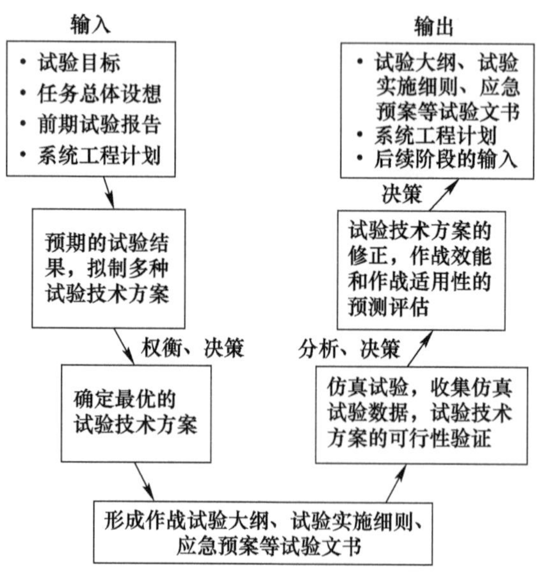

图 6-3　试验总体方案设计阶段的典型决策活动

6.1.2.3 试验资源及条件建设阶段

试验资源及条件建设阶段是指被试装备开始试验之前进行装备试验系统建设工作的阶段,其主要工作包括试验配试装备的选择确定以及试验阵地、通信、空勤、测控、后勤、装备等保障系统的确定。试验配试装备在大多数情况下特指被试装备的作战对象或靶标,由于作战对象或靶标的情报信息一般情况下是缺乏的、少数据的,基于灰色系统工程的灰靶决策、灰色聚类等方法进行配试装备的优化选择,往往表现出灰色系统工程的突出优势,包括试验阵地的选择、试验通信手段的选择,也不可能建立完整的评估指标体系后来进行评估决策,工程实际中更多地通过几个主要指标、基于定性和部分定量进行选择,这个过程实质上就是利用了灰色系统工程的思想,特别是主要指标的主次关系分析过程。试验资源及条件建设阶段的决策活动如图 6-4 所示。

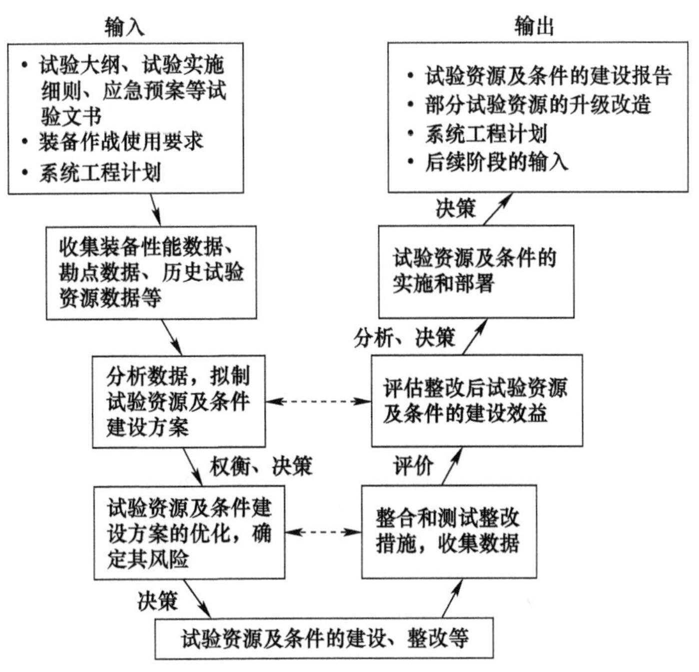

图 6-4 试验资源及条件建设阶段的典型决策活动

例如,对于试验配试设备的优选问题,任何一种电子信息装备都是在一定的作战电磁环境中使用,针对某些特定威胁目标的,装备的试验必须在比较真实的威胁目标和作战环境中进行。试验配试设备就是为电子信息装备试验提供比较真实的模拟威胁目标,能满足这个要求的试验配试设备可能有很多种,每一种能模拟目标性能的程度不一致,这样就带来了选用哪种试验配试设备的决策问题。对试验点位及试验配试点位的选择也是如此。

又例如,试验测控系统、试验通信系统的优选问题。试验测控系统是对被试装备及其载体或被试装备所作用的目标进行跟踪、测量、控制的专用技术设备、数据录取设备等组成的试验数据获取、处理和控制系统的总称。试验通信系统是试验实施保障系统的重要组成部分,在实际使用中可以使用有线电话、对讲机、卫星通信等多种通信方式,很显然,选用哪种通信系统来保证试验的调度指挥也是一个决策问题。

6.1.2.4 试验部署实施阶段

从人员和装备进驻试验现场到试验总结撤场为试验实施阶段,主要工作包括试验组织机构成立、试验指挥程序建立、试验资源协调、试验组织实施和试验进程管理等。本阶段需要解决的问题可能有试验指挥手段的选择、试验指挥效能的评估、试验质量评估、试验计划的优化管理、试验资源的规划调度、被试装备及作战对象工作参数的优化选择、被试装备及作战对象目标的选择等。试验部署实施阶段的典型决策活动如图 6-5 所示。

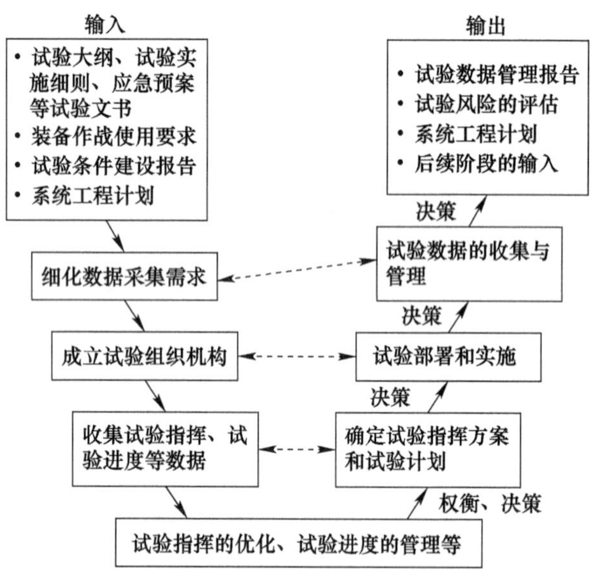

图 6-5 试验部署实施阶段的典型决策活动

装备试验部署实施过程中,可能会发现试验方案设计不完善或局部设计不合理、试验系统不合适等问题,除去在本阶段内部反馈权衡、优化外,还有可能会返回到试验总体方案设计和试验资源建设阶段。另外,在本阶段还需要对评估数据是否足够、装备性能或效能评估结果和预测结果是否一致等问题进行决策,这也可能导致返回到试验总体方案设计和试验资源建设阶段，以进行反复的优化迭代。

规划实质上属于决策范畴，主要研究在一定约束条件下，如何使目标达到最优。电子装备试验与评估中的规划问题主要有电子装备试验与评估科研管理问题（即在研究经费一定的条件下，如何分配各类课题的经费额度，各个课题应由哪些人员承担，使得试验课题研究的军事效益最高）和电子装备作战使用的分配问题（即对有限的电子装备资源，如何部署才能最有效地压制目标，取得电子战的绝对优势，包括配置位置问题、火力分配问题等）等。

6.1.2.5 试验鉴定和评估阶段

试验鉴定和评估阶段的主要工作是试验数据分析处理、装备性能或效能评估、试验报告编报、试验总结和试验资料归档等。本阶段需要利用系统工程技术和方法解决的问题主要包括数据处理方案的优选、小样本试验数据的处理、装备性能或效能的评估以及评估模型的选择等。试验鉴定和评估阶段的典型决策活动如图6－6所示。

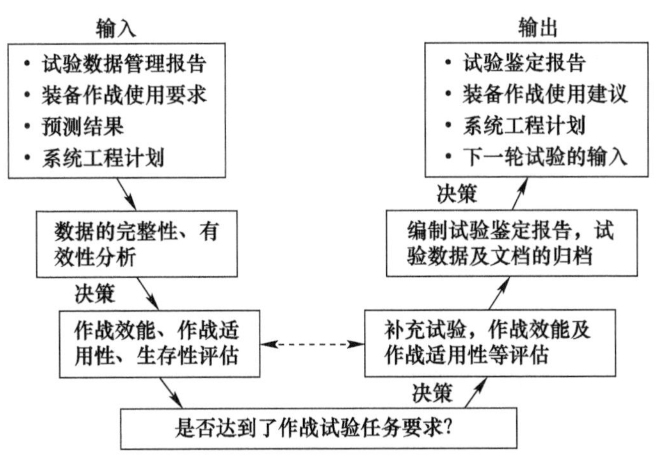

图6－6 试验鉴定和评估阶段的典型决策活动

6.1.3 决策灵敏度模型

因为决策指标的不可公度性（指各指标之间没有统一的量纲）和相互之间的矛盾性，很多决策问题并不存在所谓的“最优解”，只能求出决策者对于目标值满意的满意解。决策者通过各种决策模型和算法对所有待决策方案进行评价和判断，从中找出满意方案，这就要求决策模型和算法具有足够的灵敏度，以便于对待决策方案进行区分和排序。因此，只要决策模型和算法能够将待决策方案很好地区分开，就说明决策模型和算法有效可行。本节定义方案区分度的概念，在后续的章节中,可以利用方案区分度来表征决策模型和算法的有效性、可行性。

设某决策模型和算法以决策系数 α 对待决策方案进行评价,方案 A_i 的决策系数为 α_i,方案 A_j 的决策系数为 α_j,并有 $\alpha_i > \alpha_j$,这时称该决策模型和算法对于方案 A_i 和方案 A_j 的方案区分度为

$$\rho_{ij} = \frac{\alpha_i - \alpha_j}{\alpha_i} \times 100\% \tag{6-2}$$

很显然,方案区分度 ρ_{ij}越大,对于方案 A_i 和方案 A_j 的决策效果越好,说明该决策模型和算法的灵敏度越高。

6.2 基于集对势的决策模型及应用

同异反联系数的集对势可以分为同势、均势、反势等大势级别,这三种分级又可以根据势的强、弱分为更细微的小势等级。基于这个集对势分级,可以根据待决策方案的同异反联系数进行决策排序,本节主要介绍基于集对势的决策原理、步骤及其应用。

6.2.1 基于集对势的决策原理

利用同异反联系数描述待决策方案 $D_i(i=1,2,\cdots,m)$,其实质是描述了待决策方案与理想方案的联系趋势,参数 a、b、c 反映了待决策方案与理想方案的同异反趋势。一般来说,a 越大,表明待决策方案接近理想方案的程度越高,待决策方案越好。集对同势表明待决策方案与理想方案之间相同的趋势占优势,集对均势表明待决策方案与理想方案之间相同的趋势和差异的趋势“势均力敌”,集对反势表明待决策方案与理想方案之间差异的趋势占优势。所以,在待决策方案 $D_i(i=1,2,\cdots,m)$中,处于集对同势等级的待决策方案优于集对均势,处于集对均势等级的待决策方案优于集对反势。

集对势之间按 a/c 值大小关系而成的次序称为集对势序。若待决策方案 D_i 和 D_j 处于不同集对大势等级,则两个待决策方案的差异很显著。将待决策方案与理想方案之间的集对同势可以进一步划分为准同势、强同势、弱同势、微同势,将待决策方案与理想方案之间的集对均势可以进一步划分为准均势、强均势、弱均势、微均势,将待决策方案与理想方案之间的集对反势可以进一步划分为微反势、弱反势、强反势、准反势。上述集对小势的优势等级如表 6-1 所列:若待决策方案 D_i 和 D_j 处于同一集对大势等级,但是处于上述不同的集对小势等级,则两个待决策方案的差异显著;若处于相同的集对小势等级,则两个待决策方案的差异不显著。

表 6-1 基于集对势的决策优势关系

序号	势序等级划分		集对势	决策优势等级
1	同势	一级	准同势	1
2		二级	强同势	2
3		三级	弱同势	3
4		四级	微同势	4
5	均势	一级	微均势	4
6		二级	弱均势	3
7		三级	强均势	2
8		四级	准均势	1
9	反势	一级	准反势	4
10		二级	强反势	3
11		三级	弱反势	2
12		四级	微反势	1

基于集对势的决策原理的实质就是通过对待决策方案与理想方案之间同一度、差异度、对立度的分析，从而确定待决策方案的优劣。

6.2.2 基于集对势的决策步骤

对于待决策方案 $D_i(i=1,2,\cdots,m)$，基于集对势的决策方法就是根据其集对势所处等级差别进行判断，其基本步骤如下：

步骤 1：求取同异反模型。

假设待决策方案 $D_i(i=1,2,\cdots,m)$ 由 $p_{i1},p_{i2},\cdots,p_{in}$ 个决策指标构成，其中决策指标 $p_{ik}(k=1,2,\cdots,n)$ 对决策方案的满足程度描述为 $u_{ik}=a_{ik}+b_{ik}i+c_{ik}j$，决策指标之间的权重向量为 $\boldsymbol{W}=(w_{i1},w_{i2},\cdots,w_{in})$，则有待决策方案的同异反模型

$$\begin{aligned} u_i &= a_i + b_i i + c_i j \\ &= \sum_{k=1}^{n} w_{ik}u_{ik} \\ &= \sum_{k=1}^{n} w_{ik}a_{ik} + \sum_{k=1}^{n} w_{ik}b_{ik}i + \sum_{k=1}^{n} w_{ik}c_{ik}j \end{aligned} \tag{6-3}$$

步骤 2：基于集对大势的比较。

计算待决策方案 D_i 的集对势值 $\text{shi}(H_i)=a_i/c_i$，判断其所处的集对大势等级。对于待决策方案 $D_i(i=1,2,\cdots,m)$，首先选择处于集对同势等级的方案作为决策方案，其次选择处于集对均势等级的方案。

步骤 3：基于集对小势的比较。

假设待决策方案 D_i 和 D_j 处于同一集对大势等级，首先判断其所处的集对小

势等级，根据其集对小势等级进行决策。若处于集对同势等级，则按照准同势、强同势、弱同势、微同势的次序进行待决策方案的选择；若处于集对反势等级，则按照微反势、弱反势、强反势、准反势的次序进行待决策方案的选择；若处于集对均势等级，则按照准均势、强均势、弱均势、微均势的次序进行待决策方案的选择。

步骤4：基于势值的比较。

假设待决策方案 D_i 和 D_j 处于同一集对小势等级，则可以根据集对势值 shi(H)和 b 的大小进行决策。若下式成立，即

$$\begin{cases}\text{shi}(H_i) > \text{shi}(H_j)\\ b_i < b_j\end{cases} \tag{6-4}$$

则认为待决策方案 D_i 优于 D_j。若 $\text{shi}(H_i) > \text{shi}(H_j)$ 且 $b_i > b_j$，则考察 $a_i > a_j$ 是否成立，若成立，则认为待决策方案 D_i 优于 D_j，否则，认为待决策方案 D_j 优于 D_i。

上述基于集对势的决策流程如图6-7所示。

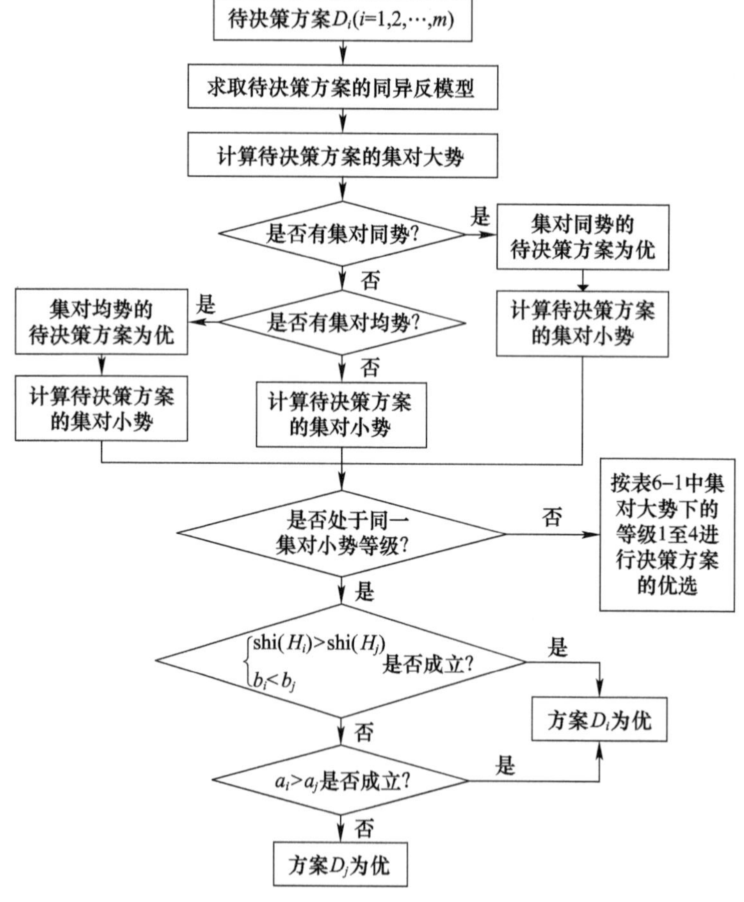

图6-7　基于集对势的决策流程

6.2.3 基于集对势的装备优选

某部队根据5种通信装备的复杂电磁环境适应性能选择列装装备，通过通信装备的语音传输误信率、数字误码率、最大通信距离、平均间隔维修时间和平均维修时间等指标考察装备的复杂电磁环境适应性能。收集5种通信装备的语音传输误信率、数字误码率等指标数据，建立其联系数模型，基于等权求和算法得到5种通信装备复杂电磁环境适应性能的联系数模型，如表6－2所列。

表6－2 基于集对势的5种通信装备优选

装备	项目				
	复杂电磁环境适应性能	集对势值	集对大势	集对小势	排序
Ⅰ	$0.709+0.189i+0.102j$	6.951	同势	弱同势	4
Ⅱ	$0.816+0.073i+0.111j$	7.351	同势	强同势	1
Ⅲ	$0.781+0.098i+0.121j$	6.455	同势	强同势	2
Ⅳ	$0.606+0.201i+0.193j$	3.140	同势	弱同势	5
Ⅴ	$0.638+0.124i+0.238j$	2.681	同势	强同势	3

计算5种通信装备的集对势值 shi(H)，如表6－2所列，其值都大于1，5种通信装备的集对大势都处于集对同势。继续分析它们的集对小势，通信装备Ⅱ、Ⅲ、Ⅴ处于强同势等级，通信装备Ⅰ、Ⅳ处于弱同势等级，故通信装备Ⅱ、Ⅲ、Ⅴ的复杂电磁环境适应性能优于通信装备Ⅰ、Ⅳ。

对于通信装备Ⅰ、Ⅳ，由于 $\mathrm{shi}(H_{\mathrm{I}})>\mathrm{shi}(H_{\mathrm{IV}})$ 且 $b_{\mathrm{I}}<b_{\mathrm{IV}}$，因此认为通信装备Ⅰ的复杂电磁环境适应性能优于通信装备Ⅳ。

对于通信装备Ⅱ、Ⅲ、Ⅴ，由于 $\mathrm{shi}(H_{\mathrm{III}})>\mathrm{shi}(H_{\mathrm{V}})$ 且 $b_{\mathrm{III}}<b_{\mathrm{V}}$，因此认为通信装备Ⅲ的复杂电磁环境适应性能优于通信装备Ⅴ；由于 $\mathrm{shi}(H_{\mathrm{II}})>\mathrm{shi}(H_{\mathrm{III}})$ 且 $b_{\mathrm{II}}<b_{\mathrm{III}}$，因此认为通信装备Ⅱ的复杂电磁环境适应性能优于通信装备Ⅲ。

综上，5种通信装备复杂电磁环境适应性能的优劣顺序为通信装备Ⅱ、Ⅲ、Ⅴ、Ⅰ、Ⅳ，通信装备Ⅱ的复杂电磁环境适应性能最优。

由表6－2可以看出，基于集对势的决策模型综合考虑了联系数模型的同一度、差异度和对立度，有效克服了通常凭主观经验决定取舍的局限性，决策结果更加客观、合理。

6.3 基于择近原则的决策模型及应用

决策的目的就是选择一个较好的方案。现实生活中方案是由多个影响因素组成的，每个因素都最优前提下的理想方案一般是不存在的，决策的实质也就是选择最接近这个理想方案的实际方案。本节根据待决策方案的同异反联系数构建理想方案，提出基于择近原则的决策模型对方案进行优选。

6.3.1 基于择近原则的决策原理

假设待决策方案 D_j 的联系数模型为 $u_j=a_j+b_ji+c_jj$，则可以将待决策方案 D_j 看成是决策空间的一个点(a_j,b_j,c_j)，同时构造理想方案 D，其联系数模型为 $u=a+bi+cj$，基于择近原则的决策原理就是在决策空间中找寻与点(a,b,c)最接近的决策点。

设待决策方案 $D_j(j=1,2,\cdots,m)$对应于决策空间的点(a_j,b_j,c_j)，理想方案 D 对应于决策空间的点(a,b,c)。借鉴模糊数学的有关原理，定义 ρ 为贴近度函数，若存在 $i(1\leqslant i\leqslant m)$，使得

$$\begin{aligned}\rho(D_k,D)&=\max_{1\leqslant j\leqslant m}\rho(D_j,D)\\&=\max\{\rho(D_1,D),\rho(D_2,D),\cdots,\rho(D_m,D)\}\end{aligned}\tag{6-5}$$

则认为方案 D_k 是所有待决策方案中最优的。

本节中贴近度函数 ρ 选择距离贴近度，距离贴近度通常包括海明(Hamming)贴近度、欧氏(Euclid)贴近度和闵可夫斯基(Minkowski)贴近度等。借鉴模糊数学的有关距离贴近度定义，本节给出基于联系数的距离贴近度定义。假设待决策方案为 D_j 和理想方案为 D，则定义海明贴近度为

$$\rho(D_j,D)=1-\frac{1}{3}(|a-a_j|+|b-b_j|+|c-c_j|)\tag{6-6}$$

欧氏贴近度为

$$\rho(D_j,D)=1-\frac{1}{\sqrt{3}}[(a-a_j)^2+(b-b_j)^2+(c-c_j)^2]^{\frac{1}{2}}\tag{6-7}$$

闵可夫斯基贴近度为

$$\rho(D_j,D)=1-\frac{1}{\sqrt[p]{3}}[|a-a_j|^p+|b-b_j|^p+|c-c_j|^p]^{\frac{1}{p}}\tag{6-8}$$

式中:p 为适当选择的参数。

当然，在实际决策活动过程中，也可以定义其他的距离贴近度，例如

$$\rho(D_j,D)=1-\frac{|a-a_j|+|b-b_j|+|c-c_j|}{(a-a_j)+(b-b_j)+(c-c_j)}\tag{6-9}$$

6.3.2 基于择近原则的决策步骤

对于待决策方案 $D_j(j=1,2,\cdots,m)$，基于择近原则的决策方法就是根据待决

策方案与理想方案的距离进行判断,其基本步骤如下:

步骤 1:求取同异反模型。

方法同 6.2.2 节。

步骤 2:构造理想方案。

对于待决策方案 $D_j(j=1,2,\cdots,m)$ 的联系数模型 $a_1+b_1i+c_1j,a_2+b_2i+c_2j,\cdots,a_m+b_mi+c_mj$,其中同一度分量 $a_1,a_2,\cdots,a_m$ 的属性可以认为是极大值极性,对立度分量 $c_1,c_2,\cdots,c_m$ 的属性可以认为是极小值极性。于是可以构造理想方案 D 的同一度模型为

$$a=\max\{a_1,a_2,\cdots,a_m\} \tag{6-10}$$

对立度模型为

$$c=\min\{c_1,c_2,\cdots,c_m\} \tag{6-11}$$

从而得到理想方案 D 的联系数模型为

$$u=a+(1-a-c)i+cj \tag{6-12}$$

步骤 3:选择距离贴近度模型。

根据实际决策活动的问题背景,从海明贴近度、欧氏贴近度、闵可夫斯基贴近度或其他距离贴近度模型中选择合适的模型。

步骤 4:计算距离贴近度。

根据所选择的距离贴近度模型,计算每个待决策方案 D_j 与理想方案 D 的距离贴近度。

步骤 5:方案优选。

在所有距离贴近度中选择最大者,与该最大值对应的待决策方案即认为是最优方案。

上述基于择近原则的决策流程如图 6-8 所示。

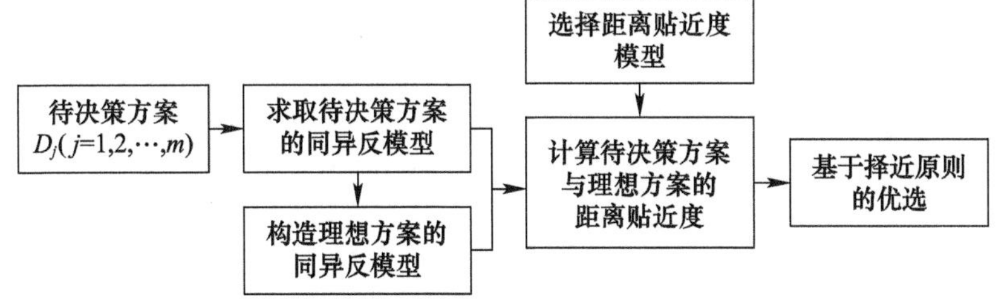

图 6-8　基于择近原则的决策流程

6.3.3　基于择近原则的装备优选

以 6.2.3 节中基于复杂电磁环境适应性能的 5 种通信装备优选为例,说明基

于择近原则的决策模型的应用。5 种通信装备复杂电磁环境适应性能的联系数模型分别为

$$u_{\mathrm{I}}=a_{\mathrm{I}}+b_{\mathrm{I}}i+c_{\mathrm{I}}j=0.709+0.189i+0.102j$$

$$u_{\mathrm{II}}=a_{\mathrm{II}}+b_{\mathrm{II}}i+c_{\mathrm{II}}j=0.816+0.073i+0.111j$$

$$u_{\mathrm{III}}=a_{\mathrm{III}}+b_{\mathrm{III}}i+c_{\mathrm{III}}j=0.781+0.098i+0.121j$$

$$u_{\mathrm{IV}}=a_{\mathrm{IV}}+b_{\mathrm{IV}}i+c_{\mathrm{IV}}j=0.606+0.201i+0.193j$$

$$u_{\mathrm{V}}=a_{\mathrm{V}}+b_{\mathrm{V}}i+c_{\mathrm{V}}j=0.638+0.124i+0.238j$$

6.3.3.1 装备优选

上述模型的同一度认为属于极大值极性，取其最大值作为理想方案 D 的同一度，即有

$$\begin{aligned}a&=\max\{a_{\mathrm{I}},a_{\mathrm{II}},a_{\mathrm{III}},a_{\mathrm{IV}},a_{\mathrm{V}}\}\\&=\max\{0.709,0.816,0.781,0.606,0.638\}=0.816\end{aligned}$$

上述模型的对立度认为属于极小值极性，取其最小值作为理想方案 D 的对立度，即有

$$\begin{aligned}c&=\min\{c_{\mathrm{I}},c_{\mathrm{II}},c_{\mathrm{III}},c_{\mathrm{IV}},c_{\mathrm{V}}\}\\&=\min\{0.102,0.111,0.121,0.193,0.238\}=0.102\end{aligned}$$

则构造理想方案 D 的联系数模型为

$$u=a+bi+cj=0.816+0.082i+0.102j$$

分别选择海明贴近度和欧氏贴近度，计算 5 种通信装备的复杂电磁环境适应性能与理想复杂电磁环境适应性能的距离贴近度，如表 6－3 所列。

表 6－3　基于择近原则的 5 种通信装备优选

装备	复杂电磁环境适应性能	海明贴近度	欧氏贴近度
Ⅰ	$0.709+0.189i+0.102j$	0.9287	0.9126
Ⅱ	$0.816+0.073i+0.111j$	0.9940	0.9927
Ⅲ	$0.781+0.098i+0.121j$	0.9767	0.9752
Ⅳ	$0.606+0.201i+0.193j$	0.8600	0.8511
Ⅴ	$0.638+0.124i+0.238j$	0.8813	0.8684
优选结果		Ⅱ	Ⅱ

由表中的距离贴近度数值可以看出，5 种通信装备复杂电磁环境适应性能的优劣顺序为通信装备Ⅱ、Ⅲ、Ⅰ、Ⅴ、Ⅳ，通信装备Ⅱ的复杂电磁环境适应性能最优。

海明贴近度和欧氏贴近度两种模型的决策结果是一致的。

6.3.3.2 决策灵敏度分析

针对海明贴近度和欧氏贴近度 2 种模型,按照通信装备Ⅱ、Ⅲ、Ⅰ、Ⅴ、Ⅳ的优劣顺序,分别计算 2 个装备之间的方案区分度,计算结果如表 6-4 所列。

表 6-4 择近原则下 5 种通信装备的方案区分度

装备及区分度	用海明贴近度计算的区分度/%	用欧氏贴近度计算的区分度/%
Ⅱ、Ⅲ	1.77	1.79
Ⅲ、Ⅰ	5.17	6.86
Ⅰ、Ⅴ	5.38	5.09
Ⅴ、Ⅳ	2.48	2.03
平均区分度	3.70	3.94

由表 6-4 可以看出,欧氏距离贴近度模型对通信装备复杂电磁环境适应性能的方案区分度优于海明距离贴近度模型,但是两者的平均区分度差异不大。

把本节的决策结果和 6.2.3 节的决策结果进行比较,两者的决策结果基本一致,说明基于集对势的决策模型和基于择近原则的决策模型都是有效的,也是可行的。

6.4 基于相似原则的决策模型及应用

对于多个待决策方案,选择最接近理想方案的实际方案是一种思路,选择与理想方案最相似的实际方案也不失为一种好思路。本节根据待决策方案的同异反联系数构建理想方案,提出基于相似原则的决策模型对方案进行优选。

6.4.1 基于相似原则的决策原理

假设待决策方案 D_j,类似于 6.3.2 节的方法构造理想方案 D,基于相似原则的决策原理就是在决策空间中找寻与理想方案最相似的待决策方案。

设待决策方案 $D_j(j=1,2,\cdots,m)$ 的联系数模型为 $u_j=a_j+b_ji+c_jj$,理想方案 D 的联系数模型为 $u=a+bi+cj$。定义 γ 为相似度函数,若存在 $i(1\leqslant i\leqslant m)$,使得

$$\begin{aligned}\gamma(D_k,D) &= \max_{1\leqslant j\leqslant m}\gamma(D_j,D)\\ &= \max\{\gamma(D_1,D),\gamma(D_2,D),\cdots,\gamma(D_m,D)\}\end{aligned} \tag{6-13}$$

则认为方案 D 是所有待决策方案中最优的。

本节中相似度函数 γ 可以选择余弦法、最大最小法、算术平均最小法、几何平均最小法、相关系数法等相似度模型。其中基于余弦法的相似度计算模型为

$$\gamma(D_j,D)=\frac{aa_j+bb_j+cc_j}{\sqrt{(a_j^2+b_j^2+c_j^2)(a^2+b^2+c^2)}} \tag{6-14}$$

基于最大最小法的相似度计算模型为

$$\gamma(D_j,D)=\frac{\min\{a,a_j\}+\min\{b,b_j\}+\min\{c,c_j\}}{\max\{a,a_j\}+\max\{b,b_j\}+\max\{c,c_j\}} \tag{6-15}$$

基于算术平均最小法的相似度计算模型为

$$\gamma(D_j,D)=\frac{\min\{a,a_j\}+\min\{b,b_j\}+\min\{c,c_j\}}{\frac{1}{2}(a+a_j+b+b_j+c+c_j)} \tag{6-16}$$

基于几何平均最小法的相似度计算模型为

$$\gamma(D_j,D)=\frac{\min\{a,a_j\}+\min\{b,b_j\}+\min\{c,c_j\}}{\sqrt{aa_j}+\sqrt{bb_j}+\sqrt{cc_j}} \tag{6-17}$$

基于相关系数法的相似度计算模型为

$$\gamma(D_j,D)=\frac{\left(a-\frac{1}{3}\right)\left(a_j-\frac{1}{3}\right)+\left(b-\frac{1}{3}\right)\left(b_j-\frac{1}{3}\right)+\left(c-\frac{1}{3}\right)\left(c_j-\frac{1}{3}\right)}{\sqrt{\left(\left(a-\frac{1}{3}\right)^2+\left(b-\frac{1}{3}\right)^2+\left(c-\frac{1}{3}\right)^2\right)\left(\left(a_j-\frac{1}{3}\right)^2+\left(b_j-\frac{1}{3}\right)^2+\left(c_j-\frac{1}{3}\right)^2\right)}} \tag{6-18}$$

6.4.2 基于相似原则的决策步骤

对于待决策方案 $D_j(j=1,2,\cdots,m)$，基于相似原则的决策方法就是根据待决策方案与理想方案的相似度进行判断，其基本步骤如下：

步骤 1：求取同异反模型。

方法同 6.2.2 节。

步骤 2：构造理想方案。

方法同 6.3.2 节。

步骤 3：选择相似度计算模型。

根据实际决策活动的问题背景，从余弦法、最大最小法、算术平均最小法、几何平均最小法、相关系数法等相似度模型中选择合适的模型。

步骤 4：计算相似度。

根据所选择的相似度模型，计算每个待决策方案 D_j 与理想方案 D 的相似度。

步骤 5：方案优选。

在上述所有相似度中选择最大者，与该最大值对应的待决策方案即认为是最优方案。

上述基于相似原则的决策流程如图 6 - 9 所示。

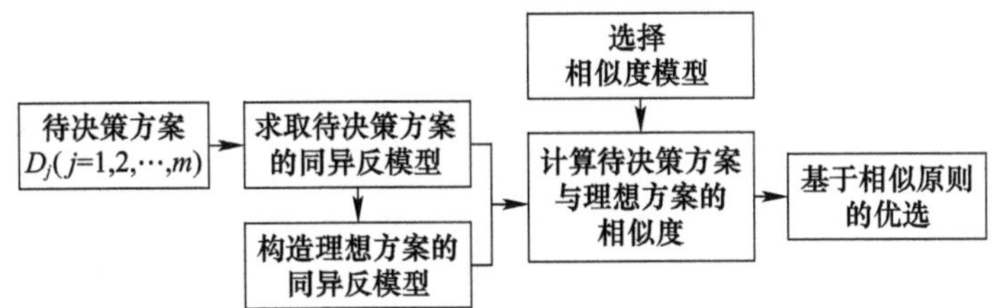

图 6 - 9　基于相似原则的决策流程

6.4.3　基于相似原则的装备优选

同样以 6.2.3 节中基于复杂电磁环境适应性能的 5 种通信装备优选为例，说明基于相似原则的决策模型的应用。

6.4.3.1　装备优选

5 种通信装备复杂电磁环境适应性能的联系数模型和理想方案 D 的联系数模型同 6.3.3 节，分别选择余弦法、算术平均最小法、相关系数法 3 种相似度模型，计算 5 种通信装备的复杂电磁环境适应性能与理想复杂电磁环境适应性能的相似度，如表 6 - 5 所列。

表 6 - 5　基于相似原则的 5 种通信装备优选

装备	复杂电磁环境适应性能	余弦法的相似度	算术平均最小法的相似度	相关系数法的相似度
Ⅰ	$0.709+0.189i+0.102j$	0.9873	0.8930	0.9877
Ⅱ	$0.816+0.073i+0.111j$	0.9999	0.9910	0.9998
Ⅲ	$0.781+0.098i+0.121j$	0.9993	0.9650	1.0000
Ⅳ	$0.606+0.201i+0.193j$	0.9627	0.7900	0.9992
Ⅴ	$0.638+0.124i+0.238j$	0.9704	0.8220	0.9822
优选结果		Ⅱ	Ⅱ	Ⅲ

由表中的相似度数值可以看出：当选用基于余弦法、算术平均最小法的相似度模型时，5 种通信装备复杂电磁环境适应性能的优劣顺序为通信装备Ⅱ、Ⅲ、Ⅰ、Ⅴ、Ⅳ，优劣顺序结果与基于择近原则的决策结果一致，且通信装备Ⅱ的复杂电磁环境适应性能最优；选用基于相关系数法的相似度模型时，5 种通信装备复杂电磁环境适应性能的优劣顺序为通信装备Ⅲ、Ⅱ、Ⅳ、Ⅰ、Ⅴ，优劣顺序结果与其他两种模型存在差异。差异产生的原因来自于 2 个方面：一是本节采用 MATLAB 进行计算，存在计算误差；二是决策模型分辨率导致的误差。仔细观察表 6 - 5 中相似度

数据，选用基于余弦法、算术平均最小法的相似度模型时，对5种通信装备复杂电磁环境适应性能的区分度明显强于选用基于相关系数法的相似度模型。因此，针对本节5种通信装备复杂电磁环境适应性能的决策算例，应优先选用基于余弦法、算术平均最小法的相似度决策模型，这时的决策结果与基于择近原则的决策结果一致。

6.4.3.2 决策灵敏度分析

针对基于余弦法、算术平均最小法的2种相似度模型，按照通信装备Ⅱ、Ⅲ、Ⅰ、Ⅴ、Ⅳ的优劣顺序，分别计算2个装备之间的方案区分度，计算结果如表6-6所列。

表6-6 相似原则下5种通信装备的方案区分度

装备及区分度	用余弦法相似度计算的区分度/%	用算术平均最小法相似度计算的区分度/%
Ⅱ、Ⅲ	0.06	2.69
Ⅲ、Ⅰ	1.22	8.06
Ⅰ、Ⅴ	1.74	8.64
Ⅴ、Ⅳ	0.8	4.05
平均区分度	0.955	5.86

由表6-6可以看出，基于算术平均最小法的相似度模型对通信装备复杂电磁环境适应性能的方案区分度优于基于余弦法的相似度模型，而且两者的平均区分度差异明显。

和6.2.3节、6.3.3节的决策结果进行比较，不同决策模型对通信装备复杂电磁环境适应性能的方案区分度是有差异的，在实际决策过程中需要对决策模型进行优选。

6.5 基于综合的同异反决策模型及应用

待决策方案联系数描述模型 $a+bi+cj$ 中 a 表示对该方案作出肯定性决策的效用值，c 表示对该方案作出决策的风险值，b 表示对该方案作出决策的不确定性，前述基于集对势、择近原则、相似原则等的决策模型直接利用了多个待决策方案的联系数描述模型。当待决策方案由决策指标的联系数模型直接描述时，本节基于决策效用值建立同一度矩阵，基于决策风险值建立对立度，从而建立基于综合的同异反决策模型。

6.5.1 基本思路和问题描述

集对分析的基本思想是在一定的问题背景下，建立2个集合的同一、差异、对立的联系数表达式,并同时开展不确定性分析。联系数表达式中的同一度和对立度是相对确定的,而差异度则相对不确定;同时由于同一度、差异度和对立度是对同一问题的不同侧面的全面描述,因而三者之间存在着相互联系、相互制约和相互转化的关系。因此,通过一定的数学分析模型,分析联系数表达式中的同一度、差异度和对立度及其相互建立的关系,不仅可以解决决策与评估问题,还可以进行不确定性分析,为决策与评估的优化提供技术支持。

为了叙述和计算方便,设电子装备试验中的待决策方案集为 $F=\{F_1,F_2,\cdots,F_m\}$,即有 m 个方案可供选择,$P=\{P_1,P_2,\cdots,P_n\}$ 为决策属性空间,$\boldsymbol{W}=(w_1,w_2,\cdots,w_n)$ 为决策属性权重向量,根据实际情况和决策需求,设置决策评价集 $E=\{E_1,E_2,\cdots,E_p\}$,根据该决策评价集由决策专家基于联系数表达式而得到第 i 个待决策方案第 j 个属性的值为 $a_{ij}+b_{ij}i+c_{ij}j$,于是就可以建立下面的基于集对分析的综合决策模型。

6.5.2 综合决策模型

按照建立待决策方案矩阵、构建决策属性相近度矩阵、确定综合决策模型的步骤进行分析。

1) 建立待决策方案矩阵

由各个待决策方案中每个决策属性值建立其同一度矩阵 $\boldsymbol{A}$ 和对立度矩阵 $\boldsymbol{C}$,即

$$\boldsymbol{A}=\begin{bmatrix} a_{11} & a_{12} & \cdots & a_{1n} \\ a_{21} & a_{22} & \cdots & a_{2n} \\ \vdots & \vdots & & \vdots \\ a_{m1} & a_{m2} & \cdots & a_{mn} \end{bmatrix} \tag{6-19}$$

$$\boldsymbol{C}=\begin{bmatrix} c_{11} & c_{12} & \cdots & c_{1n} \\ c_{21} & c_{22} & \cdots & c_{2n} \\ \vdots & \vdots & & \vdots \\ c_{m1} & c_{m2} & \cdots & c_{mn} \end{bmatrix} \tag{6-20}$$

因为同一度为极大值极性指标,对立度为极小值极性指标,所以假设同一度矩阵 $\boldsymbol{A}$ 和对立度矩阵 $\boldsymbol{C}$ 中每一列的最优值为 $a_{0j}(j=1,\cdots,n)$ 和 $c_{0j}(j=1,\cdots,n)$,且

$$a_{0j}=\max\{a_{1j},a_{2j},\cdots,a_{mj}\} \tag{6-21}$$

$$c_{0j}=\min\{c_{1j},c_{2j},\cdots,c_{mj}\} \tag{6-22}$$

则有理想方案的同一度和对立度,记为

$$A_0 = (a_{01}, a_{02}, \cdots, a_{0n})$$

$$C_0 = (c_{01}, c_{02}, \cdots, c_{0n})$$

2）构建决策属性相近度矩阵

设待决策方案矩阵属性值与理想方案属性值的相近度用 h_{ij} 表示，因为同一度的极性为极大值极性，对立度的极性为极小值极性，故令

$$h_{Aij} = \frac{a_{ij}}{a_{0j}} \tag{6-23}$$

$$h_{Cij} = \frac{c_{0j}}{c_{ij}} \tag{6-24}$$

则可以形成待决策方案与理想方案的相近度矩阵 $\boldsymbol{H}_A$ 和 $\boldsymbol{H}_C$，分别为

$$\boldsymbol{H}_A = \begin{bmatrix} h_{A11} & h_{A12} & \cdots & h_{A1n} \\ h_{A21} & h_{A22} & \cdots & h_{A2n} \\ \vdots & \vdots & & \vdots \\ h_{Am1} & h_{Am2} & \cdots & h_{Amn} \end{bmatrix} \tag{6-25}$$

$$\boldsymbol{H}_C = \begin{bmatrix} h_{C11} & h_{C12} & \cdots & h_{C1n} \\ h_{C21} & h_{C22} & \cdots & h_{C2n} \\ \vdots & \vdots & & \vdots \\ h_{Cm1} & h_{Cm2} & \cdots & h_{Cmn} \end{bmatrix} \tag{6-26}$$

3）确定综合决策模型

考虑到各个决策属性的权重不同，利用层次分析方法、基于熵权的计算方法等得到 $\boldsymbol{W} = (w_1, w_2, \cdots, w_n)$，则待决策方案与理想方案的加权相近度矩阵 $\boldsymbol{R}_A$ 和 $\boldsymbol{R}_C$ 分别表示为

$$\boldsymbol{R}_A = \boldsymbol{H}_A \cdot \boldsymbol{W}^{\mathrm{T}} \tag{6-27}$$

$$\boldsymbol{R}_C = \boldsymbol{H}_C \cdot \boldsymbol{W}^{\mathrm{T}} \tag{6-28}$$

$\boldsymbol{R}_A$ 和 $\boldsymbol{R}_C$ 中的元素 r_{Ai} 和 r_{Ci} 表示待决策方案与理想方案的加权相近度，有算法

$$r_{Ai} = \sum_{j=1}^{n} h_{Aij} \cdot \boldsymbol{W}^{\mathrm{T}} \tag{6-29}$$

$$r_{Ci} = \sum_{j=1}^{n} h_{Cij} \cdot \boldsymbol{W}^{\mathrm{T}} \tag{6-30}$$

依据加权相近度矩阵 $\boldsymbol{R}_A$ 和 $\boldsymbol{R}_C$ 中对应 $r_{Ai} + r_{Ci}$ 和的大小来确定待决策方案的优劣次序，最优方案 r^* 记为

$$r^* = \max_{1 \leqslant i \leqslant m} (r_{Ai} + r_{Ci}) \tag{6-31}$$

6.5.3 以试验阵地选择为例的决策

试验阵地是试验任务的载体,试验阵地的选择必须满足试验任务的要求。不同类型电子装备的战术技术性能是不同的,因此对试验阵地的要求也是不一样的。试验阵地的选择是一个布局的合理性、地形条件、环境条件等目标相互交织在一起的复杂过程,是一个多目标、多层次的决策问题。本节介绍基于集对分析综合决策模型的试验阵地评价选择方法。

6.5.3.1 评价指标体系

对不同的候选试验阵地进行评价和选优,必须建立能对照和衡量各个试验阵地方案的统一尺度,即评价指标体系。评价指标体系必须科学地、客观地、尽可能全面地考虑各种因素,这样才能对各种方案进行对比和评价。

选择试验阵地一般要求满足以下几个方面:必须满足试验任务的要求;满足地形条件的要求;满足飞行条件的要求;满足环境条件的要求;满足阵地建设的投资要求。根据这些要求,对某机载通信电子装备的配试试验阵地的选择问题,我们建立如图 6-10 所示的评价指标体系。

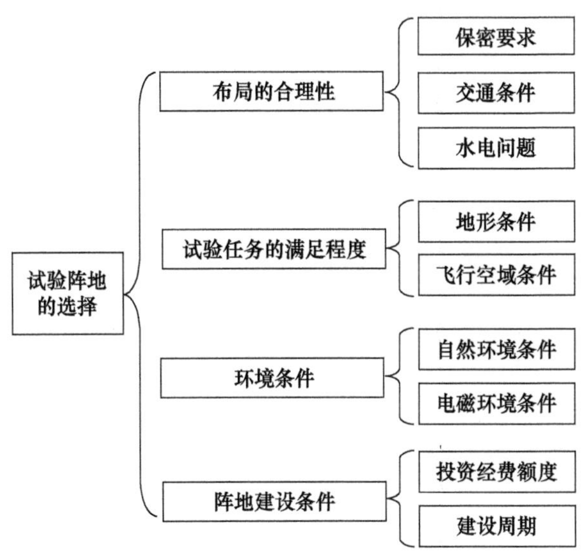

图 6-10 试验阵地选择的评价指标体系

6.5.3.2 基于集对分析综合决策的评价模型

对某机载通信电子装备的三个候选试验阵地,按照图 6-10 的评价指标体系进行评价选择。假设试验阵地的各个影响因素利用评价等级“很适合”“适合”“一般”“不适合”来进行划分，请专家给出每个阵地每个影响因素的基于同一和对立关系的联系数表达式 $a_{ij}+c_{ij}(i=1,2,3;j=1,2,\cdots,9)$，其值如表 6－7 所列。

表 6－7　试验阵地影响因素的联系数数据

影响因素	试验阵地		
	Ⅰ	Ⅱ	Ⅲ
1	0.95+0.01j	0.4+0.4j	0.5+0.4j
2	0.75+0.2j	0.9+0.05j	0.5+0.3j
3	0.5+0.4j	0.9+0.05j	0.8+0.1j
4	0.9+0.05j	0.5+0.4j	0.85+0.1j
5	0.9+0.05j	0.95+0.01j	0.85+0.1j
6	0.6+0.3j	0.55+0.4j	0.7+0.2j
7	0.6+0.35j	0.5+0.4j	0.7+0.25j
8	0.5+0.4j	0.5+0.45j	0.85+0.1j
9	0.5+0.3j	0.6+0.3j	0.5+0.25j

则可以建立同一度矩阵 $\boldsymbol{A}$ 和对立度矩阵 $\boldsymbol{C}$，分别为

$$\boldsymbol{A}=\begin{bmatrix}0.95 & 0.75 & 0.5 & 0.9 & 0.9 & 0.6 & 0.6 & 0.5 & 0.5\\ 0.4 & 0.9 & 0.9 & 0.5 & 0.95 & 0.55 & 0.5 & 0.5 & 0.6\\ 0.5 & 0.5 & 0.8 & 0.85 & 0.85 & 0.7 & 0.7 & 0.85 & 0.5\end{bmatrix}$$

$$\boldsymbol{C}=\begin{bmatrix}0.01 & 0.2 & 0.4 & 0.05 & 0.05 & 0.3 & 0.35 & 0.4 & 0.3\\ 0.4 & 0.05 & 0.05 & 0.4 & 0.01 & 0.4 & 0.4 & 0.45 & 0.3\\ 0.4 & 0.3 & 0.1 & 0.1 & 0.1 & 0.2 & 0.25 & 0.1 & 0.25\end{bmatrix}$$

选取同一度矩阵 $\boldsymbol{A}$ 和对立度矩阵 $\boldsymbol{C}$ 中每一列的最优值得到理想方案的同一度和对立度

$$\boldsymbol{A}_0=[0.95\quad 0.9\quad 0.9\quad 0.9\quad 0.95\quad 0.7\quad 0.7\quad 0.85\quad 0.6]$$

$$\boldsymbol{C}_0=[0.01\quad 0.05\quad 0.05\quad 0.05\quad 0.01\quad 0.2\quad 0.25\quad 0.1\quad 0.25]$$

根据上一节的决策模型，最终得到待决策方案与理想方案的加权相近度矩阵 $\boldsymbol{R}_A$ 和 $\boldsymbol{R}_C$

$$\boldsymbol{R}_A=\boldsymbol{H}_A\cdot\boldsymbol{W}^{\mathrm{T}}=\begin{bmatrix}0.8371\\ 0.7974\\ 0.8649\end{bmatrix}$$

$$\boldsymbol{R}_C=\boldsymbol{H}_C\cdot\boldsymbol{W}^{\mathrm{T}}=\begin{bmatrix}0.5442\\ 0.6099\\ 0.5523\end{bmatrix}$$

从而依据 $r_{Ai}+r_{Ci}$ 和的大小来确定待选试验阵地的优劣次序，最适合阵地 r^* 记为

$$
\begin{aligned}
r^* &= \max_{1\leqslant i\leqslant 3}(r_{Ai}+r_{Ci}) \\
&= \max_{1\leqslant i\leqslant 3}(1.3813, 1.4073, 1.4172) \\
&= 1.4172
\end{aligned}
$$

可以得到结论：候选阵地Ⅲ最适合该次试验使用，其次为阵地Ⅱ。

6.6 基于专家意见的同异反决策模型及应用

电子装备试验活动中的很多决策问题都是通过专家评审的方式解决的，而专家针对待决策方案给出的意见一般是通过、不通过、弃权等形式，这等同于集对分析中的同异反信息，常规的基于“通过”信息的“少数服从多数”等决策原则通常会舍弃较多的决策信息。本节充分考虑同异反决策信息之间的相互联系、相互影响、相互制约及相互转化，提出基于专家意见的同异反决策模型。

6.6.1 基于专家意见的同异反决策原理

以电子装备试验总体技术方案评审会为例，说明基于专家意见的同异反决策原理。

6.6.1.1 构建同异反决策矩阵

电子装备试验在进行总体技术方案论证时，一般会设计 n 个试验技术方案，然后从中选择一个较优的技术方案实施试验。针对技术方案的选择决策，专家组讨论表决是经常被采用的一个方法。假设要求 m 个专家对由 n 个试验技术方案 p_1，$p_2,\cdots,p_n$ 组成的方案集 P 进行决策选优，专家组对方案 $p_j(j=1,2,\cdots,n)$ 表示同意的有 A_j 个人，反对的有 C_j 个人，弃权的有 B_j 个人，其中 $B_j=m-A_j-C_j$，则

$$
\boldsymbol{ABC}=\begin{bmatrix} A_1 & B_1 & C_1 \\ A_2 & B_2 & C_2 \\ \vdots & \vdots & \vdots \\ A_n & B_n & C_n \end{bmatrix}
$$

为基于专家意见的同异反决策矩阵。由于决策矩阵中的元素由 A_j、B_j、C_j 组成，故又称为 $\boldsymbol{ABC}$ 矩阵。

6.6.1.2 构建同异反差异矩阵

同异反差异矩阵的确定是试验技术方案评价优选区分能力高低的关键。本节

采用基于联系数顺势取值法的同异反差异矩阵优化方法，避免加权计算中人为因素的影响。

针对同异反决策矩阵，假设 $A_0 = \max\{A_k, k = 1,2,\cdots,n\}$，$C_0 = \min\{C_k, k = 1,2,\cdots,n\}$，$B_0 = 1 - A_0 - C_0$，则由 A_0、B_0、C_0 组成的同异反联系数表达的试验技术方案为理想最优技术方案。

如果取 $A_{0j} = A_0 - A_j$、$C_{j0} = C_j - C_0$ 分别为技术方案 p_j 与理想最优技术方案的同一度差异和对立度差异，结合联系数顺势取值法的思想，此处取 $B_{j0} = (1 - A_j)(B_j - B_0)$ 为它们的差异度差异。这样，称 $u_{j0} = A_{j0} + B_{j0}i + C_{j0}j$ 为技术方案 p_j 与理想最优技术方案优化的差异度。而由每个试验技术方案与理想最优技术方案优化的差异度组成的矩阵，称为优化的同异反差异矩阵，其表达式为

$$\boldsymbol{E} = \begin{bmatrix} A_{10} & B_{10} & C_{10} \\ A_{20} & B_{20} & C_{20} \\ \vdots & \vdots & \vdots \\ A_{n0} & B_{n0} & C_{n0} \end{bmatrix}$$

6.6.1.3 决策方案的优选

上述同异反差异矩阵 $\boldsymbol{E}$ 中，技术方案 p_j 与最优技术方案优化的差异度通过三个分量 A_{j0}、B_{j0} 和 C_{j0} 表示，以同等重要性（避免人为因素对技术方案优选的影响）对待同一度差异、差异度差异和对立度差异，取 $L_{j0} = A_{j0} + B_{j0} + C_{j0}$ 表示技术方案 p_j 与最优技术方案优化的总差异度，根据择近原则，若有

$$L_{j*0} = \min_{1 \leqslant j \leqslant n}(L_{j0}) \tag{6-32}$$

则 L_{j*0} 对应的技术方案 p_{j*} 为最优技术方案。在实际选择过程中，也可以对 L_{j0} 按照从小到大的顺序进行排序，总差异度最小者即为最优技术方案。

6.6.2 基于专家的试验方案选择

随着装备信息化、网络化、体系化的迅猛发展，电子装备的靶场试验项目日趋多样化和复杂化，需要通过试验考核的指标更加全面和综合，对装备作战效能和作战适用性的考核需要结合典型的试验任务想定和复杂的战场环境，促使试验总体技术的深度和广度都有了新的发展，同时使得试验费用十分昂贵；另外由于试验中不确定因素（诸如天气、电磁等试验环境的动态变化，装备之间的信息交互等）十分多，拟订多种试验总体技术方案显得十分必要，相应地就带来了试验总体技术方案的优选问题。试验总体技术方案的优选对于保证任务的完成和试验技术水平的提高是一个十分重要且很有价值的问题。

针对某短波通信干扰站的性能试验，试验技术组根据战术技术指标要求提出了3种总体技术方案，在试验大纲拟制与上报前，需要对这3种方案进行评价与选优。科技处择机组织了由8名专家的委员会对3种总体技术方案进行了评审，每位专家根据总体技术方案的创新程度、技术可行程度、组织实施难度、试验进度、试验消耗等要求，对总体技术方案的各要素进行评价，并对总体技术方案给出一个总体的评价结论，总体评价结论基于“通过”“不通过”“弃权”的意见形式给出，3种总体技术方案的总体评价结论统计如表6-8所列。

表6-8　3种总体技术方案的总体评价结论统计

方案	总体评价意见比例		
	通过	弃权	不通过
1	6/8	1/8	1/8
2	7/8	0/8	1/8
3	6/8	2/8	0/8

构建理想最优技术方案：

$$A_0 = \max\left\{\frac{6}{8},\frac{7}{8},\frac{6}{8}\right\} = \frac{7}{8}$$

$$C_0 = \min\left\{\frac{1}{8},\frac{1}{8},\frac{0}{8}\right\} = \frac{0}{8}$$

$$B_0 = 1 - A_0 - C_0 = \frac{1}{8}$$

则有

$$u_0 = A_0 + B_0 i + C_0 j = \frac{7}{8} + \frac{1}{8} i + \frac{0}{8} j$$

从而得到优化的同异反差异矩阵为

$$\boldsymbol{E} = \begin{bmatrix} \frac{1}{8} & 0 & \frac{1}{8} \\ 0 & \frac{1}{64} & \frac{1}{8} \\ \frac{1}{8} & \frac{2}{64} & 0 \end{bmatrix}$$

根据公式 $L_{j0} = A_{j0} + B_{j0} + C_{j0}$ 计算3种技术方案与理想最优技术方案优化的总差异度，即有

$$L_{10} = \frac{2}{8}, L_{20} = \frac{9}{64}, L_{30} = \frac{10}{64}$$

于是有

$$L_{j^*0} = \min_{1 \leq j \leq n} (L_{10}, L_{20}, L_{30}) = L_{20}$$

第 2 个技术方案与理想最优技术方案优化的总差异度最小，故认为第 2 个技术方案是最优的。

6.6.3 专家的弃权问题讨论

弃权是基于专家委员会对某些问题进行表决决策时经常遇到的一种现象。传统的决策方法通常不考虑弃权的影响，认为弃权是一种不可判定问题，而且不知道弃权者的真实态度，多数情况下采取“少数服从多数”的决策原则。这种情况下，弃权可以被认为是一种典型的中介不确定，利用已有的随机不确定理论、模糊不确定理论难以对这种中介不确定展开具体分析。但是从集对分析的角度，可以借助于同异反联系数对弃权问题展开具体分析。

首先，将决策表决对象看作一个集合 A，专家组的表决看作是集合 B，A 和 B 即构成一个集对。设专家组由 N 个专家组成，S 个的意见为“通过”、P 个的意见为“不通过”、F 个的意见为“弃权”，且有 $S+F+P=N$，则有刻画弃权的联系数为

$$u(A,B) = \frac{S}{N} + \frac{F}{N}i + \frac{P}{N}j$$

对该联系数表达式，借助于 i 的取值，就可以对弃权问题展开分析。通常根据 i 的顺势取值法，将表示弃权成分的 b 分成“ab”、“bb”和“bc”3 个部分，即推算分解为“通过”“弃权”“不通过”3 种倾向，以该变化模式来推演弃权者的真实态度。在实际分析过程中，可以将其中的“ab”并入 a，“bb”并入 b，“bc”并入 c，得到最终的表决结果。当然，也可以采取其他方法来估计弃权者的真实态度。例如，随机抽取若干人进行背靠背的调查，问询其真实态度或倾向，借助于抽样理论来估计弃权者中真正弃权的比例。

第7章 同异反评估原理与应用

评估就是评价与估量,是装备试验过程中试验管理者(包括试验指挥组织、指挥者及主持者等)最基本、最主要的活动和职责。评估就是确定某一行动方案与某些目标标准的接近程度,决策则是基于某些目标标准从数种不同的可能行动方案中选出一个最佳的行动方案,一般认为评估是决策的一个阶段,评估主要是针对单个行动方案的评价活动。从信息的角度看,装备试验与训练活动中评估是一个复杂的既确定又不确定系统。基于集对分析方法,本章主要研究装备试验活动中同异反评估方法及其应用。

7.1 试验过程中评估需求

武器装备试验与评估活动中,目前针对装备的作战效能、作战适用性等问题的评估,通常关注装备及其体系能在何种程度上完成规定作战任务,利用一个确定性参数描述其评估指标。但在装备及其体系的实际作战运用过程中,我们也应该关注它们不能完成规定作战任务的程度以及中间的过渡状态,辩证地考虑多个方面的问题,并利用多角度的同异反联系数描述评估指标,评估分析结果才能提供更多的决策依据。本节介绍评估的有关概念,分析试验活动中的评估问题,并概述装备体系效能评估现状。

7.1.1 评估的概念与思路

所谓评估,就是评价与估量,即对方案进行评估和论证,以决定是否采纳。一般来说,评估可分为单目标问题和多目标问题两类,多目标评估的特点是问题具有多个相互冲突的影响指标。处理单目标评估问题是容易的,而处理多目标评估问题却是一个难题,因为影响指标彼此冲突,难以评估。装备试验活动中的评估就是确定某一行动方案与某些目标标准的接近程度,主要指对各种试验配试设备及系统满足试验所需的程度、装备战术技术性能、作战效能等问题的评价问题,这些问题的影响因素众多,而且很多因素只能定性表示。

装备(或体系)效能评估是装备试验活动中一项重要的工作,本节以装备效能评估为例,介绍评估的基本步骤。《中国军事百科全书(第二版)学科分册 · 军事装备发展》认为，效能评估是对装备及其系统在规定条件下执行规定任务所能达到的预期目标程度进行分析和评价的方法，其目的是在规划、论证、工程研制、使用等寿命周期活动中，评估装备系统执行作战任务的效能，针对装备系统在实际作战中可能承担的各种主要作战任务以及涉及的整个作战过程，对不同方案或不同装备系统的优劣进行评价比较，为决策制定提供理论指导和数量依据。电子装备（或体系）效能评估通常从整体上可以分为确定评估条件与目标、建立评估指标体系、评估模型和算法、灵敏度分析 4 个阶段，具体可以包括 8 个步骤，共 10 项内容，如图 7－1 所示。

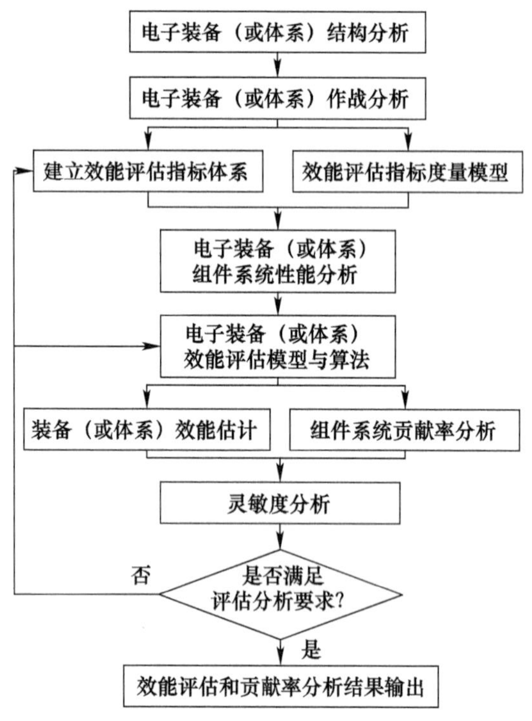

图 7－1　电子装备试验活动中效能评估步骤

其中确定评估条件与目标阶段主要进行电子装备（或体系）结构分析和电子装备（或体系）作战分析。结构分析就是给出待评估电子装备（或体系）组成与结构，分析其功能、在完成给定任务中的作用及其应该满足的要求等；作战分析首先必须进行作战想定任务的拟制，然后基于想定任务明确装备（或体系）的主要作战任务、应该达到的作战目的以及满足的技术要求等，并分析装备（或体系）的作战条件以及作战条件与理想作战条件之间的差距与影响，最后给出装备（或体系）的主要作战程序。

建立评估指标体系阶段主要进行建立效能评估指标体系、效能评估指标的度量模型、组件系统性能分析三个主要内容的研究工作。效能评估指标体系是指一组数量指标,用来表征装备(或体系)完成规定任务的有效程度。由于装备(或体系)效能的复杂性,效能度量不可能像物理量那样可以直接度量,在选择具体度量指标时必须针对特定的作战任务,根据完成任务的能力要求进行,选择的指标必须具备一定的物理意义,对装备(或体系)的性能参数具有一定的敏感性,并可以用定性或定量数据进行表征。效能评估指标的度量模型,就是在给定的作战想定任务条件下,根据建立的装备(或体系)效能评估指标体系对评估指标进行适当的数学模型表达、予以量化。组件系统性能分析主要研究装备(或体系)组成部分的各项功能和要求,以及确定各个装备之间的相互信息关系,对各个装备的单项性能(或能力)进行分析与评估,为装备(或体系)作战效能的整体评估及各个装备的效能贡献度评估奠定技术基础。

评估模型和算法阶段主要提出装备(或体系)效能评估模型和算法,并基于该模型进行装备(或体系)效能的区间估计和组件装备对体系效能的贡献度评估两项工作。装备(或体系)效能评估模型和算法是评估问题的关键点,也是评估问题的难点。评估重点不仅在于效能的聚合,即在装备(或体系)组分中选取适当的参数,运用何种方法对这些参数进行正确的聚合;还在于如何在装备(或体系)对抗环境中动态地体现组分在作战过程各阶段的效能贡献情况,以及组分之间效能贡献的相互影响情况等等。装备(或体系)效能的区间估计就是对典型构成的装备(或体系)在给定作战环境和作战任务等条件下执行作战任务的预期程度给出一个确定置信度下的区间估计值,该区间估计值与装备(或体系)构成、作战任务条件、置信度等条件有关。组件装备对体系效能的贡献率评估就是为了评价组件装备对体系效能所做贡献的相对重要性大小,其目的是找出影响装备(或体系)效能的关键装备,为装备(或体系)建设、优化等提供技术依据。

灵敏度分析阶段主要是对装备(或体系)效能的敏感性指标因素进行灵敏度分析工作。

在装备(或体系)的构建或作战运用过程中,对装备(或体系)进行效能分析可以达到两个目的:一是了解组分对效能的相对重要性,即哪个组分的性能(或能力)改善能使效能更敏感,为装备(或体系)的构建决策提供参考意见;二是分析确定影响效能的主要因素,作为效能优化的基础。装备(或体系)效能的评估指标数量是大量的,这些评估指标参数是决定效能的一个重要方面,但效能与评估指标参数之间的关系一般不易用一个明确的数学函数式来表示,其间的关系往往是和其他因素交融在一起的多级映射关系,而且非线性,因此这些评估指标参数对效能的影响程度很难直接看出。另外,不同的评估指标参数对效能的影响程度和范围是不同的,即有的指标参数的微小变化,就能引起效能的显著改变,可认为效能对该指标参数变化反应灵敏;而有的参数即使发生较大的变化,效能却变化微弱,可认为效能对该参数的变化反应迟钝(不灵敏);还有的参数在其某一个范围内变化时,效能变化不大,而在另一个范围变化时,效能变化明显。那么,在装备(或体系)效能分析中,通过分析评估指标参数在一定幅度内变化时,导致效能的变化幅度,分析讨论参数的变化对效能的影响程度和范围,掌握效能对指标参数变化的敏感度,这就是装备(或体系)效能分析中的灵敏度分析。

在灵敏度分析中,把对效能影响大的评估指标叫作敏感性指标,影响小的指标叫作非敏感性指标。另外,灵敏度分析分为绝对灵敏度(又称全局灵敏度)分析和相对灵敏度(又称局部灵敏度)分析,绝对灵敏度分析是指各个指标相对于自身全局范围进行摄动分析,相对灵敏度分析是指各个指标相对于当前值的一定范围内摄动变化对总体分析结果的影响情况。一般而言,敏感性指标是装备(或体系)构成及其作战运用时的重要指标,进行装备(或体系)效能评估的灵敏度分析,就是为了找出这些重要的指标,定量分析其对体系效能的影响情况,对装备(或体系)效能进行绝对灵敏度分析可以确定敏感指标。对装备(或体系)效能进行灵敏度分析,可以对评估模型和算法的有效性进行分析,因为各个指标相对于当前值的一定范围内摄动变化,这时就代表了新的装备(或体系)构成,分析评估模型能否对这种变化进行有效区分。

7.1.2 试验中评估问题

电子装备试验活动中需要评估的问题,主要就是指对各种试验配试设备及系统满足试验所需的程度、被试装备的各种能力、作战效能等问题的评价问题。电子装备试验与评估活动过程,可以概括地划分为试验目标规划阶段、总体方案设计阶段、试验资源及条件建设阶段、试验部署实施阶段以及试验鉴定和评估等阶段;根据每个实施阶段的具体实施步骤,又可以划分为总体技术方案论证、作战试验资源及条件建设、试验数据处理、装备效能评估等多个步骤。

7.1.2.1 试验目标规划阶段

本阶段的主要任务是提出作战试验总体技术设想、并形成能否承担作战试验任务的初步意见。试验目标规划阶段的评估活动如图 7-2 所示,主要有评价试验资源是否满足试验要求,是否可以设置试验所要求的试验环境,评估总体技术方案的风险,等等。

7.1.2.2 总体方案设计阶段

试验总体方案设计阶段的典型评估活动如图 7-3 所示,主要包括试验总体方案的评估与优选、技术实施方案的仿真与评估、试验大纲等要求文书的编写评审以及装备作战效能和作战适用性的预测评估等。

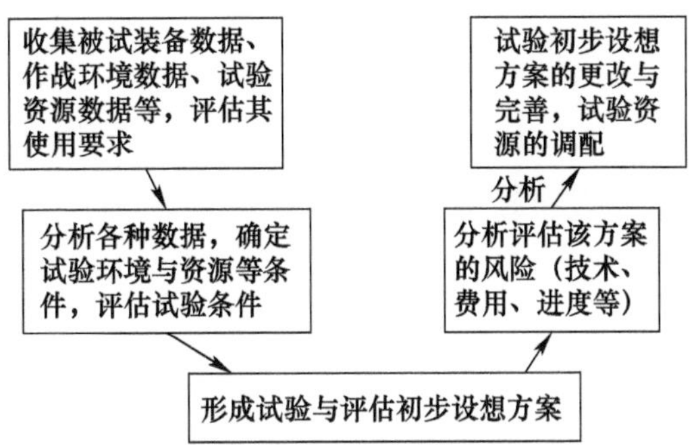

图 7-2　试验目标规划阶段的典型评估活动

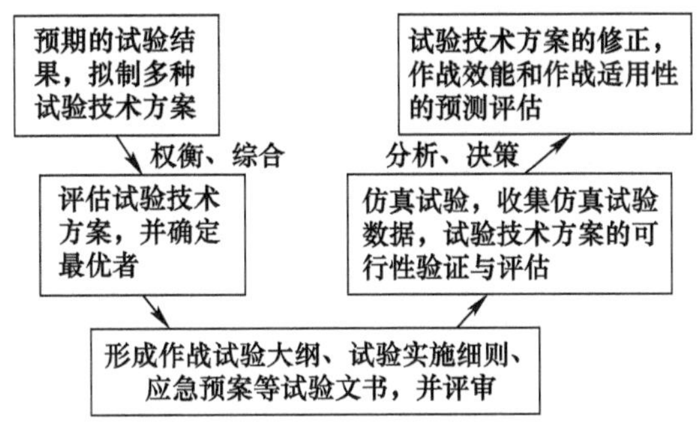

图 7-3　试验总体方案设计阶段的典型评估活动

7.1.2.3　试验资源及条件建设阶段

试验资源及条件建设阶段的典型评估活动如图 7-4 所示，主要涉及装备试验系统建设工作的评审，诸如试验阵地、通信、空勤、测控、后勤、装备等保障系统的评价，配试装备的优化选择等。

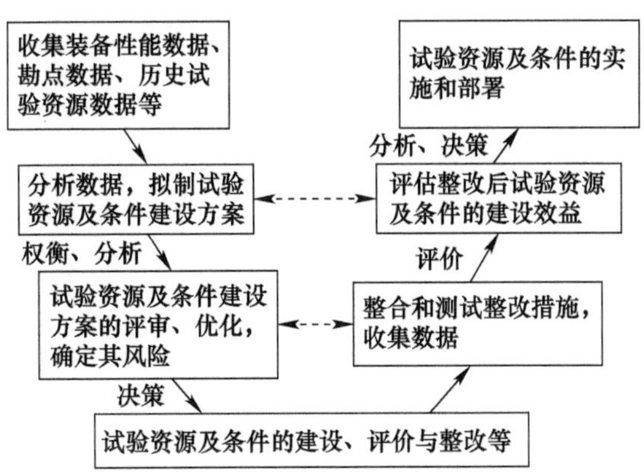

图 7-4　试验资源及条件建设阶段的典型评估活动

7.1.2.4 试验部署实施阶段

试验部署实施阶段的典型评估活动如图 7-5 所示，主要包括数据采集需求的评审、试验组织机构的能力评估、试验指挥效能的评估、试验质量的评估、试验进度的评价与管理等。

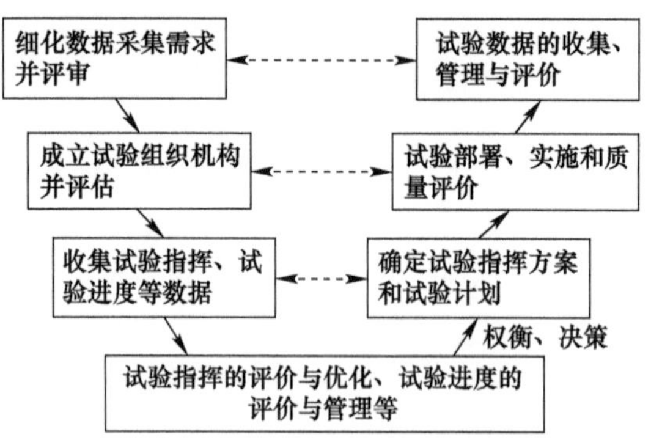

图 7-5 试验部署实施阶段的典型评估活动

7.1.2.5 试验鉴定和评估阶段

试验鉴定和评估阶段的典型评估活动如图 7-6 所示，主要涉及试验数据处理方案的评价、作战效能或作战适用性评估以及评估模型的评价等。

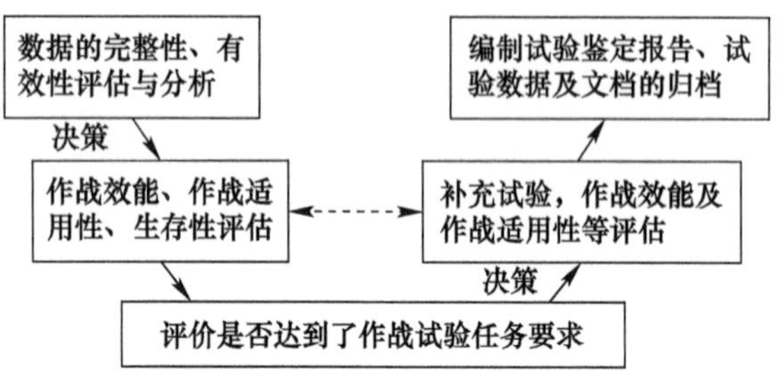

图 7-6 试验鉴定和评估阶段的典型评估活动

7.2 基于加权的同异评估模型及应用

电子装备作战效能、作战适用性等评估，指的是运用有关评估理论和方法，对作战效能、作战适用性的评估指标组合与完成作战任务目标有关的指标进行度量与比较，从而估计其完成规定作战任务程度的过程。这个过程实际上是以完成规定作战任务的理想指标组合为参照，对作战效能、作战适用性的评估指标组合逐一进行比较。本节介绍基于指标效果测度加权的同异评估模型。

7.2.1 指标效果测度算法

一般地，作战效能、作战适用性的评估指标组合与评估指标目标集构成一个集对，该集对中第 i 个评估指标与其指标目标之间的关系可以用同一度的概念来描述，同一度越大，则差异度越小，该评估指标与其指标目标符合或接近的程度越大，反之亦然。

若该指标的极性特征属于上限效果测度型，即越大越好，且假设该指标目标值为 $x(i)$，当该指标的试验结果为 x 时，其同一度为

$$a_i=\begin{cases}1 & x\geqslant x(i)\\ \dfrac{x}{x(i)} & x<x(i)\end{cases}\tag{7-1}$$

上限效果测度着眼于衡量效果偏离最大值的程度，由于有 $x\leqslant x(i)$，则有 $a(i)\leqslant 1$。

若该指标的极性特征属于下限效果测度型，即越小越好，且假设该指标目标值为 $x(i)$，当该指标的试验结果为 x 时，其同一度为

$$a_i=\begin{cases}1 & x\leqslant x(i)\\ \dfrac{x(i)}{x} & x>x(i)\end{cases}\tag{7-2}$$

下限效果测度着眼于衡量效果偏离最小值的程度，由于有 $x\geqslant x(i)$，所以有 $a(i)\leqslant 1$。

若该指标的极性特征属于适中效果测度型，即越接近某个固定值越好，且假设该指标目标固定值为 $x(i)$，当该指标的试验结果为 x 时，其同一度为

$$a_i=\frac{x(i)}{x(i)+|x(i)-x|}\tag{7-3}$$

适中效果测度衡量效果值偏离目标固定值的程度。

若该指标的极性特征属于区间效果测度型，即越接近某个目标区间越好，且假设该指标目标为 $|x_i^-,x_i^+|$，当该指标的试验结果为 x 时，其同一度为

$$a_i=\begin{cases}\dfrac{x}{x_i^-} & x<x_i^-\\ 1 & x\in[x_i^-,x_i^+]\\ \dfrac{x_i^+}{x} & x>x_i^+\end{cases}\tag{7-4}$$

在实际的评估问题中，对于希望效果样本值“越大越好”“越多越好”这一类的目标，可采用基于上限效果测度的同一度算法；对于希望效果样本值“越小越好”“越少越好”这一类的目标，可采用基于下限效果测度的同一度算法；对于希望效果样本值“既不太大也不太小”“既不太多又不太少”等指标值固定的目标，可采用基于适中效果测度的同一度算法；对于希望效果样本值位于目标区间的目标，可采用基于区间效果测度的同一度算法。

7.2.2 基于加权的同异评估模型

对于作战效能、作战适用性的最终评估结果，组合中各个评估指标在评估过程中所起的作用是不一样的，各个指标的重要程度或权重不能等量齐观。因此，在对装备作战效能、作战适用性等进行评估时，需要考虑各个指标的权重。假设建立层次化评估指标体系，指标体系的某层次 k 共有 n 个指标，依据 7.2.1 节算法，可以得到该层次指标的同一度向量为

$$\boldsymbol{R}_k = (a_{k1}, a_{k2}, \cdots, a_{kn}) \tag{7-5}$$

选用层次分析法、离差最大化法等权重计算模型，求得这 n 个指标的权重向量为

$$\boldsymbol{W}_k = (w_{k1}, w_{k2}, \cdots, w_{kn}) \tag{7-6}$$

则可求得层次 k 所有指标的综合同一度为

$$a_k = \boldsymbol{R}_k \boldsymbol{W}_k^{\mathrm{T}} = \sum_{i=1}^{n} a_{ki} w_{ki} \tag{7-7}$$

针对层次化评估指标体系，依据上述算法从底层向顶层逐层聚合，集合得到作战效能、作战适用性等评价项目的综合同一度 a。一般地，综合同一度越大，说明作战效能、作战适用性等评价项目与完成作战任务目标之间的相同程度越高，相异程度越低，表现越理想；反之亦然。

与综合同一度 a 相对的是综合差异度 b，两者满足归一化条件，即有 $a + b = 1$。用二元联系数表示综合同一度和综合差异度之间的关系，则有

$$u = a + bi \tag{7-8}$$

该式表示在某种作战任务背景下，装备作战效能、作战适用性等评价项目与完成作战任务目标之间的同异联系数，i 是不确定性系数，在 $[-1,1]$ 之间视装备的作战运用情况取值。其中，同一度 a 与差异度 b 之间的关系是对立统一的关系，在一定条件下可以相互转化，当 i 取正值时，差异度 b 向同一度 a 的方向转化；而当 i 取负值时，则同一度 a 向差异度 b 的方向转化。装备作战效能、作战适用性等评估任务就是找到作战效能、作战适用性的影响因素，千方百计促进前者的转化，使装备作战效能、作战适用性等评价项目尽可能符合作战任务目标的要求。通常情况下，由于各种不确定性因素的制约和影响，我们在对装备作战效能、作战适用性等项目进行评估时，对 i 的取值并不清楚，此时一般取值为 -1。

7.2.3 装备侦察效能的加权同异评估实例

在某次科研摸底试验中,3 种同类型的通信侦察装备对某一地域的通信信号进行侦察识别,以信号侦察概率、信号侦察时间、信号识别概率、信号虚警概率 4 个参数对其侦察效能进行综合评价,试验数据如表 7-1 所列。

表 7-1 3 种通信侦察装备的侦察数据

装备	参数			
	侦察概率	侦察时间/s	识别概率	虚警概率
A	0.88	3.5	0.82	0.25
B	0.92	3.8	0.80	0.30
C	0.90	3.6	0.78	0.20

基于加权的同异评估模型对通信侦察装备的侦察效能进行综合评价,其步骤如下。

步骤 1:确定理想侦察能力集。

分析表 7-1 中数据,其中信号侦察概率、信号识别概率为极大值极性指标,信号侦察时间、信号虚警概率为极小值极性指标。为分析方便,通常以试验数据中最好的值作为理想值,从而得到理想侦察能力集为

$$\boldsymbol{O}=[0.92 \quad 3.5 \quad 0.82 \quad 0.20]$$

步骤 2:确定各能力指标的同一度。

根据 7.2.1 节中公式,得到 3 种同类型通信侦察装备的各能力指标的同一度如表 7-2 所列。

表 7-2 3 种通信侦察装备侦察能力的同一度

装备	参数			
	侦察概率	侦察时间/s	识别概率	虚警概率
A	0.9656	1.0000	1.0000	0.8000
B	1.0000	0.9211	0.9756	0.6667
C	0.9783	0.9722	0.9512	1.0000

步骤 3:确定各能力指标的权重向量。

确定各能力指标的权重有多种方法,如专家确定法、层次分析法、离差最大化法、灰色关联度法、信息熵法等。这里假设采用专家确定法,信号侦察概率、信号侦察时间、信号识别概率、信号虚警概率 4 个参数的权重向量为

$$\boldsymbol{W}=(0.35,0.20,0.30,0.15)$$

步骤 4：确定各装备的综合同一度。

根据 7.2.2 节算法，计算 3 种同类型通信侦察装备的综合同一度分别为

$$a_{\mathrm{A}}=[0.35\quad 0.2\quad 0.3\quad 0.15][0.9656\quad 1\quad 1\quad 0.8]^{\mathrm{T}}=0.9580$$

$$a_{\mathrm{B}}=[0.35\quad 0.2\quad 0.3\quad 0.15][1\quad 0.9211\quad 0.9756\quad 0.6667]^{\mathrm{T}}=0.9629$$

$$a_{\mathrm{C}}=[0.35\quad 0.2\quad 0.3\quad 0.15][0.9783\quad 0.9722\quad 0.9512\quad 1]^{\mathrm{T}}=0.9722$$

步骤 5：确定各装备的综合评价联系数。

本例中 3 种同类型通信侦察装备的综合评价联系数分别为

$$u_{\mathrm{A}}=a_{\mathrm{A}}+b_{\mathrm{A}}i=0.9580+0.042i$$

$$u_{\mathrm{B}}=a_{\mathrm{B}}+b_{\mathrm{B}}i=0.9629+0.0371i$$

$$u_{\mathrm{C}}=a_{\mathrm{C}}+b_{\mathrm{C}}i=0.9722+0.0278i$$

步骤 6：进行装备侦察效能的综合评价。

根据 2.5 节的联系数分析方法，可以对 3 种同类型通信侦察装备的侦察效能进行综合比较、分析，这里不再赘述。该方法不仅可以对单套通信侦察装备的侦察效能进行分析，还可以对多套通信侦察装备的侦察效能进行多角度的比较。

可以看出，基于加权的同异评估模型思路清晰、重点突出，在具体应用过程中，应该注意下面几个问题。一是制定有针对性的评估标准，因为评估标准是评估活动的基本依据，本例中以能力指标的最优值视为最终能力目标。二是对评估指标进行无量纲化处理时，应该注意它们在评估活动中各自不同的属性，本例中涉及极大值极性和极小值极性两种属性。三是在确定各个评估指标的权重时，应当注意定性与定量相结合，使专家经验与客观结果相统一。

7.3 基于评价等级的同异反评估模型及应用

电子装备试验活动中的评价问题一般是多属性、动态系统，很多涉及定性因素，这些因素一般采用等级模型进行描述。本节介绍基于评价等级的同异反评估模型，并通过实例说明其可行性。

7.3.1 基于评价等级的同异反描述思路

用集合 A 表示待评价指标值，集合 B 表示待评价指标标准，则可用 3 元联系数 $u_{A\text{-}B}=a+bi+cj$ 表示集对 $H(A,B)$ 之间的关系，其中 a、b、c 分别表示集合 A 和 B 在某种标准等级下的同一度、差异度和对立度。换句话说，a 表示待评价指标符合

某种标准等级的同一度，b 表示待评价指标距离某种标准等级 1 级的差异度，c 表示待评价指标距离某种标准等级相差 2 级的差异度，则该 3 元联系数可以对应于 3 种评价标准等级。推而广之，针对待评价指标的 k 个评价标准等级，可以建立集对 $H(A,B)$之间的 k 元联系数

$$u_{A\text{-}B} = a + b_1 i_1 + b_2 i_2 + \cdots + b_{k-2} i_{k-2} + cj \tag{7-9}$$

式中：a 为待评价指标值与 k 个评价标准等级中最高等级的同一度；b_1 为待评价指标值与最高等级相差 1 级的差异度；b_2 为待评价指标值与最高等级相差 2 级的差异度；b_{k-2}为待评价指标值与最高等级相差 $k-2$ 级的差异度；c 为待评价指标值与最高等级相差$k-1$级的差异度（即对立度）。

换句话说，式(7-9)中 a 表示待评价指标值属于最高评价标准等级（即 1 级标准）的程度，b_1 表示待评价指标值属于 2 级评价标准的程度，b_2表示待评价指标值属于 3 级评价标准的程度，b_{k-2}表示待评价指标值属于$k-1$级评价标准的程度，c 表示待评价指标值属于 k 级评价标准（即最低评价标准等级）的程度。

7.3.2 基于评价等级的同异反描述模型

对于电子装备试验活动的大多数评价指标，从评价等级的角度看可以分为 2 种情况，一种是对于 k 个评价标准等级，对应有 k 个门限值 $s_1, s_2 \cdots, s_k$，各门限值为对应评价标准等级的中心。如通信装备的通信效果分为 5 个等级，报文抄手正确率 95% 以上为“很好”、报文抄手正确率 85% 左右为“好”、报文抄手正确率 75% 左右为“一般”、报文抄手正确率 65% 左右为“差”、报文抄手正确率 55% 以下为“很差”，借助于模糊隶属度表达方式，其对应关系如图 7-7 所示。

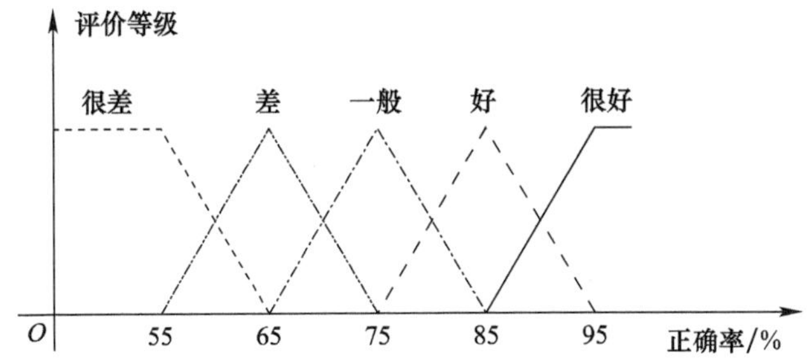

图 7-7 通信效果的评价等级与门限对应关系

基于 7.3.1 节的同异反描述思路，可以依据某评价指标的评价标准等级给出该指标值 x_h 的联系数模型，假设该指标为极小值属性指标，则其联系数模型为

$$u_h=\begin{cases}1+0i_1+0i_2+\cdots+0i_{k-2}+0j & x_h\leqslant s_1\\ \dfrac{s_2-x_h}{s_2-s_1}+\dfrac{x_h-s_1}{s_2-s_1}i_1+0i_2+\cdots+0i_{k-2}+0j & s_1<x_h\leqslant s_2\\ 0+\dfrac{s_3-x_h}{s_3-s_2}i_1+\dfrac{x_h-s_2}{s_3-s_2}i_2+\cdots+0i_{k-2}+0j & s_2<x_h\leqslant s_3\\ \vdots & \\ 0+0i_1+0i_2+\cdots+\dfrac{s_k-x_h}{s_k-s_{k-1}}i_{k-2}+\dfrac{x_h-s_{k-1}}{s_k-s_{k-1}}j & s_{k-1}<x_h\leqslant s_k\\ 0+0i_1+0i_2+\cdots+0i_{k-2}+1j & x_h>s_k\end{cases} \tag{7-10}$$

若以好、一般、差 3 个等级进行评价，则式（7－10）变为

$$u_h=\begin{cases}1+0i+0j & x_h\leqslant s_1\\ \dfrac{s_2-x_h}{s_2-s_1}+\dfrac{x_h-s_1}{s_2-s_1}i+0j & s_1<x_h\leqslant s_2\\ 0+\dfrac{s_3-x_h}{s_3-s_2}i+\dfrac{x_h-s_2}{s_3-s_2}j & s_2<x_h\leqslant s_3\\ 0+0i+1j & x_h>s_3\end{cases} \tag{7-11}$$

假设该指标为极大值属性指标，则其联系数模型为

$$u_h=\begin{cases}1+0i_1+0i_2+\cdots+0i_{k-2}+0j & x_h\geqslant s_1\\ \dfrac{x_h-s_2}{s_1-s_2}+\dfrac{s_1-x_h}{s_1-s_2}i_1+0i_2+\cdots+0i_{k-2}+0j & s_2\leqslant x_h<s_1\\ 0+\dfrac{x_h-s_3}{s_2-s_3}i_1+\dfrac{s_2-x_h}{s_2-s_3}i_2+\cdots+0i_{k-2}+0j & s_3\leqslant x_h<s_2\\ \vdots & \\ 0+0i_1+0i_2+\cdots+\dfrac{x_h-s_k}{s_{k-1}-s_k}i_{k-2}+\dfrac{s_{k-1}-x_h}{s_{k-1}-s_k}j & s_k\leqslant x_h<s_{k-1}\\ 0+0i_1+0i_2+\cdots+0i_{k-2}+1j & x_h<s_k\end{cases} \tag{7-12}$$

若以好、一般、差 3 个等级进行评价，则上式变为

$$u_h=\begin{cases}1+0i+0j & x_h\geqslant s_1\\ \dfrac{x_h-s_2}{s_1-s_2}+\dfrac{s_1-x_h}{s_1-s_2}i+0j & s_2\leqslant x_h<s_1\\ 0+\dfrac{x_h-s_3}{s_2-s_3}i+\dfrac{s_2-x_h}{s_2-s_3}j & s_3\leqslant x_h<s_2\\ 0+0i+1j & x_h<s_3\end{cases} \tag{7-13}$$

另一种是 k 个评价标准等级，对应有 $k-1$ 个门限值 $s_1, s_2, \cdots, s_{k-1}$，各门限值区间内对应一个等级。如装备体系内的装备利用率分为 5 个评价等级，设置 65%、75%、85%、95% 等 4 个门限值，则一般认为装备利用率 95% 以上为“很好”、装备利用率 80% 至 95% 之间为“好”、装备利用率 70% 至 90% 之间为“一般”、装备利用率 65% 至 80% 之间为“差”、装备利用率 65% 以下为“很差”，其对应关系如图 7-8 所示。

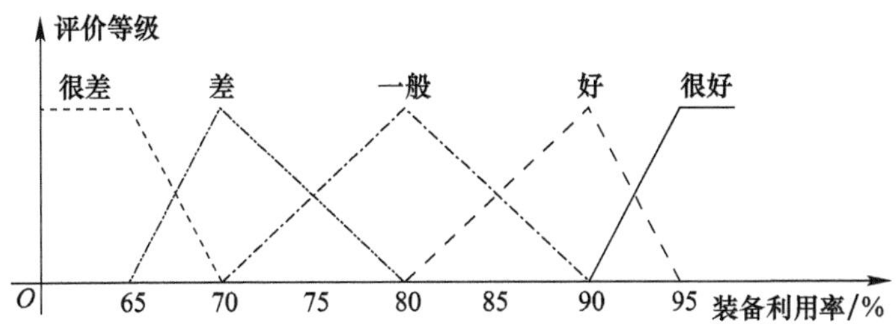

图 7-8　装备利用率的评价等级与门限对应关系

同样地，可以依据某评价指标的评价标准等级给出该情况下指标值 x_h 的联系数模型，假设该指标为极小值属性指标，则其联系数模型为

$$u_h=\begin{cases}1+0i_1+0i_2+\cdots+0i_{k-2}+0j & x_h\leqslant s_1\\ \dfrac{s_1+s_2-2x_h}{s_2-s_1}+\dfrac{2x_h-2s_1}{s_2-s_1}i_1+0i_2+\cdots+0i_{k-2}+0j & s_1<x_h\leqslant\dfrac{s_1+s_2}{2}\\ 0+\dfrac{s_2+s_3-2x_h}{s_3-s_1}i_1+\dfrac{2x_h-s_1-s_2}{s_3-s_1}i_2+\cdots+0i_{k-2}+0j & \dfrac{s_1+s_2}{2}<x_h\leqslant\dfrac{s_2+s_3}{2}\\ \vdots & \\ 0+0i_1+0i_2+\cdots+\dfrac{2s_{k-1}-2x_h}{s_{k-1}-s_{k-2}}i_{k-2}+\dfrac{2x_h-s_{k-2}-s_{k-1}}{s_{k-1}-s_{k-2}}j & \dfrac{s_{k-2}+s_{k-1}}{2}<x_h\leqslant s_{k-1}\\ 0+0i_1+0i_2+\cdots+0i_{k-2}+1j & x_h>s_{k-1}\end{cases}\tag{7-14}$$

若以好、一般、差 3 个等级进行评价，则上式变为

$$u_h=\begin{cases}1+0i+0j & x_h\leqslant s_1\\ \dfrac{s_1+s_2-2x_h}{s_2-s_1}+\dfrac{2x_h-2s_1}{s_2-s_1}i+0j & s_1<x_h\leqslant\dfrac{s_1+s_2}{2}\\ 0+\dfrac{2s_2-2x_h}{s_2-s_1}i+\dfrac{2x_h-s_1-s_2}{s_2-s_1}j & \dfrac{s_1+s_2}{2}<x_h\leqslant s_2\\ 0+0i+1j & x_h>s_2\end{cases}\tag{7-15}$$

假设该指标为极大值属性指标，则其联系数模型为

$$
u_h=\begin{cases}
1+0i_1+0i_2+\cdots+0i_{k-2}+0j & x_h\geqslant s_1\\
\dfrac{2x_h-s_1-s_2}{s_1-s_2}+\dfrac{2s_1-2x_h}{s_1-s_2}i_1+0i_2+\cdots+0i_{k-2}+0j & \dfrac{s_1+s_2}{2}\leqslant x_h<s_1\\
0+\dfrac{2x_h-s_2-s_3}{s_1-s_3}i_1+\dfrac{s_1+s_2-2x_h}{s_1-s_3}i_2+\cdots+0i_{k-2}+0j & \dfrac{s_2+s_3}{2}\leqslant x_h\leqslant\dfrac{s_1+s_2}{2}\\
\qquad\vdots & \\
0+0i_1+0i_2+\cdots+\dfrac{2x_h-2s_{k-1}}{s_{k-2}-s_{k-1}}i_{k-2}+\dfrac{s_{k-2}+s_{k-1}-2x_h}{s_{k-2}-s_{k-1}}j & s_{k-1}\leqslant x_h<\dfrac{s_{k-1}+s_{k-2}}{2}\\
0+0i_1+0i_2+\cdots+0i_{k-2}+1j & x_h<s_{k-1}
\end{cases}
\tag{7-16}
$$

若以好、一般、差 3 个等级进行评价，则上式变为

$$
u_h=\begin{cases}
1+0i+0j & x_h\geqslant s_1\\
\dfrac{2x_h-s_1-s_2}{s_1-s_2}+\dfrac{2s_1-2x_h}{s_1-s_2}i+0j & \dfrac{s_1+s_2}{2}\leqslant x_h<s_1\\
0+\dfrac{2x_h-s_2}{s_1-s_2}i+\dfrac{s_1+s_2-2x_h}{s_1-s_2}j & s_2\leqslant x_h<\dfrac{s_1+s_2}{2}\\
0+0i+1j & x_h<s_2
\end{cases}
\tag{7-17}
$$

7.3.3 基于评价等级的同异反评估模型

假设针对待评价问题建立了层次化评估指标体系，采用 k 个评价标准等级，在得到基于评价标准等级的底层指标联系数模型后，从底层向顶层逐层聚合，聚合过程中考虑该层次指标的权重。假设次顶层共有 n 个指标，第 h 个指标的 k 元联系数

$$
u_h=a_h+b_{h1}i_1+b_{h2}i_2+\cdots+b_{h(k-2)}i_{k-2}+c_hj \tag{7-18}
$$

假设这 n 个指标的权重向量为

$$
\boldsymbol{W}=(w_1,w_2,\cdots,w_n) \tag{7-19}
$$

则最终评价结果的联系数模型为

$$
\begin{aligned}
u &= \sum_{h=1}^{n} w_h u_h\\
&= \sum_{h=1}^{n} w_h a_h+\sum_{h=1}^{n} w_h b_{h1} i_1+\sum_{h=1}^{n} w_h b_{h2} i_2+\cdots+\sum_{h=1}^{n} w_h b_{h(k-2)} i_{k-2}+\sum_{h=1}^{n} w_h c_h j\\
&= f_1+f_2 i_1+\cdots+f_{k-1} i_{k-2}+f_k
\end{aligned}
\tag{7-20}
$$

采用置信度准则

$$
l_m=f_1+f_2+\cdots+f_m>\lambda,\ m=1,2,\cdots,k \tag{7-21}
$$

可判别样本所属的评价标准等级,即样本属于评价标准等级的 m 级。式中 λ 为置信度,一般在[0.5,0.7]内取值。λ 越大,则评价结果越保守、稳妥。该方法避免了差异不确定性系数 $i_1, i_2, \cdots, i_{k-2}$ 的取值问题,大大降低了评价问题的复杂性。

7.3.4 基于效果等级的侦察效能同异反评估实例

在某次鉴定比较试验中,需要比较 3 种同类型通信侦察装备的信号侦察能力。通信侦察装备的信号侦察能力分为 4 个等级,其中 1 级为“强”、2 级为“较强”、3 级为“一般”、4 级为“差”。分析通信侦察装备信号侦察能力的影响因素,建立其侦察效能评估指标体系,以信号侦察距离、侦察概率、侦察时间、识别概率、虚警概率 5 个参数对其侦察效能进行综合评价,试验数据如表 7-3 所列,5 个参数的各自分级标准如表 7-4 所列。

表 7-3 3 种同类型通信侦察装备的试验数据

装备	参数				
	侦察距离/km	侦察概率	侦察时间/s	识别概率	虚警概率
A	33	0.68	2.8	0.63	0.25
B	17	0.84	3.6	0.72	0.18
C	21	0.79	1.3	0.74	0.15

表 7-4 5 个参数的分级标准

分级标准	参数				
	侦察距离/km	侦察概率	侦察时间/s	识别概率	虚警概率
强	40	0.95	1.1	0.90	0.10
较强	30	0.85	2.0	0.80	0.15
一般	25	0.75	3.0	0.70	0.25
差	15	0.60	4.0	0.60	0.30

由表 7-4 可以分别得到侦察距离、侦察概率、侦察时间、识别概率、虚警概率等 5 个参数的联系数确定示意图,如图 7-9 至图 7-13 所示。

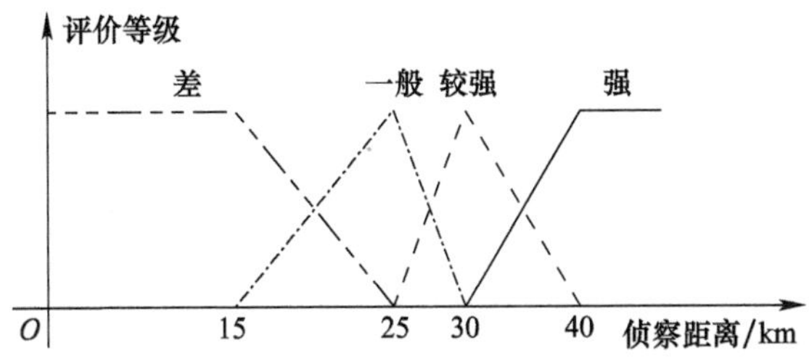

图 7-9 侦察距离的联系数确定示意图

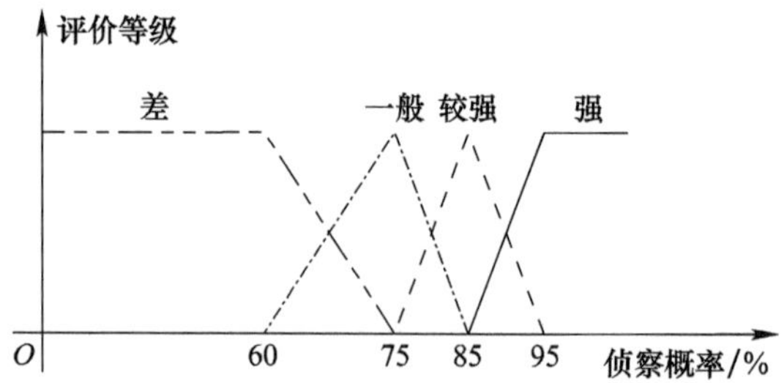

图 7－10　侦察概率的联系数确定示意图

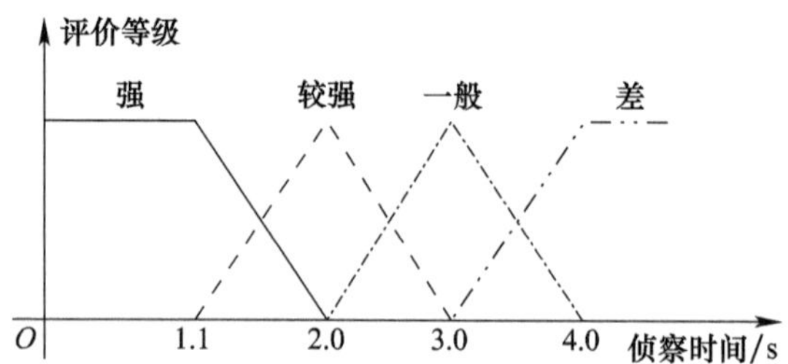

图 7－11　侦察时间的联系数确定示意图

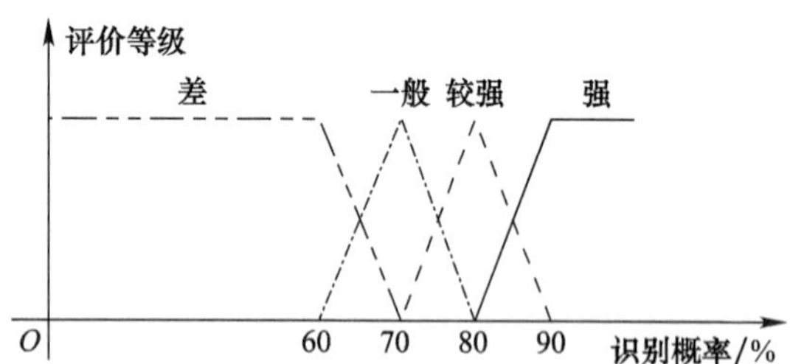

图 7－12　识别概率的联系数确定示意图

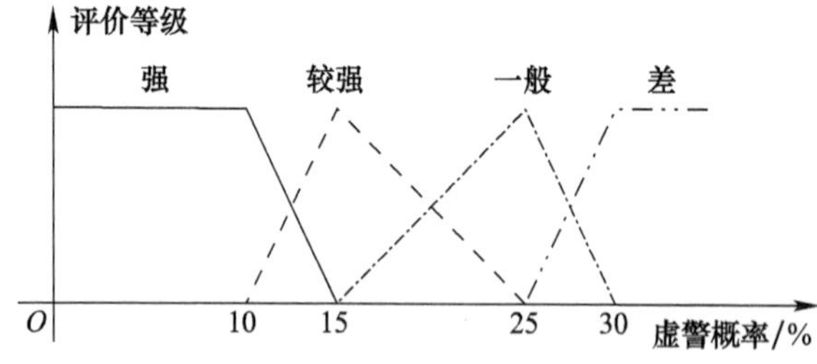

图 7－13　虚警概率的联系数确定示意图

则根据表 7－3 的试验数据,可以得到 3 种同类型通信侦察装备 5 个参数的联系数表达式。

装备 A：

$$u_{A1}=a_{A1}+b_{A11}i_1+b_{A12}i_2+c_{A1}j=0.3+0.7i_1+0i_2+0j$$

$$u_{A2}=a_{A2}+b_{A21}i_1+b_{A22}i_2+c_{A2}j=0+0i_1+0.533i_2+0.467j$$

$$u_{A3}=a_{A3}+b_{A31}i_1+b_{A32}i_2+c_{A3}j=0+0.2i_1+0.8i_2+0j$$

$$u_{A4}=a_{A4}+b_{A41}i_1+b_{A42}i_2+c_{A4}j=0+0i_1+0.3i_2+0.7j$$

$$u_{A5}=a_{A5}+b_{A51}i_1+b_{A52}i_2+c_{A5}j=0+0i_1+0.3i_2+0.7j$$

装备 B：

$$u_{B1}=a_{B1}+b_{B11}i_1+b_{B12}i_2+c_{B1}j=0+0i_1+0.2i_2+0.8j$$

$$u_{B2}=a_{B2}+b_{B21}i_1+b_{B22}i_2+c_{B2}j=0+0.9i_1+0.1i_2+0j$$

$$u_{B3}=a_{B3}+b_{B31}i_1+b_{B32}i_2+c_{B3}j=0+0i_1+0.4i_2+0.6j$$

$$u_{B4}=a_{B4}+b_{B41}i_1+b_{B42}i_2+c_{B4}j=0+0.2i_1+0.8i_2+0j$$

$$u_{B5}=a_{B5}+b_{B51}i_1+b_{B52}i_2+c_{B5}j=0+0.7i_1+0.3i_2+0j$$

装备 C：

$$u_{C1}=a_{C1}+b_{C11}i_1+b_{C12}i_2+c_{C1}j=0+0i_1+0.6i_2+0.4j$$

$$u_{C2}=a_{C2}+b_{C21}i_1+b_{C22}i_2+c_{C2}j=0+0.4i_1+0.6i_2+0j$$

$$u_{C3}=a_{C3}+b_{C31}i_1+b_{C32}i_2+c_{C3}j=0.778+0.222i_1+0i_2+0j$$

$$u_{C4}=a_{C1}+b_{C41}i_1+b_{C42}i_2+c_{C4}j=0+0.4i_1+0.6i_2+0j$$

$$u_{C5}=a_{C1}+b_{C51}i_1+b_{C52}i_2+c_{C5}j=0+1.0i_1+0i_2+0j$$

假设信号侦察距离、侦察概率、侦察时间、识别概率、虚警概率 5 个参数的权重向量为 $\boldsymbol{W}=(0.28,0.25,0.15,0.22,0.10)$，则计算得到 3 种通信侦察装备侦察效能的联系数表达式分别为

$$u_A=a_A+b_{A1}i_1+b_{A2}i_2+c_Aj=0.084+0.226i_1+0.349i_2+0.341j$$

$$u_B=a_B+b_{B1}i_1+b_{B2}i_2+c_Bj=0+0.339i_1+0.347i_2+0.341j$$

$$u_C=a_C+b_{C1}i_1+b_{C2}i_2+c_Cj=0.117+0.321i_1+0.450i_2+0.112j$$

取置信度 $\lambda=0.7$，对于装备 A，有

$$l_{A3}=f_{A1}+f_{A2}+f_{A3}=0.659<\lambda$$

和

$$l_{A3}=f_{A1}+f_{A2}+f_{A3}+f_{A4}>\lambda$$

则装备 A 的侦察效能为 4 级，即“差”等级；同样的原因，装备 B 的侦察效能为 4

级，即“差”等级；而对于装备 C，有

$$l_{C3}=f_{C1}+f_{C2}+f_{C3}=0.888>\lambda$$

故装备 C 的侦察效能为 3 级，即“一般”等级。

7.4 基于同异主值的评估模型及应用

电子装备试验与评估过程中装备战术技术性能和态势信息数据常用区间数的形式描述，这时可以将区间数转换为同异反模型形式，针对相关评估问题求取同异主值评估模型及其幅角，从而可以进行评估结论的不确定性分析，有效地解决试验与评估过程中的区间数多属性评估问题。

7.4.1 基于同异主值的评估模型

设有 m 个评估目标 $S_1,S_2,\cdots,S_m$ 组成目标集 S，第 $k(k=1,2,\cdots,m)$ 个目标记为 S_k；每个目标均有 n 个评估指标，记为 $Q_1,Q_2,\cdots,Q_n$ 组成指标集 Q；各指标在 t 到 $t+\Delta t$ 时刻的传感器显示数据经规范化（无量纲、归一化）处理后采用区间数 $\tilde{P}_{kt}=[P_{kt}^-,P_{kt}^+]$ 表示；各指标的权重 w_t 也用区间数 $\tilde{w}_t=[w_t^-,w_t^+]$ 表示。试评估 t 到 $t+\Delta t$ 时刻 n 个目标中价值最大的目标。

显然，上述问题其实质是一个区间数多目标多属性决策问题，其决策模型采用通用的加权求和模型。为此，若记第 k 个目标价值为 S_k，则有

$$S_k=\sum_{t=1}^{n}\tilde{w}_t\cdot\tilde{P}_{kt} \tag{7-22}$$

该式称为基于联系数的目标价值基本模型。评估显而易见，由于区间数含有不确定性，因此上式是含有不确定性的一个模型。为了能显示出其中的不确定性，并展开具体分析，将其中的区间数转换为 $A+Bi$ 型联系数，转换公式为

$$\tilde{w}_t=[w_t^-,w_t^+]\rightarrow w_t=w_t^-+(w_t^+-w_t^-)i \tag{7-23}$$

同理有

$$\tilde{P}_{kt}=[P_{kt}^-,P_{kt}^+]\rightarrow P_{kt}=P_{kt}^-+(P_{kt}^+-P_{kt}^-)i \tag{7-24}$$

上两式中 $i\in[0,1]$，再将 w_t 与 P_{kt} 改写成三角函数式：

$$w_t=r_{wt}(\cos\theta_{wt}+i\sin\theta_{wt}) \tag{7-25}$$

$$P_{kt}=r_{pkt}(\cos\theta_{pkt}+i\sin\theta_{pkt}) \tag{7-26}$$

将式(7-25)、式(7-26)代入目标价值 S_k 表达式，得

$$
\begin{aligned}
S_k &= \sum_{t=1}^{n} r_{wt}(\cos\theta_{wt} + i\sin\theta_{wt}) r_{pkt}(\cos\theta_{pkt} + i\sin\theta_{pkt}) \\
&= \sum_{t=1}^{n} r_{wt} r_{pkt}(\cos\theta_{wt} + i\sin\theta_{wt})(\cos\theta_{pkt} + i\sin\theta_{pkt})
\end{aligned}
\tag{7-27}
$$

该式称为基于联系数的目标价值一般模型。当$(\cos\theta_{wt} + i\sin\theta_{wt})(\cos\theta_{pkt} + i\sin\theta_{pkt}) = 1$时，上式为

$$
S_k = \sum_{t=1}^{n} r_{wt} r_{pkt} \tag{7-28}
$$

该式称为基于联系数的 n 个目标价值评估主值模型。主值模型中的 r_{wt} 与 r_{pkt} 称为指标权重联系数的“模”和指标值经规范化处理后的联系数“模”，其计算公式为

$$
r_{wt} = \sqrt{(w_t^-)^2 + (w_t^+ - w_t^-)^2} \tag{7-29}
$$

$$
r_{pkt} = \sqrt{(P_{Kt}^-)^2 + (P_{kt}^+ - P_{kt}^-)^2} \tag{7-30}
$$

θ_{wt} 与 θ_{pkt} 分别称为权重联系数的幅角和指标值经规范化处理后所得联系数的幅角，其计算公式为

$$
\theta_{wt} = \arctan \frac{w_t^- - w_t^+}{w_t^-} \tag{7-31}
$$

$$
\theta_{pkt} = \arctan \frac{P_{kt}^- - P_{kt}^+}{P_{kt}^-} \tag{7-32}
$$

应用一般模型时，则需要对 i 作取值计算，$i \in [0,1]$。可取 $i = 0, 0.5, 1$，也可遍历[0,1]区间的 9 个 10 分值小数 0.1,0.2,…,0.9，进行不确定性计算分析，并把计算结果做平均，以便于从数学期望角度作出最终决策。

7.4.2 空袭目标的威胁度评估示例

设有 m 个空袭目标(如战术弹道导弹、大型轰炸机、小型轰炸机、武装直升机、诱饵等)，试评估 t 到 $t+\Delta t$ 时刻 n 个空袭目标中威胁度最大的目标。

设在 t 到 $t+\Delta t$ 时刻，多传感器系统采集到 5 个空袭目标的各指标参数区间数如表 7-5 所列，表中 Q_1 表示目标类型威胁度，Q_2 表示目标飞抵时间(s)，Q_3 表示目标飞行速度(m/s)，Q_4 表示航路捷径(km)，Q_5 表示飞行高度(m)。试选定威胁度最大的目标并给出各空袭目标威胁度的排序。其中各指标的权重由专家概括以往的作战经验给出如下：$w_1 = [0.312, 0.330]$、$w_2 = [0.233, 0.244]$、$w_3 = [0.174,$

0.182]、w_4 = [0.135,0.146]、w_5 = [0.108,0.146]。

表 7-5 空袭目标的属性值

目标	属性				
	Q_1	Q_2	Q_3	Q_4	Q_5
S_1	0.55	[1000,800]	[450,500]	[12,10]	[3000,2500]
S_2	0.92	[160,155]	1500	15	30000
S_3	0.85	[800,700]	[300,320]	[18,16]	[7000,7200]
S_4	0.43	[400,300]	[80,100]	8	[300,350]
S_5	0.04	[755,750]	300	10	6000

步骤 1:规范化处理。

先对表 7-5 中数据作无量纲归一化的规范化处理。容易看出 Q_1 和 Q_3 是值越大威胁越大型属性指标,Q_2、Q_4 和 Q_5 是值越小威胁越大型属性指标。Q_1 可以看作已经是无量纲的规范化数据,有 $0 \leqslant P_{k1} \leqslant 1$;$Q_3$ 属于极大值型指标,其规范化处理公式为

$$P_{k3} = \frac{[P_{kt}^-, P_{kt}^+]}{\max\{P_{k3}\}} = \frac{[P_{kt}^-, P_{kt}^+]}{1500} \tag{7-33}$$

Q_2、Q_4 和 Q_5 属于极小值型指标,其规范化处理公式为

$$P_{kt} = \frac{\min\{P_{kt}\}}{[P_{kt}^-, P_{kt}^+]} \tag{7-34}$$

表 7-5 中数据经过规范处理后得表 7-6。

表 7-6 空袭目标的归一化属性值

目标	属性				
	Q_1	Q_2	Q_3	Q_4	Q_5
S_1	0.55	[0.194,0.155]	[0.300,0.333]	[0.667,0.800]	[0.083,0.1]
S_2	0.92	[0.97,1.00]	1	0.533	0.008
S_3	0.85	[0.221,0.194]	[0.200,0.213]	[0.444,0.500]	[0.035,0.036]
S_4	0.43	[0.388,0.183]	[0.053,0.067]	1	[1.003,0.833]
S_5	0.04	[0.205,0.207]	0.2	0.8	0.042

步骤 2:联系数化。

表 7-5 与表 7-6 中的目标属性值 P_{kt},有的是区间数,但在表述上因限于是 t 到 $t+\Delta t$ 时刻 2 个时刻的传感器读数值,所以不一定满足 $P_{kt}^- < P_{kt}^+$,也允许是 $P_{kt}^- > P_{kt}^+$,但都是区间数,有的也可能是点实数,如 P_{k1}、P_{23} 等。但都可以将其联系数化,从而得到目标属性数据的联系数化表达方式如表 7-7 所列。各指标的权重由专家概

括以往的作战经验给出如下：$w_1=0.312+0.018i$、$w_2=0.233+0.011i$、$w_3=0.174+0.008i$、$w_4=0.135+0.011i$、$w_5=0.108+0.038i$。

表 7-7 空袭目标的联系数

目标	属性				
	Q_1	Q_2	Q_3	Q_4	Q_5
S_1	$0.55+0i$	$0.155+0.039i$	$0.300+0.033i$	$0.667+0.133i$	$0.083+0.017i$
S_2	$0.92+0i$	$0.97+0.03i$	$1+0i$	$0.533+0i$	$0.008+0i$
S_3	$0.85+0i$	$0.194+0.027i$	$0.2+0.013i$	$0.444+0.056i$	$0.035+0.001i$
S_4	$0.43+0i$	$0.183+0.205i$	$0.053+0.014i$	$1+0i$	$0.833+0.017i$
S_5	$0.04+0i$	$0.205+0.02i$	$0.2+0i$	$0.8+0i$	$0.042+0i$

步骤 3：计算各项系数的模。

计算表 7-7 中各项系数的模，如表 7-8 所列。指标权重联系数的“模”分别为 $r_{w1}=0.313$、$r_{w2}=0.233$、$r_{w3}=0.174$、$r_{w4}=0.135$ 和 $r_{w5}=0.114$。

表 7-8 空袭目标联系数的模

目标	属性				
	Q_1	Q_2	Q_3	Q_4	Q_5
S_1	0.55	0.160	0.302	0.680	0.085
S_2	0.92	0.970	1	0.533	0.008
S_3	0.85	0.196	0.200	0.448	0.035
S_4	0.43	0.275	0.055	1	0.833
S_5	0.04	0.205	0.2	0.8	0.042

步骤 4：“主值”计算。

计算空袭目标威胁度评估属性的主值模型值，如表 7-9 所列。

表 7-9 空袭目标联系数的主值

目标	属性					
	$r_{w1}r_{pk1}$	$r_{w2}r_{pk2}$	$r_{w3}r_{pk3}$	$r_{w4}r_{pk4}$	$r_{w5}r_{pk5}$	$\sum_{t=1}^{5} r_{wt}r_{pkt}$
S_1	0.17215	0.03728	0.05255	0.0918	0.00969	0.36347
S_2	0.28796	0.22601	0.174	0.0720	0.00091	0.760837
S_3	0.26605	0.04567	0.0348	0.06005	0.00399	0.41099
S_4	0.13459	0.06408	0.00957	0.135	0.09496	0.43820
S_5	0.01252	0.04777	0.0348	0.108	0.00479	0.20787

由表 7-9 可见，目标 2 的威胁度最大，各目标威胁度从大到小的排序是目标 2 > 目标 4 > 目标 3 > 目标 1 > 目标 5。

步骤5:不确定性分析。

因传感器这类电子设备在实际使用时,其显示的读数存在不确定度。因而对于采集到的数据作不确定性分析是必要的。为此应用上一节中的一般模型即可做不确定性分析。为此,需先计算表7-7中各项系数的幅角,得到其幅角值如表7-10所列。权重联系数的幅角分别为$\theta_{w1}=3.3019$、$\theta_{w2}=2.7029$、$\theta_{w3}=2.6324$、$\theta_{w4}=4.6583$和$\theta_{w5}=19.3845$。

表7-10　空袭目标联系数的幅角

目标	属性				
	Q_1	Q_2	Q_3	Q_4	Q_5
S_1	0	14.1232	6.2773	11.2769	11.5752
S_2	0	1.7715	0	0	0
S_3	0	7.9233	3.7190	701885	1.6366
S_4	0	48.2453	14.7968	0	1.1691
S_5	0	5.5722	0	0	0

当$i=0$、$i=0.5$、$i=1$时,按一般模型的计算结果分别如表7-11、表7-12和表7-13所列。由表7-11、表7-12和表7-13可以看出,在$t+\Delta t$这段时间中,目标威胁程度从大到小的排序稳定,也就是威胁度最大的空袭目标是目标2,最小威胁程度的空袭目标是目标5。

表7-11　$i=0$时的S_k和排序

目标	属性						
	Q_1	Q_2	Q_3	Q_4	Q_5	S_k	排序
S_1	0.1719	0.0361	0.0522	0.0897	0.0090	0.3589	④
S_2	0.2875	0.2257	0.1738	0.0718	0.0009	0.7597	①
S_3	0.2556	0.0452	0.0347	0.0594	0.0038	0.4087	③
S_4	0.1344	0.0426	0.0092	0.1346	0.0896	0.4104	②
S_5	0.0125	0.0475	0.0347	0.1076	0.0045	0.268	⑤

表7-12　$i=0.5$时的S_k和排序

目标	属性						
	Q_1	Q_2	Q_3	Q_4	Q_5	S_k	排序
S_1	0.1722	0.0410	0.0560	0.1009	0.0108		④
S_2	0.2976	0.2341	0.1778	0.0747	0.0010	0.7852	①
S_3	0.2733	0.0491	0.0365	0.0649	0.0044	0.4282	③
S_4	0.1382	0.0653	0.0106	0.1400	0.1056	0.1056	②
S	0.0129	0.0507	0.0356	0.1120	0.0053	0.0053	⑤

表 7-13 $i=1$ 时的 S_k 和排序

目标	属性						
	Q_1	Q_2	Q_3	Q_4	Q_5	S_k	排序
S_1	0.1818	0.0465	0.0600	0.1135	0.0133	0.4151	④
S_2	0.3041	0.2430	0.1818	0.0776	0.0012	0.8077	①
S_3	0.2809	0.0533	0.0385	0.0711	0.0052	0.4490	③
S_4	0.1421	0.0901	0.0120	0.1455	0.1222	0.5119	②
S_5	0.0132	0.0541	0.0364	0.1164	0.0061	0.2262	⑤

本节针对现代防空作战中作战目标的动态变化及多传感器系统采集到的信息具有不确定性的特点,把集对分析联系数及其附带的不确定性分析与技术引入到空袭目标威胁评估中,原理正确、思路清晰、计算方便、分析直观。实际仿真事例结果表明,该方法合理可行,实际使用中有关的指标数据和指标权重既可以是区间数,也可以是不确定数,即使混合存在也并不妨碍计算结果的准确性,因而该新评估技术适用性强。

7.5 通信电台复杂电磁环境适应性的同异反评估

本节以某型号超短波电台为研究对象,研究该通信电台复杂电磁环境适应性的同异反评估,给出了试验数据的联系数表达模型及效应估计与方差分析原理,讨论、分析了基于联系数的超短波通信电台复杂电磁环境适应性性能。以实例验证装备复杂电磁环境适应性同异反评估模型的合理性与正确性。

7.5.1 试验想定设计

某型号超短波通信电台的复杂电磁环境适应性试验与评估的主要目的,考察电台遭受周边电磁环境影响的特点和规律,发现电台自身在电磁环境中存在的弱点,提高其在复杂电磁环境下的可靠性和可用性。本试验的基本作战想定为:开设一个超短波通信专向,依次设置定频、跳频工作方式,熟悉背景信号环境,分别进行话音和数据传输通信。部分实体定频电台、跳频电台、短波/超短波侦察干扰系统、通信信号模拟器、通信干扰信号模拟器、电磁背景信号模拟器以及数据链模拟系统按照总体技术方案要求进行地理位置配置和工作参数设置,产生各类通信信号环境,电波监测设备对信号环境进行实时监测。超短波电台工作于定频方式时,在工作频段范围内分别选取 3 个频率进行试验,选取 5 个不同的频偏设置电磁环境噪声,满足所需的通信距离,在不同的信干比下记录每次试验的话音质量和数据误码率;超短波电台工作于跳频方式时,在工作频段范围内分别选取 3 个频率集进行试验，拦阻式干扰带宽占跳频带宽的比例设置为3种，信干比在2~8dB范围内变化，满足所需的通信距离，在不同的信干比下记录每次试验的话音质量和数据误码率。

超短波电台工作于定频方式时，在工作频段范围内分别选取高、中、低三个频率进行试验；假设试验频率为f_0(MHz)，在频率f_0-2f'(MHz)、f_0-f'(MHz)、f_0(MHz)、f_0+f'(MHz)、f_0+2f'(MHz)处设置复杂电磁环境等效噪声，其中$f'=25$kHz，设置不同大小的等效噪声使得信干比在3~7dB范围内变化；超短波通信电台在不同的信干比下进行试验，在满足犯第一类错误概率为0.05时，在等重复试验模式下每种情况试验4次；在满足不同通信距离水平Dis-1km、Dis-0.5km、Dis(km)、Dis+0.5km、Dis+1km的条件下，记录每次试验的话音质量和数据误码率。上述试验因子及其水平如表7-14所列。

表7-14 超短波电台定频通信试验因子和水平示意表

水平	因子			
	通信频率	噪声的频偏	信干比/dB	通信距离
1	$f_{0低}$	$-2f'$	3	Dis-1km
2	$f_{0中}$	$-f'$	4	Dis-0.5km
3	$f_{0高}$	0	5	Dis(km)
4		f'	6	Dis+0.5km
5		$2f'$	7	Dis+1km

上表中每个因子每个水平需要相互搭配进行试验，需要的试验次数为$3\times5\times5\times5=375$次；再加上需要进行话音通信和数据传输考核，共需要进行750次试验。做这么多的试验，不仅要花费大量的人力、物力，而且所需要的试验时间也会很长，显然完成该任务很困难，也不符合实际。因此可以通过正交设计方法，寻求各种因子和不同水平之间的合理搭配，在不影响对超短波通信电台复杂电磁环境适应性能进行正确评估的前提下，尽可能地减少试验次数。

正交设计的基本思想是：基于正交表从样本空间中挑选具有代表性的样本点进行多因子试验，然后根据试验结果分析各因子不同水平的效应，以此为基础推断任意因子、任意水平搭配条件下装备的战术技术性能。

正交表一般记为$L_m(k^n)$，其中L表示正交表，m表示正交表安排的试验次数，即正交表的行数，n表示运用该正交表可安排的试验因子的个数，即正交表的列数，k表示各因子的水平数。

运用正交表进行超短波通信电台定频方式时的复杂电磁环境适应性试验方案，其步骤为：

① 选择或设计合适的正交表。对超短波通信电台复杂电磁环境适应性结果有影响的因子、因子的水平、因子的交互作用是挑选正交表的重要依据。首先，应

根据因子的水平个数确定相应水平的正交表,如果是混合水平的正交试验设计问题,则应挑选混合型正交表。其次,应根据因子的数目进一步确定到底应选哪个正交表,一般情况下,只要正交表的列数稍大于或等于因子的个数即可,这样既可以安排下全部要考虑的试验因子,又能达到减少试验次数的目的。

本例中的因子数目并不全部相等,此时需要采用混合水平正交表安排试验或者对正交表进行改造后安排试验。本例采用拟水平法对正交表进行改造,拟水平法就是将因子“通信频率”虚拟 2 个水平,使它与其他几个因子的水平数相等。例如,在“通信频率”因子的水平 $f_{0低}$、$f_{0中}$、$f_{0高}$ 中选择两个水平 $f_{0低}$、$f_{0中}$,然后虚拟水平 $f'_{0低}$、$f'_{0中}$,水平 $f'_{0低}$ 与 $f_{0低}$、$f'_{0中}$ 与 $f_{0中}$ 处于同一水平,这样“通信频率”因子形式上就有 5 个水平了,就可以用 $L_{25}(5^4)$ 来安排试验了,正交表 $L_{25}(5^4)$ 如表 7-15 所列。

表 7-15　超短波通信电台定频方式时混合水平正交表 $L_{25}(5^4)$

试验序号	因子(列号)			
	1	2	3	4
1	1	1	2	4
2	2	1	5	5
3	3	1	4	1
4	4	1	1	3
5	5	1	3	2
6	1	2	3	3
7	2	2	2	2
8	3	2	5	4
9	4	2	4	5
10	5	2	1	1
11	1	3	1	5
12	2	3	3	1
13	3	3	2	3
14	4	3	5	2
15	5	3	4	4
16	1	4	4	2
17	2	4	1	4
18	3	4	3	5
19	4	4	2	1
20	5	4	5	3
21	1	5	5	1

续表

试验序号	因子(列号)			
	1	2	3	4
22	2	5	4	3
23	3	5	1	2
24	4	5	3	4
25	5	5	2	5

拟水平法改造的"正交表"不再具有正交性,计算离差平方和不能用空白列法,而采用以下公式:

$$误差平方和 = 总离差平方和 - 各因素离差平方和之和$$

$$误差自由度 = 总自由度(n-1) - 各因素自由度之和$$

② 进行表头设计。在表头设计中,如果各因子的水平数都相同,则试验因子可以随机地分配在正交表中的某一列,并把相应的列号改为因子即可。

③ 按照正交表的试验序号,随机选择进行试验的样本,并按照表中各行对应的试验因子水平安排试验,记录试验结果。

超短波电台工作于跳频方式时,在工作频段范围内分别选取高、中、低三个频率集进行试验;假设跳频带宽为 f_t(MHz),在超短波电台跳频工作频段范围内基于复杂电磁环境等效噪声设置其拦阻干扰频宽分别为 $0.25f_t$(MHz)、$0.3f_t$(MHz)、$0.35f_t$(MHz)、$0.4f_t$(MHz)、$0.45f_t$(MHz),设置不同大小的等效噪声使得信干比在 3~7dB 范围内变化;超短波通信电台在不同的信干比下进行试验,在满足犯第一类错误概率为 0.05 时,在等重复试验模式下每种情况试验 4 次;在满足不同通信距离水平 Dis-1km、Dis-0.5km、Dis(km)、Dis+0.5km、Dis+1km 的条件下,记录每次试验的话音质量和数据误码率。上述试验因子及其水平如表 7-16 所列。

表 7-16 超短波通信电台跳频方式时的试验因子和水平表

水平	因子			
	通信频率集	干扰频宽	信干比/dB	通信距离
1	$[f^-, f^+]_{低}$	$0.25f_t$	3	Dis-1km
2	$[f^-, f^+]_{中}$	$0.3f_t$	4	Dis-0.5km
3	$[f^-, f^+]_{高}$	$0.35f_t$	5	Dis(km)
4		$0.4f_t$	6	Dis+0.5km
5		$0.45f_t$	7	Dis+1km

7.5.2 效应估计与方差分析原理

试验结果的分析主要包括效应估计与方差分析两部分内容,前者是运用得到的少量试验数据外推不同因子不同水平搭配下的装备战术技术性能;后者主要是完成因子的显著性检验,即判断对性能有影响的因子中,哪些因子的影响是显著的,以确定因子各水平的最佳组合,并可以完成试验误差的估计。

正交试验结果分析的前提条件是假设给定不同因子诸水平的搭配组合条件下的试验结果是来自正态分布的样本,试验结果相互独立,且试验结果的期望值可能不同,但是方差相同。在该假设条件下,所得的 N 个试验结果 $y_1,y_2,\cdots,y_N$ 是 N 个相互独立的正态变量,期望和方差分别为

$$E(y_j)=u_j,\quad D(y_j)=\sigma^2,\quad j=1,2,\cdots,N \tag{7-35}$$

因子效应估计的步骤是:

① 把每个因子第 $i(i=1,2,\cdots,k)$ 水平所对应的试验结果分别相加,求出每个水平下的总和,用 $T_i(i=1,2,\cdots,k)$ 表示。并在正交表中增加相应的行表示,如表 7-17所列。

② 计算不同因子各水平的试验结果的平均值,即用 $T_1,T_2,\cdots,T_k$ 分别除以各水平下的试验次数,记为 $\bar{T}_i(i=1,2,\cdots,k)$,称为因子在 i 水平下指标的平均估计。并在正交表中增加相应的行表示,如表 7-17 所列。

③ 计算极差 R,它是 $\bar{T}_i(i=1,2,\cdots,k)$ 各列中数据的极差,即最大数减去最小数。并在正交表中增加相应的行表示,如表 7-17 所列。

经过这 3 个步骤后,可以进行试验结果的直观分析。从试验结果分析表中可以直接看出比较好的试验因子组合;$\bar{T}_i(i=1,2,\cdots,k)$ 表示各因子每一水平下的平均试验结果,从理论上可以得到各因子平均试验结果最好的水平组合的方案;从极差 R 的大小,可以看出各因子对试验结果的影响大小,极差越大,说明该因子对试验结果的影响越大。进一步可以画出各因子对试验结果的影响趋势图。

表 7-17 正交试验结果分析示意表

项目	因子(列号)				试验结果
	1	2	3	4	
1	1	1	2	4	…
2	2	1	5	5	…
…	…	…	…	…	…
24	4	5	3	4	…
25	5	5	2	5	…
T_1	…	…	…	…	…
…	…	…	…	…	…

续表

项目	因子(列号)				试验结果
	1	2	3	4	
T_5	…	…	…	…	
$\bar{T}_1$	…	…	…	…	
…	…	…	…	…	
$\bar{T}_5$	…	…	…	…	
R	…	…	…	…	
$\bar{\bar{T}}_1$	…	…	…	…	
…	…	…	…	…	
$\bar{\bar{T}}_5$	…	…	…	…	
S^2(离差平方和)	…	…	…	…	…
f(自由度)	…	…	…	…	
F 比	…	…	…		

④ 计算试验结果的总平均值,即

$$\hat{u} = \frac{1}{N}\sum_{j=1}^{N} y_j \tag{7-36}$$

⑤ 计算不同因子不同水平的效应的估计,即 $\bar{\bar{T}}_i = \bar{T}_j - \hat{u}$。并在正交表中增加相应的行表示,如表 7-17 所示。于是,对于任意因子任意水平的组合都可以进行性能的估计。

对正交试验结果进行方差分析的具体步骤是:

① 计算各列的离差平方和及其自由度,如第 i 列的离差平方和 S_i^2 及其自由度 f_i 分别为

$$S_i^2 = \sum_{j=1}^{K} r(\bar{T}_j - \hat{u})^2,\ f_i = k - 1 \tag{7-37}$$

式中:r 为各水平的重复试验次数;i 为正交表列号;$\bar{T}_j$ 为第 i 个因子在水平 $j(j=1, 2,\cdots,k)$ 的试验结果的平均值。

并在正交表中增加相应的行表示,如表 7-17 所列。

② 计算总平方和

$$S_T^2 = \sum_{j=1}^{N} (y_j - \hat{u})^2 \tag{7-38}$$

③ 确定误差平方和。误差平方和由诸空白列的平方和与若干相对小的列平方和(因为不可能所有因子对战术技术性能的影响都是显著的,而平方和较小的

列属于影响不显著的列,所以可将其归为试验误差)组成,记为 S_{e1}^2,其自由度为相应列的自由度之和,记为 f_{e1}。

④ 方差分析。计算 F 检验比,在给定的检验水平 α 下,确定拒绝域。其中 F 检验比为

$$F_i = \frac{S_i^2/f_i}{S_{e1}^2/f_{e1}} \tag{7-39}$$

拒绝域为

$$W = \{F_i > F_{1-\alpha}(f_i, f_{e1})\} \tag{7-40}$$

式中:$F_{1-\alpha}(f_i, f_{e1})$为 F 分布 $F(f_i, f_{e1})$的 $1-\alpha$ 分位数。

该拒绝域的含义是,若 $F_i \in W$,则表明因子 i 不同水平的变化对试验结果有显著影响,否则表明因子 i 的变化对试验结果无显著影响,并且 F_i 越大,说明该因子的显著性越强。

⑤ 根据方差分析结果确定显著性因子,然后按显著性因子的水平和效应确定最佳水平搭配。

结合误差平方和 S_{e1}^2 和平方和的自由度 f_{e1},可得 σ^2 的估计为

$$\sigma^2 = \frac{S_{e1}^2}{f_{e1}} \tag{7-41}$$

7.5.3 试验结果的同异反表示

以超短波通信电台复杂电磁环境下双方话音通信的单字清晰度试验结果为对象进行讨论。此时,超短波通信电台双方话音通信的单字清晰度指标等同于适应性评估指标体系中的报文接收正确率。

超短波电台进行定频通信,分别在 38.825MHz、52.375MHz、78.125MHz 三个频率点进行试验;在每个通信频率下,在与通信频率的频偏为 -0.05MHz、-0.025MHz、0MHz、0.025MHz 和 0.05MHz 处设置复杂电磁环境等效噪声,调节等效噪声大小使得信干比在 3~7dB 范围内变化;通信距离水平分别为 7km、7.5km、8km、8.5km、9km。试验因子及其水平如表 7-18 所列,在不同因子的组合下进行正交试验,记录超短波通信电台每次试验的话音单字。

表 7-18 超短波电台单字话音定频通信试验因子和水平表

水平	因子			
	通信频率/MHz	噪声的频偏/MHz	信干比/dB	通信距离/km
1	38.825	-0.05	3	7
2	52.375	-0.025	4	7.5

续表

水平	因子			
	通信频率/MHz	噪声的频偏/MHz	信干比/dB	通信距离/km
3	78.125	0	5	8
4		0.025	6	8.5
5		0.05	7	9

假设每次超短波通信电台复杂电磁环境下双方话音通信中单字为 m 个，第 k 组因子组合下第 h 次试验中全部正确的单字为 m_{kh}^{a} 个，完全错误的单字为 m_{kh}^{c} 个，则既不全部正确又不完全错误的单字（如音同字不同等）为 $m-m_{kh}^{a}-m_{kh}^{c}$ 个，则有第 k 组因子组合下第 h 次试验中单字清晰度的数学描述为

$$u_{kh}=\frac{m_{kh}^{a}}{m}+\left(1-\frac{m_{kh}^{a}}{m}-\frac{m_{kh}^{c}}{m}\right)i+\frac{m_{kh}^{c}}{m}j \tag{7-42}$$

假设第 k 组因子组合共试验 n 次，则有 2 种方法求得第 k 组因子组合试验中单字清晰度的数学描述：一是基于期望的思想，其数学描述为

$$u_{k}=\frac{\sum_{h=1}^{n}m_{kh}^{a}}{mn}+\left(1-\frac{\sum_{h=1}^{n}m_{kh}^{a}}{mn}-\frac{\sum_{h=1}^{n}m_{kh}^{c}}{mn}\right)i+\frac{\sum_{h=1}^{n}m_{kh}^{c}}{mn}j \tag{7-43}$$

二是基于从严考核的思想，其数学描述为

$$u_{k}=\frac{\min\{m_{kh}^{a}\}}{mn}+\left(1-\frac{\min\{m_{kh}^{a}\}}{m}-\frac{\max\{m_{kh}^{c}\}}{m}\right)i+\frac{\max\{m_{kh}^{c}\}}{m}j \tag{7-44}$$

式中：$h=1,2,\cdots,n$。

基于正交表 $L_{25}(5^{4})$ 安排试验，对每组因子组合试验结果以联系数的形式进行描述，试验结果如表 7-19 所列。

表 7-19　超短波通信电台定频正交试验结果分析表

项目	因子（列号）				试验结果
	1	2	3	4	
1	1	1	2	4	$0.15+0.80j$
2	2	1	5	5	$0.55+0.38j$
3	3	1	4	1	$0.87+0.08j$
4	4	1	1	3	$0.09+0.86j$
5	5	1	3	2	$0.24+0.71j$
6	1	2	3	3	$0.23+0.72j$
7	2	2	2	2	$0.17+0.78j$

续表

项目	因子(列号)				试验结果
	1	2	3	4	
8	3	2	5	4	0. 66 +0. 28j
9	4	2	4	5	0. 53 +0. 42j
10	5	2	1	1	0. 11 +0. 84j
11	1	3	1	5	0. 07 +0. 87j
12	2	3	3	1	0. 25 +0. 71j
13	3	3	2	3	0. 16 +0. 78j
14	4	3	5	2	0. 91 +0. 04j
15	5	3	4	4	0. 64 +0. 31j
16	1	4	4	2	0. 86 +0. 10j
17	2	4	1	4	0. 08 +0. 87j
18	3	4	3	5	0. 21 +0. 73j
19	4	4	2	1	0. 18 +0. 77j
20	5	4	5	3	0. 89 +0. 05j
21	1	5	5	1	0. 93 +0. 02j
22	2	5	4	3	0. 85 +0. 10j
23	3	5	1	2	0. 10 +0. 86j
24	4	5	3	4	0. 22 +0. 74j
25	5	5	2	5	0. 14 +0. 79j
T_1	2. 24 +2. 51j	1. 90 +2. 83j	0. 45 +4. 30j	2. 34 +2. 42j	
T_2	1. 90 +2. 84j	1. 70 +3. 04j	0. 80 +3. 92j	2. 28 +2. 49j	
T_3	2. 00 +2. 73j	2. 03 +2. 71j	1. 15 +3. 61j	2. 22 +2. 51j	
T_4	1. 93 +2. 83j	2. 22 +2. 52j	3. 75 +1. 01j	1. 75 +3. 00j	
T_5	2. 02 +2. 70j	2. 24 +2. 51j	3. 94 +0. 77j	1. 50 +3. 19j	
$\overline{T}_1$	0. 45 +0. 50j	0. 38 +0. 57j	0. 09 +0. 86j	0. 47 +0. 48j	
$\overline{T}_2$	0. 38 +0. 57j	0. 34 +0. 61j	0. 16 +0. 78j	0. 46 +0. 50j	
$\overline{T}_3$	0. 40 +0. 55j	0. 41 +0. 54j	0. 23 +0. 72j	0. 44 +0. 50j	
$\overline{T}_4$	0. 39 +0. 57j	0. 44 +0. 50j	0. 75 +0. 20j	0. 35 +0. 60j	
$\overline{T}_5$	0. 40 +0. 54j	0. 45 +0. 50j	0. 79 +0. 15j	0. 30 +0. 64j	
R	0. 07 −0. 03j	0. 11 −0. 11j	0. 70 −0. 71j	0. 17 −0. 16j	
$\overline{\overline{T}}_1$	0. 0444 −0. 0424j	−0. 0236 +0. 0216j	−0. 3136 +0. 3156j	0. 0644 −0. 0604j	

续表

项目	因子(列号)				试验结果
	1	2	3	4	
$\overline{\overline{T}}_2$	$-0.0236+0.0236j$	$-0.0636+0.0636j$	$-0.2436+0.2396j$	$0.0524-0.0464j$	
$\overline{\overline{T}}_3$	$-0.0036+0.0016j$	$0.0024-0.0024j$	$-0.1736+0.1776j$	$-0.0404+0.0424j$	
$\overline{\overline{T}}_4$	$-0.0176+0.0216j$	$0.0404-0.0404j$	$0.3464-0.3424j$	$-0.0536+0.0556j$	
$\overline{\overline{T}}_5$	$0.0004-0.0044j$	$0.0444-0.0424j$	$0.3844-0.3904j$	$-0.1036+0.0936j$	
S^2	$0.014256+0.014216j$	$0.041056+0.039736j$	$2.277896+2.291016j$	$0.110656+0.097256j$	
f	4	4	4	4	
F	0.54296	1.56368	86.75716	4.21450	

需要说明的是,为了计算方便,表中以联系数 $a+cj$ 的形式代替了联系数 $a+bi+cj$,因为有 $a+b+c=1$,所以不会影响试验结果的分析。

求得总离差平方和为

$$S_T^2 = \sum_{j=1}^{N}(y_j-\hat{u})^2 = 2.496376+2.496416j$$

因素的离差平方和为

$$\begin{aligned}S_F^2 &= 0.014256+0.014216j+0.041056+0.039736j+\\&\quad 2.277896+2.291016j+0.110656+0.097256j\\&=2.443864+2.442224j\end{aligned}$$

则有误差平方和为

$$\begin{aligned}S_E^2 &= S_T^2-S_F^2=2.496376+2.496416j-2.443864-2.442224j\\&=0.052512+0.054192j\end{aligned}$$

误差自由度为

$$f_E=(25-1)-(4+4+4+4)=8$$

于是可以求得 F 检验比,计算结果如表 7-19 所列。

7.5.4 试验结果的效应估计与方差分析

7.5.4.1 直接分析法

由表 7-19 可以直接看出下述结果:

(1) 第 21 次的试验,即试验条件为通信频率 38.825MHz、噪声的频偏

0.5MHz、信干比 7dB、通信距离 7km 时，试验结果最好，超短波通信电台复杂电磁环境下双方话音通信单字质量为 $0.93+0.02j$。

（2）表中 T_1、T_2、T_3、T_4 和 T_5 这 5 行数据分别是各因素同一水平结果之和。例如，T_1 行“通信频率”因素列的数据 $2.24+2.51j$ 是该因素 5 个 1 水平试验值的和，而该因素 5 个 1 水平分别在第 1、6、11、16、21 号试验，所以有

$$
\begin{aligned}
T_{11} &= y_1 + y_6 + y_{11} + y_{16} + y_{21} \\
&= 0.15 + 0.80j + 0.23 + 0.72j + 0.07 + 0.87j + 0.86 + 0.10j + 0.93 + 0.02j \\
&= 2.24 + 2.51j
\end{aligned}
$$

其他因素各水平的求和数据计算方式与上述方式相似。

然后对 T_1、T_2、T_3、T_4 和 T_5 这 5 行数据分别除以 5，得到 5 行新的数据 $\bar{T}_1$、$\bar{T}_2$、$\bar{T}_3$、$\bar{T}_4$和 $\bar{T}_5$，表示各因素在每一水平下的话音单字通信平均质量。例如，$\bar{T}_1$行“通信频率”因素列的数据为 $0.45+0.50j$，表示超短波通信电台复杂电磁环境下双方单字话音通信在“通信频率”因素水平 1 的情况下单字平均质量为 $0.45+0.50j$。

这时基于 $\bar{T}_1$、$\bar{T}_2$、$\bar{T}_3$、$\bar{T}_4$和 $\bar{T}_5$这 5 行数据，可以从理论上计算出超短波通信电台复杂电磁环境下双方话音通信时单字平均质量最优的试验因子组合为“通信频率”因子水平 1、“噪声的频偏”因子水平 5、“信干比”因子水平 5、“通信距离”因子水平 1。

（3）表中的极差数据 R 用来确定各因子的重要程度。极差数据 R 是表中 $\bar{T}_1$、$\bar{T}_2$、$\bar{T}_3$、$\bar{T}_4$和 $\bar{T}_5$这 5 行数据的极差，即最大数减去最小数得到的。例如，对于“通信频率”因子的极差，有

$$
R_1 = 0.45 + 0.50j - (0.38 + 0.57j) = 0.07 - 0.07j
$$

由表中数据可以看到，“信干比”因子的极差 $0.70-0.71j$ 最大，表明“信干比”因子对超短波通信电台复杂电磁环境下双方话音通信单字质量的影响最大；“通信频率”因子的极差 $0.70-0.71j$ 最小，表明“通信频率”因子对超短波通信电台复杂电磁环境下双方话音通信单字质量的影响不大；“噪声的频偏”因子的极差 $0.11-0.11j$ 和“通信距离”因子的极差 $0.17-0.16j$ 居中，表明该两个因子对超短波通信电台复杂电磁环境下双方话音通信单字质量有一定的影响，但是影响程度不大。

（4）进一步可以画出“通信频率”因子、“噪声的频偏”因子、“信干比”因子、“通信距离”因子对超短波通信电台复杂电磁环境下双方话音通信单字质量的影响趋势图，如图 7－14、图 7－15、图 7－16 和图 7－17 所示。

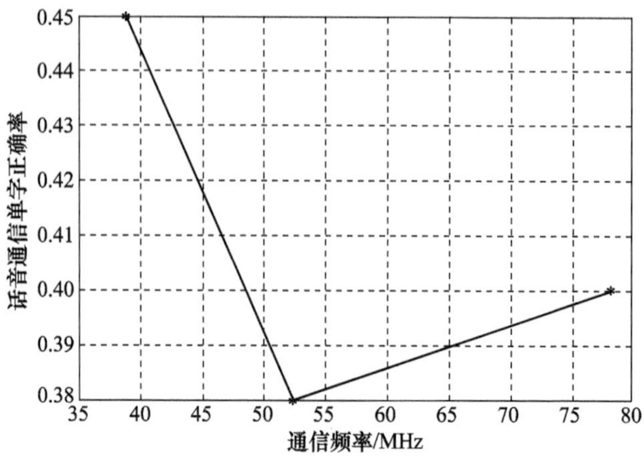

图 7－14 “通信频率”因子对话音通信单字质量的影响趋势

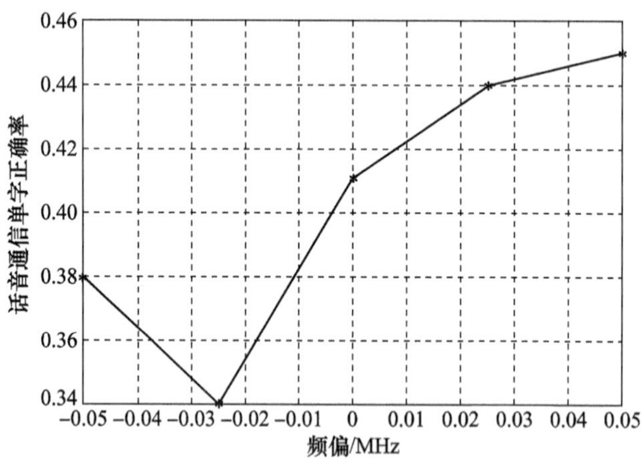

图 7－15 “噪声的频偏”因子对话音通信单字质量的影响趋势

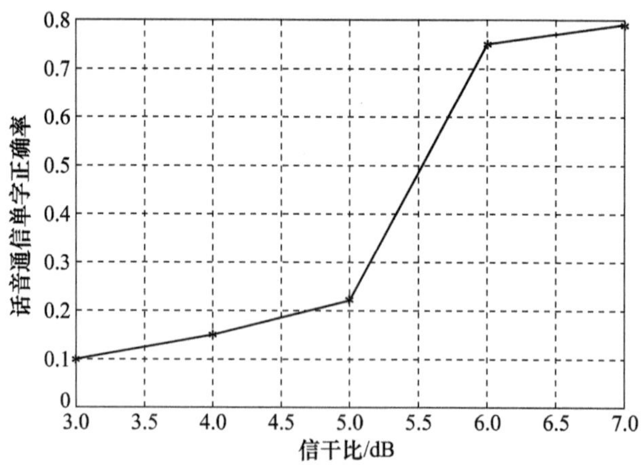

图 7－16 “信干比”因子对话音通信单字质量的影响趋势

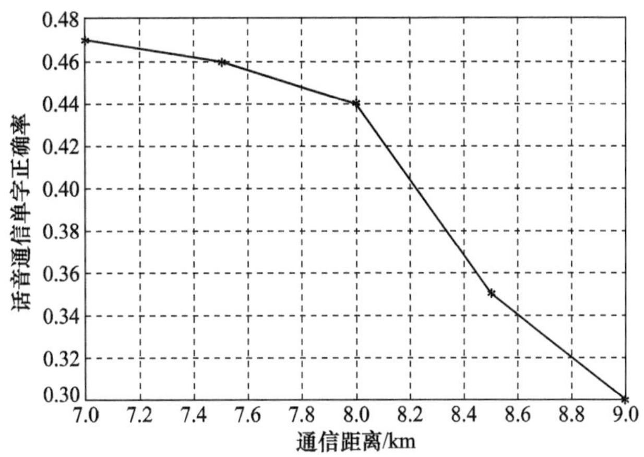

图 7-17 “通信距离”因子对话音通信单字质量的影响趋势

从图中可以看出,“信干比”越大、“通信距离”越小,超短波通信电台复杂电磁环境下双方话音通信单字质量越好,但是“信干比”越大会加大电磁泄漏的风险,给试验安全带来隐患,通信距离太小,又不满足超短波通信电台的战术使用要求。另外,从这 4 幅图的对比中至少可以得出一个结论,电磁环境因素对超短波通信电台话音通信单字质量的影响是极其复杂的。而且本专著假设了这些试验因子之间是相互独立的,实际上这些因子之间的交互作用也很复杂,需要更进一步的深入研究。

7.5.4.2 *方差分析法*

由上述计算有 $f_i(i=1,2,3,4)=4$、$f_E=8$,当 $\alpha=0.05$ 时由 F 分布临界值表查得

$$F_{1-0.05}(4,8)=3.84$$

由表 7-19 可以看出,“信干比”试验因子的 F 检验比

$$F_3=86.75716>F_{1-0.05}(4,8)$$

表明“信干比”试验因子对超短波通信电台复杂电磁环境下双方话音通信单字质量影响的显著性很强。

“通信距离”试验因子的 F 检验比

$$F_4=4.21450>F_{1-0.05}(4,8)$$

表明“通信距离”试验因子对超短波通信电台复杂电磁环境下双方话音通信单字质量有显著性影响。

而“通信频率”因子和“噪声的频偏”因子的 F 比均小于 $F_{1-0.05}(4,8)$,表明这

两个试验因子对超短波通信电台复杂电磁环境下双方话音通信单字质量无显著性影响。

7.5.4.3 通信质量的区间估计

由误差平方和 S_E^2 和平方和的自由度 f_E，可得 σ^2 的估计为

$$\sigma^2 = \frac{S_E^2}{f_E} = 0.006564 + 0.006774j$$

对试验结果的确定性部分进行区间估计，则有

$$\sigma^2 = \sqrt{\frac{S_E^2}{f_E}} = 0.081019$$

在不同试验因子组合条件下，对于给定的 $\alpha(0 < \alpha < 1)$，可以构造出通信质量的置信水平为 $1-\alpha$ 的置信区间。根据表 7－19 中数据，将 y 表示成试验结果 $y_i(i = 1,2,\cdots,25)$ 的线性函数，即有

$$y = \sum_{h=1}^{25} c_h y_h$$

由于前面已经假设 $y_h \sim N(u_h, \sigma^2)$，所以有

$$y \sim N\left(\sum_{h=1}^{25} c_h y_h, \sum_{h=1}^{25} c_h^2 \sigma^2\right)$$

并有

$$\sum_{h=1}^{25} c_h \hat{u}_h = \hat{y}$$

由统计理论可知

$$\frac{S_E^2}{\sigma^2} \sim \chi^2(f_E)$$

则有

$$\frac{y - \hat{y}}{\sqrt{\sum_{h=1}^{25} c_h^2 \sigma^2}} \Bigg/ \sqrt{\frac{S_E^2}{\sigma^2 f_E}} = \frac{y - \hat{y}}{\sqrt{\sum_{h=1}^{25} c_h^2}} \Bigg/ \sqrt{\frac{S_E^2}{f_E}} \sim t(f_E)$$

式中：$t(f_E)$ 为自由度为 f_E 的 t 分布。

定义

$$n_E = \left(\sum_{h=1}^{25} c_h^2\right)^{-1}$$

可得 y 的置信水平为 $1-\alpha$ 的置信区间为

$$\left[\hat{y}-\frac{t_{1-\alpha/2}(f_E)\hat{\sigma}}{\sqrt{n_E}},\hat{y}+\frac{t_{1-\alpha/2}(f_E)\hat{\sigma}}{\sqrt{n_E}}\right]$$

如在本实例中,对于"通信频率"因子水平1、"噪声的频偏"因子水平3、"信干比"因子水平5、"通信距离"因子水平1组合,正交表中未安排试验,可以基于上述方法进行通信质量的区间估计。有单字正确率

$$\begin{aligned}\hat{y}&=\hat{u}+\hat{a}_1+\hat{b}_3+\hat{c}_5+\hat{d}_1\\&=0.4026+0.0444+0.0024+0.3844+0.644\\&=0.8982\end{aligned}$$

式中:$\hat{a}_1$为"通信频率"因子对应的单字正确率效应估计 $\overline{\overline{T}}_1$;$\hat{b}_3$为"噪声的频偏"因子对应的单字正确率效应估计 $\overline{\overline{T}}_3$;$\hat{c}_5$为"信干比"因子对应的单字正确率效应估计 $\overline{\overline{T}}_5$;$\hat{d}_1$为"通信距离"因子对应的单字正确率效应估计 $\overline{\overline{T}}_1$。

同时又有

$$\begin{aligned}\hat{y}&=\hat{u}+\hat{a}_1+\hat{b}_3+\hat{c}_5+\hat{d}_1\\&=\bar{A}_1+\bar{B}_3+\bar{C}_5+\bar{D}_1-3\hat{u}\end{aligned}$$

式中:$\bar{A}_1$为"通信频率"因子在水平1下的单字正确率均值;$\bar{B}_3$为"噪声的频偏"因子在水平3下的单字正确率均值;$\bar{C}_5$为"信干比"因子在水平5下的单字正确率均值;$\bar{D}_1$为"通信距离"在水平1下的单字正确率均值。

进一步有

$$\begin{aligned}\hat{y}&=\bar{A}_1+\bar{B}_3+\bar{C}_5+\bar{D}_1-3\hat{u}\\&=\frac{1}{5}(y_1+y_6+y_{11}+y_{16}+y_{21})+\frac{1}{5}(y_{11}+y_{12}+y_{13}+y_{14}+y_{15})+\\&\quad\frac{1}{5}(y_2+y_8+y_{14}+y_{20}+y_{21})+\frac{1}{5}(y_3+y_{10}+y_{12}+y_{19}+y_{21})-\\&\quad\frac{3}{25}(y_1+y_2+y_3+y_4+y_5+y_6+y_7+y_8+y_9+y_{10}+y_{11}+y_{12}+y_{13}+y_{14}+\\&\quad y_{15}+y_{16}+y_{17}+y_{18}+y_{19}+y_{20}+y_{21}+y_{22}+y_{23}+y_{24}+y_{25})\\&=\frac{2}{25}y_1+\frac{2}{25}y_2+\frac{2}{25}y_3-\frac{3}{25}y_4-\frac{3}{25}y_5+\frac{2}{25}y_6-\frac{3}{25}y_7+\frac{2}{25}y_8-\frac{3}{25}y_9+\frac{2}{25}y_{10}+\end{aligned}$$

$$\frac{7}{25}y_{11}+\frac{7}{25}y_{12}+\frac{2}{25}y_{13}+\frac{7}{25}y_{14}+\frac{2}{25}y_{15}+\frac{2}{25}y_{16}-\frac{3}{25}y_{17}-\frac{3}{25}y_{18}+\frac{2}{25}y_{19}+\frac{2}{25}y_{20}+$$

$$\frac{12}{25}y_{21}-\frac{3}{25}y_{22}-\frac{3}{25}y_{23}-\frac{3}{25}y_{24}-\frac{3}{25}y_{25}$$

于是可得

$$n_E=\left(11\times\left(\frac{2}{25}\right)^2+10\times\left(\frac{3}{25}\right)^2+3\times\left(\frac{7}{25}\right)^2+\left(\frac{12}{25}\right)^2\right)^{-1}=1.470588$$

则当 $\alpha=0.05$ 时,查 t 分布临界值表得 $t_{1-\alpha/2}(f_E)=1.860$,进而可求得

$$\frac{t_{1-\alpha/2}(f_E)\hat{\sigma}}{\sqrt{n_E}}=\frac{1.860\times0.081019}{\sqrt{1.470588}}=0.1243$$

于是求得试验因子水平分别为 1、3、5、1 组合下置信水平为 0.95 的通信单字正确率的区间估计为

$$\left[\hat{y}-\frac{t_{1-\alpha/2}(f_E)\hat{\sigma}}{\sqrt{n_E}},\hat{y}+\frac{t_{1-\alpha/2}(f_E)\hat{\sigma}}{\sqrt{n_E}}\right]=[0.8982-0.1243,0.8982+0.1243]$$

$$\approx[0.7739,1]$$

7.5.5 适应性的同异反评估结果

上述试验因子水平分别为 1、3、5、1 组合下,有单字完全错误率为

$$\begin{aligned}\hat{y}_1'&=\hat{u}+\hat{a}_1'+\hat{b}_3'+\hat{c}_5'+\hat{d}_1'\\&=0.5444-0.0424-0.0024-0.3904-0.0604\\&=0.0488\end{aligned}$$

式中:$\hat{a}_1'$为“通信频率”因子对应的单字完全错误率效应估计 $\bar{\bar{T}}_1$;$\hat{b}_3'$为“噪声的频偏”因子对应的单字完全错误率效应估计 $\bar{\bar{T}}_3$;$\hat{c}_5'$为“信干比”因子对应的单字完全错误率效应估计 $\bar{\bar{T}}_5$;$\hat{d}_1'$为“通信距离”因子对应的单字完全错误率效应估计 $\bar{\bar{T}}_1$。

同上可得

$$\begin{aligned}n_E&=\left(11\times\left(\frac{2}{25}\right)^2+10\times\left(\frac{3}{25}\right)^2+3\times\left(\frac{7}{25}\right)^2+\left(\frac{12}{25}\right)^2\right)^{-1}\\&=1.470588\end{aligned}$$

另有

$$\hat{\sigma}' = \sqrt{\frac{S_E^2}{f_E}} = \sqrt{\frac{0.054192}{8}} = 0.0823043$$

则当 $\alpha = 0.05$ 时，查 t 分布临界值表得 $t_{1-\alpha/2}(f_E) = 1.860$，进而可求得

$$\frac{t_{1-\alpha/2}(f_E)\hat{\sigma}'}{\sqrt{n_E}} = \frac{1.860 \times 0.0823043}{\sqrt{1.470588}} = 0.12624$$

于是求得试验因子水平分别为1、3、5、1组合下置信水平为0.95的通信单字完全错误的区间估计为

$$\left[\hat{y}_1' - \frac{t_{1-\alpha/2}(f_E)\hat{\sigma}'}{\sqrt{n_E}}, \hat{y}_1' + \frac{t_{1-\alpha/2}(f_E)\hat{\sigma}'}{\sqrt{n_E}}\right] = [0.0488 - 0.12624, 0.0488 + 0.12624]$$

$$\approx [0, 0.175]$$

于是求得试验因子水平分别为1、3、5、1组合下置信水平为0.95时基于联系数的通信单字质量为$[0.7739, 1] + [0, 0.175]j$。

对于"通信频率"因子水平1、"噪声的频偏"因子水平3、"信干比"因子水平4、"通信距离"因子水平1组合，有单字正确率

$$\begin{aligned}\hat{y}_2 &= \hat{u} + \hat{a}_1 + \hat{b}_3 + \hat{c}_4 + \hat{d}_1 \\ &= 0.4026 + 0.0444 + 0.0024 + 0.3464 + 0.0644 \\ &= 0.8604\end{aligned}$$

可求得置信水平为0.95的通信单字正确率的区间估计为

$$\left[\hat{y}_2 - \frac{t_{1-\alpha/2}(f_E)\hat{\sigma}}{\sqrt{n_E}}, \hat{y}_2 + \frac{t_{1-\alpha/2}(f_E)\hat{\sigma}}{\sqrt{n_E}}\right] = [0.8604 - 0.1243, 0.8604 + 0.1243]$$

$$\approx [0.7361, 0.9847]$$

试验因子水平分别为1、3、4、1组合下单字完全错误率为

$$\begin{aligned}\hat{y}_2' &= \hat{u} + \hat{a}_1' + \hat{b}_3' + \hat{c}_4' + \hat{d}_1' \\ &= 0.5444 - 0.0424 - 0.0024 - 0.3424 - 0.0604 \\ &= 0.0968\end{aligned}$$

置信水平为0.95的通信单字完全错误的区间估计为

$$\left[\hat{y}_2' - \frac{t_{1-\alpha/2}(f_E)\hat{\sigma}'}{\sqrt{n_E}}, \hat{y}_2' + \frac{t_{1-\alpha/2}(f_E)\hat{\sigma}'}{\sqrt{n_E}}\right] = [0.0968 - 0.12624, 0.0968 + 0.12624]$$

$$\approx [0, 0.223]$$

于是求得试验因子水平分别为1、3、4、1组合下置信水平为0.95时基于联系数的通信单字质量为$[0.7361, 0.9847] + [0, 0.223]j$。

对于“通信频率”因子水平 1、“噪声的频偏”因子水平 3、“信干比”因子水平 3、“通信距离”因子水平 1 组合，有单字正确率

$$\hat{y}_3 = \hat{u} + \hat{a}_1 + \hat{b}_3 + \hat{c}_3 + \hat{d}_1$$

$$= 0.4026 + 0.0444 + 0.0024 - 0.1736 + 0.0644 = 0.3582$$

可求得置信水平为 0.95 的通信单字正确率的区间估计为

$$\left[\hat{y}_3 - \frac{t_{1-\alpha/2}(f_E)\hat{\sigma}}{\sqrt{n_E}}, \hat{y}_3 + \frac{t_{1-\alpha/2}(f_E)\hat{\sigma}}{\sqrt{n_E}}\right] = [0.3582 - 0.1243, 0.3582 + 0.1243]$$

$$\approx [0.2339, 0.4825]$$

试验因子水平分别为 1、3、3、1 组合下单字完全错误率为

$$\hat{y}'_3 = \hat{u} + \hat{a}'_1 + \hat{b}'_3 + \hat{c}'_3 + \hat{d}'_1$$

$$= 0.5444 - 0.0424 - 0.0024 + 0.1776 - 0.0604 = 0.6168$$

置信水平为 0.95 的通信单字完全错误的区间估计为

$$\left[\hat{y}'_3 - \frac{t_{1-\alpha/2}(f_E)\hat{\sigma}'}{\sqrt{n_E}}, \hat{y}'_3 + \frac{t_{1-\alpha/2}(f_E)\hat{\sigma}'}{\sqrt{n_E}}\right] = [0.6168 - 0.12624, 0.6168 + 0.12624]$$

$$\approx [0.491, 0.743]$$

则有试验因子水平分别为 1、3、3、1 组合下置信水平为 0.95 时基于联系数的通信单字质量为 $[0.2339, 0.4825] + [0.491, 0.743]j$。

对于“通信频率”因子水平 1、“噪声的频偏”因子水平 3、“信干比”因子水平 2、“通信距离”因子水平 1 组合，有单字正确率

$$\hat{y}_4 = \hat{u} + \hat{a}_1 + \hat{b}_3 + \hat{c}_2 + \hat{d}_1$$

$$= 0.4026 + 0.0444 + 0.0024 - 0.2436 + 0.0644 = 0.2702$$

可求得置信水平为 0.95 的通信单字正确率的区间估计为

$$\left[\hat{y}_4 - \frac{t_{1-\alpha/2}(f_E)\hat{\sigma}}{\sqrt{n_E}}, \hat{y}_4 + \frac{t_{1-\alpha/2}(f_E)\hat{\sigma}}{\sqrt{n_E}}\right] = [0.2702 - 0.1243, 0.2702 + 0.1243]$$

$$\approx [0.1459, 0.3945]$$

试验因子水平分别为 1、3、2、1 组合下单字完全错误率为

$$\hat{y}'_4 = \hat{u} + \hat{a}'_1 + \hat{b}'_3 + \hat{c}'_2 + \hat{d}'_1$$

$$= 0.5444 - 0.0424 - 0.0024 + 0.2396 - 0.0604 = 0.6788$$

置信水平为 0.95 的通信单字完全错误的区间估计为

$$\left[\hat{y}_4' - \frac{t_{1-\alpha/2}(f_E)\hat{\sigma}'}{\sqrt{n_E}}, \hat{y}_4' + \frac{t_{1-\alpha/2}(f_E)\hat{\sigma}'}{\sqrt{n_E}}\right] = [0.6788 - 0.12624, 0.6788 + 0.12624]$$

$$\approx [0.553, 0.805]$$

则有试验因子水平分别为1、3、2、1组合下置信水平为0.95时基于联系数的通信单字质量为[0.1459,0.3945]+[0.553,0.805]j。

对于"通信频率"因子水平1、"噪声的频偏"因子水平3、"信干比"因子水平1、"通信距离"因子水平1组合,有单字正确率

$$\hat{y}_5 = \hat{u} + \hat{a}_1 + \hat{b}_3 + \hat{c}_1 + \hat{d}_1$$

$$= 0.4026 + 0.0444 + 0.0024 - 0.3136 + 0.0644 = 0.2002$$

可求得置信水平为0.95的通信单字正确率的区间估计为

$$\left[\hat{y}_5 - \frac{t_{1-\alpha/2}(f_E)\hat{\sigma}}{\sqrt{n_E}}, \hat{y}_5 + \frac{t_{1-\alpha/2}(f_E)\hat{\sigma}}{\sqrt{n_E}}\right] = [0.2002 - 0.1243, 0.2002 + 0.1243]$$

$$\approx [0.0759, 0.3245]$$

试验因子水平分别为1、3、1、1组合下单字完全错误率为

$$\hat{y}_5' = \hat{u} + \hat{a}_1' + \hat{b}_3' + \hat{c}_1' + \hat{d}_1'$$

$$= 0.5444 - 0.0424 - 0.0024 + 0.3156 - 0.0604 = 0.7548$$

置信水平为0.95的通信单字完全错误的区间估计为

$$\left[\hat{y}_5' - \frac{t_{1-\alpha/2}(f_E)\hat{\sigma}'}{\sqrt{n_E}}, \hat{y}_5' + \frac{t_{1-\alpha/2}(f_E)\hat{\sigma}'}{\sqrt{n_E}}\right] = [0.7548 - 0.12624, 0.7548 + 0.12624]$$

$$\approx [0.629, 0.881]$$

则有试验因子水平分别为1、3、1、1组合下置信水平为0.95时基于联系数的通信单字质量为[0.0759,0.3245]+[0.629,0.881]j。

根据上述计算结果,在通信频率38.825MHz、噪声的频偏0.5MHz和通信距离7km时,在信干比3dB~7dB的范围内推出超短波通信电台双方话音通信单字质量对复杂电磁环境的适应性能。超短波通信电台双方话音通信单字完全正确率对信干比的适应能力如图7-18所示,单字完全错误率对信干比的适应能力如图7-19所示。

由图7-18和图7-19可以看出,超短波通信电台双方话音通信单字质量对信干比的适应能力在6dB左右会有一个明显的变化,当信干比大于6dB时,话音通信单字质量能保持一个较高水平的单字正确率和较低的完全错误率;当信干比小于6dB后,话音通信单字正确率会急剧下降,单字完全错误率会急剧上升,超短波通信电台双方话音通信单字质量对信干比的适应能力急剧变差。假设超短波通

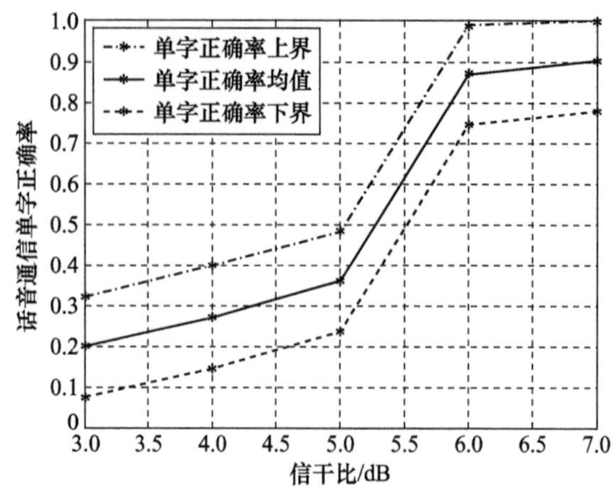

图 7-18　单字正确率对信干比的适应能力

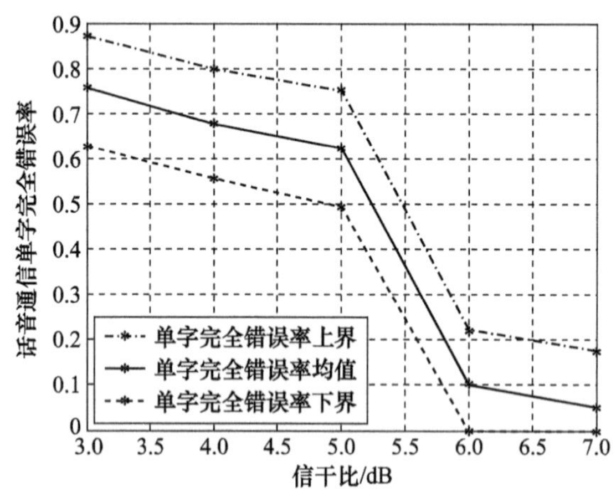

图 7-19　单字完全错误率对信干比的适应能力

信电台双方话音通信单字正确率门限值为 75%，考虑单字正确率的上下边界，如图 7-18 所示，当信干比约大于 6.3dB 时，超短波通信电台双方话音通信单字质量对电磁环境的适应能力能满足使用要求。

以联系数可视化方式表示超短波通信电台双方话音通信单字质量对信干比的适应能力如图 7-20 所示，图中下面加粗百分比数字部分表示单字质量对信干比的适应程度，上面浅灰色部分表示单字质量对信干比的完全不适应程度，中间深灰色部分表示可以改进的程度。由该图可以明显地看出在试验条件下，超短波通信电台双方话音通信单字质量对信干比的适应程度、完全不适应程度以及可以改进的程度，评估结果一目了然。

对于一定试验条件及电磁环境下，超短波通信电台双方话音通信语句质量、数据通信误码率及通信距离等战术性能对电磁环境的适应能力评估可以依据上述方法进行，这里不再赘述。另外，对于超短波通信电台对复杂电磁环境的适应能力综合评估，同样以噪声描述电磁环境，首先在一定信干比下对话音通信质量、数据通信误码率及通信距离等战术性能对电磁环境的适应能力进行综合，然后依据综合结果以图 7 - 20 的形式表示超短波通信电台对复杂电磁环境的适应能力。

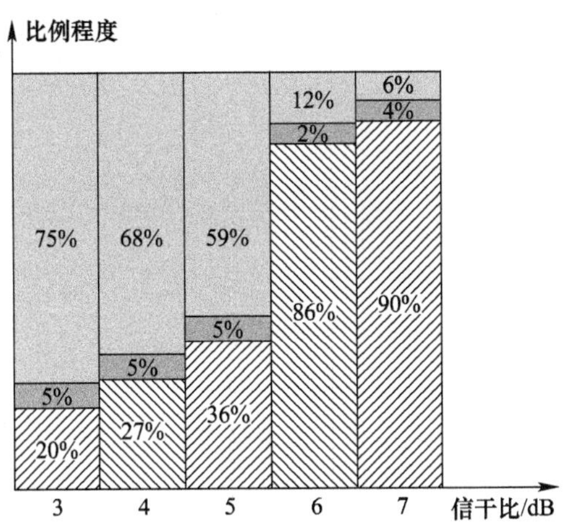

图 7 - 20　基于联系数的单字质量对信干比的适应能力

第8章　同异反聚类原理与应用

聚类分析是数据挖掘的重要功能之一,一个聚类可以看作是属于同一类的观测对象的集合,是数据挖掘的一个重要研究领域。聚类分析的核心是聚类,目的是将对象组成一个个的簇,使得同一簇的对象相似,不同簇间的对象差异很大。同异反聚类是根据集对分析的相关理论与方法将一些观测指标或观察对象划分成若干个可定义类别的方法。由于武器装备本身的复杂性以及它在作战运用中的多样性,使得武器装备试验数据的分析与处理过程中存在大量的随机性、模糊性、不完全性和未确知性信息。本章研究电子装备试验与评估过程中的同异反聚类分析技术,重点提出同异反联系势聚类方法和基于距离矩阵的同异反聚类方法,并对其在试验与评估领域的应用实例进行研究。

8.1　试验与评估的聚类需求

本章主要介绍基于关于聚类的几个概念,并分析了装备试验与评估活动中的聚类问题分类。

8.1.1　聚类的几个相关概念

聚类可以看作是一种分类,是将物理或抽象对象的集合分成由类似的对象组成的多个类的过程。由聚类所生成的簇是一组数据对象的集合,这些对象与同一个簇中的对象彼此相似,与其他簇中的对象相异。顾名思义是将一组对象划分为若干类,每个类中的对象相似度较高,类与类之间的对象相似度较差。聚类通常是在不考虑已知的类别标号前提下按照样本之间的相似程度进行分类,进而可以产生这种类别标号,一个类别标号可以看作是属于同一类的观测样本对象的集合。

对一批没有标出类别的模式样本集,按照一定的要求和规律将事物进行分类的一种数学方法称为聚类分析,它原来是数理统计中多元分析的一个分支。聚类分析的基本思想是依据试验数据本身所具有的定性或定量的特征来对大量数据进行相似基础上的分组归类,以便了解数据集的内在结构,并且根据在数据中发现的描述对象及其关系的信息,将数据对象分组。其主要依据是用数学的方法研究和处理给定对象的分类,把一个没有类别标记的样本按照某种准则划分子类,使相似的样本尽可能归为一类。它以相似性为基础,因此组内的相似性(同质性)越大,组间差别越大,聚类就越好,所分的类就越成功。

聚类分析方法是一种启发式算法,在模式类别数目不是精确知道的目标识别或分类问题中,根据最大化类内的相似性、最小化类间的相似性的原则进行聚类或分组,并由专家把每个数据组解释为相应的目标类,使得在一个聚类中的对象具有很高的相似性,而与其他聚类中的对象很不相似。所形成的每个聚类可以看作一个对象类,由它可以导出规则。聚类也便于分类编制,将观察组织成类分层结构,类似的事件组织在一起。目前常用的聚类准则则是把各种各样的相似性度量作为数据样本的聚类准则,如欧几里得距离、加权欧几里得距离等。

聚类分析活动中的特征选择、近邻测度、聚类准则、聚类算法是几个比较重要的步骤特征。聚类分析必须选择合适的分析特征,尽可能多地包含聚类任务关心的信息。在聚类特征中,使信息冗长减少和最小化是主要目标。近邻测度用于定量测量 2 个特征向量如何"相似"或"不相似"。聚类准则以蕴涵在数据集中的类型为基础,以用代价函数或其他规则表示。聚类算法就是在采用近邻测度和聚类准则下选择的特定算法,该算法用于揭示数据集的聚类结构。

8.1.2 试验与评估中的聚类问题

在电子装备试验与评估活动中,聚类分析扮演着重要的角色。聚类分析是数据挖掘过程中的一种重要手段和工具,可从实际的大量的、不完全的、含有噪声的数据集中提取出人们事先不知道的、隐含在数据集中对人们有用的知识和信息,并利用隐含的簇标志感兴趣的分布或模式。特别是在武器装备试验与评估的设计活动中,聚类分析技术经常被试验与评估决策者利用,通过挖掘试验与评估活动中大量数据中潜在的有价值的信息,从而帮助试验与评估管理者做出正确的决策,保障装备试验与评估活动的顺利实施。

在对武器装备试验与评估活动的分析和描述中,利用聚类操作可以将特定对象进行分组和深入分析,获得其他方法不可能获得的信息。聚类分析活动的应用通常包括以下方面。

(1) 减少试验与评估数据。随着装备的体系化、智能化发展,特别是战场环境的复杂化发展,很多装备试验录取的数据量很大,装备作战环境的数据量尤其突出,使得评估数据的处理变得很复杂费力。因此可将数据通过聚类方法分成可判断的几组(几类,每一组或每一个类可当作独立实体),使数据结构逐渐清晰。例如,对于武器装备的复杂电磁环境适应性试验,电磁环境数据量很大,也显得很凌乱,实际处理过程中通常把电磁环境数据进行聚类,使电磁环境分成重度复杂、中度复杂、轻度复杂、轻度简单等类别,对于这些类别考核武器装备的复杂电磁环境适应能力。

(2) 进行属性的约减。在这种情况下,主要是由于所研究问题的属性很多,不利于抓住主要矛盾和主要影响因素,需要对相关的属性进行聚类分析,找出影响所研究问题的主要方面和主要矛盾。例如,为了更好地提高武器装备的作战性能,我们需要知道作战性能的主要影响因素,这可以通过多所有影响因素的聚类分析予以实现。

(3) 假说的生成。聚类算法依赖于猜测和假设,在这种情况下,为了推导出数据性质的一些假说,我们可对数据集进行聚类分析。这里使用聚类作为建立假说的方法,可使用其他数据集验证这些假说。这一点在武器装备基于仿真的内场试验过程中应用极为广泛,对内场试验数据进行聚类分析,得到关于武器装备性能的一些假说,然后通过外场实际对抗性试验数据进行假说的验证。

(4) 进行假说的检验。在这种情况下,使用聚类分析来验证指定假说的有效性。例如,考虑假说"某型电子装备的复杂电磁环境适应能力很强",验证这个假说是否正确。那么,比较可靠的一种方法就是对该装备在不同复杂电磁环境下的作战能力数据进行聚类分析。假定对于重度复杂、中度复杂、轻度复杂、轻度简单等不同类别的电磁环境,通过试验获取该装备在上述各种环境下的作战能力数据,在对数据进行聚类分析后,如果相应于作战能力强能形成聚类,则聚类分析支持"某型电子装备的复杂电磁环境适应能力很强"这个假说。

(5) 基于分组的预测。这种情况在武器装备的试验设计环节中应用极为广泛,我们对现有数据集进行聚类分析,形成若干个模式特征,并用模式特征表示聚类类别。如果给出一个未知模式,我们可以判定它最可能属于哪类,并用相应聚类的模式特征表示。例如,对于武器装备试验设计过程中的作战目标分配,我们通常是根据装备的历史试验数据,基于聚类分析将装备的作战能力分成强、较强、一般、差等若干个类别,然后根据设计的试验进程和试验环境进行作战目标分配,最后根据试验录取的实际数据,基于聚类分析对装备的作战能力进行验证与评估。

8.2 同异反联系势聚类原理及应用

在武器装备试验与训练活动等现实的工程问题中,试验与训练数据对象一般不提供类别标号,而且数据聚类系统大多数是基于不完全信息的小样本数据系统,因此利用不确定性理论与方法来进行聚类分析更符合客观实际,也能取得更好的分类效果。集对同势、集对反势、集对均势等集对势的研究依据是联系数势值的大小,很自然地,集对势的划分则为聚类分析提供了一条新途径。本节提出基于同异反联系势的聚类原理,并进行侦察装备侦察性能的同异反联系势聚类示例。

8.2.1 同异反联系势聚类原理

基于同异反联系势进行聚类分析,其理论基础就是集对大势和集对小势的比较。其基本思想是分两大步进行,首先基于集对大势进行粗聚类,然后在同一个集对大势中基于集对小势进行精聚类,其聚类分析框架如图 8-1 所示。

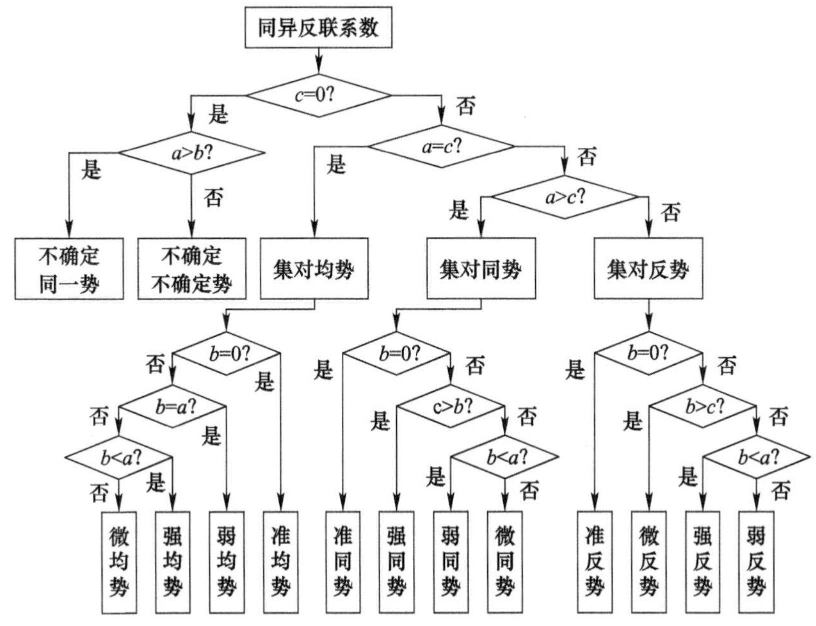

图 8-1　基于同异反联系势的聚类原理

假设待聚类对象特征性能的联系数表达式为 $u=a+bi+cj$,依据图 8-1,基于同异反联系势进行聚类分析的基本步骤是:

1) 基于集对大势的粗聚类

(1) 当 $c=0$ 时,依据 $a>b$ 即可判断特征性能的聚类归入不确定同一势类别,若 $a<b$,则归入不确定不确定势类别。

(2) 当 $c\neq0$ 时,依据 $a=c$ 即可判断特征性能的聚类归入集对均势类别。

(3) 当 $c\neq0$ 时,依据 $a>c$ 即可判断特征性能的聚类归入集对同势类别。

(4) 当 $c\neq0$ 时,依据 $a<c$ 即可判断特征性能的聚类归入集对反势类别。

至此,已将待聚类对象特征性能的聚类归入集对同势、集对均势、集对反势、不确定同一势、不确定不确定势等类别中。通常情况下,特征性能的类别优劣次序为集对同势、集对均势、集对反势等。

2) 基于集对小势的精聚类

(1) 当待聚类对象特征性能属于集对同势类别时:①若 $b=0$,则待聚类对象特征性能的聚类归入准同势类别；②若 $b\neq0$，$c>b$，则待聚类对象特征性能的聚类归入强同势类别；③若 $b\neq0$，$a>b>c$，则待聚类对象特征性能的聚类归入微同势类别；④若 $b\neq0$，$b>c$，$b>a$，则待聚类对象特征性能的聚类归入弱同势类别。此种情况下特征性能的类别优劣次序为准同势、强同势、弱同势、微同势。

（2）当待聚类对象特征性能属于集对均势类别时：①若 $b=0$，则待聚类对象特征性能的聚类归入准均势类别；②若 $b\neq0$，$a=b$，则待聚类对象特征性能的聚类归入弱均势类别；③若 $b\neq0$，$a>b$，则待聚类对象特征性能的聚类归入强均势类别；④若 $b\neq0$，$b>a$，则待聚类对象特征性能的聚类归入微均势类别。此种情况下特征性能的类别优劣次序为微均势、弱均势、强均势、准均势。

（3）当待聚类对象特征性能属于集对反势类别时：①若 $b=0$，则待聚类对象特征性能的聚类归入准反势类别；②若 $b\neq0$，$b>c$，则待聚类对象特征性能的聚类归入微反势类别；③若 $b\neq0$，$a<b<c$，则待聚类对象特征性能的聚类归入弱反势类别；④若 $b\neq0$，$a>b$，$b<c$，则待聚类对象特征性能的聚类归入强反势类别。此种情况下特征性能的类别优劣次序为准反势、强反势、弱反势、微反势。

当待聚类对象特征性能属于同一集对小势类别时，可以继续计算其集对小势势值，简单地进行特征性能的优劣比较。

8.2.2 侦察装备侦察效能的同异反联系势聚类实例

针对 7.3.4 节的 3 种通信侦察装备，其侦察效能的联系数表达式分别为

$$u_A=a_A+b_{A1}i_1+b_{A2}i_2+c_A j=0.084+0.226i_1+0.349i_2+0.341j$$

$$u_B=a_B+b_{B1}i_1+b_{B2}i_2+c_B j=0+0.339i_1+0.347i_2+0.314j$$

$$u_C=a_C+b_{C1}i_1+b_{C2}i_2+c_C j=0.117+0.321i_1+0.450i_2+0.112j$$

首先，进行基于集对大势的粗聚类。

很显然，上述 3 个表达式中 $c\neq0$，并且对于装备 A 和装备 B 均有 $a<c$ 成立，则对于装备 A 和装备 B 侦察效能的聚类归入集对反势类别；对于装备 C 有 $a>c$ 成立，则其侦察效能的聚类归入集对同势类别。通常情况下，集对同势类别的特征性能优于集对反势类别，则可以认为装备 C 的侦察效能优于装备 A 和装备 B，这一结论与 7.3.4 节的计算结果是一致的。

其次，进行基于集对小势的精聚类。

装备 A 和装备 B 侦察效能的聚类均归入集对反势类别，其侦察效能的联系数又可以表示为

$$u_A=0.084+0.575i+0.341j$$

$$u_B=0+0.686i+0.314j$$

很显然，装备 A 和装备 B 侦察效能的联系数表达式中均有 $b\neq0$，对于 u_A 和

u_B,由于均有 $b>c$ 成立,所以装备 A 和装备 B 侦察效能的聚类又均归入微反势类别。这时,对于装备 A,其微反势势值为

$$\mathrm{shi}(H)_{\text{A微}}=\frac{a}{c}=\frac{0.084}{0.341}=0.246$$

对于装备 B,其微反势势值为

$$\mathrm{shi}(H)_{\text{B微}}=\frac{a}{c}=\frac{0}{0.314}=0$$

表明装备 A 和装备 B 侦察效能的同异反联系中虽有"对立趋势"存在,但装备 B 侦察效能的微反势值已弱于装备 A。

8.3 基于距离矩阵的同异反聚类原理与应用

距离在聚类算法中占据了极其重要的地位,大多数聚类算法都是将距离作为相似性或差异的度量手段。如 K – means 聚类算法就是使用欧氏距离作为相似性度量和距离矩阵,计算各数据点到其类别中心的距离平方和。本节介绍了一种基于同异反距离的聚类方法。

8.3.1 基于距离矩阵的同异反聚类原理

设有 n 个待聚类对象,每个聚类对象特征性能的联系数表达式为

$$u_1=a_1+b_1i+c_1j$$
$$u_2=a_2+b_2i+c_2j$$
$$\vdots$$
$$u_n=a_n+b_ni+c_nj$$

对于其中的 $u_i=a_i+b_ii+c_ij$ 和 $u_k=a_k+b_ki+c_kj$,可以表示成向量形式 $\boldsymbol{u}_i=(a_i,b_i,c_i)$ 和 $\boldsymbol{u}_k=(a_k,b_k,c_k)$,则定义它们之间的距离为

$$d_{ik}=\sqrt{(a_i-a_k)^2+(b_i-b_k)^2+(c_i-c_k)^2} \tag{8-1}$$

该距离简称为同异反距离。

对所有的 $i\leqslant j(i,j=1,2,\cdots,n)$,计算出 u_i 与 u_j 的同异反距离 d_{ij},并对距离 d_{ij} 进行归一化处理,其算法为

$$d_{ij}=\frac{d_{ij}}{\max\{d_{ij}\}} \tag{8-2}$$

从而得到上三角同异反距离矩阵 $\boldsymbol{D}$ 为

$$
\boldsymbol{D}=\begin{vmatrix} d_{11} & d_{12} & \cdots & d_{1n} \\ & d_{22} & \cdots & d_{2n} \\ & & \ddots & \vdots \\ & & & d_{nn} \end{vmatrix} \tag{8-3}
$$

式中：$d_{ii}=0(i=1,2,\cdots,n)$。

利用矩阵 $\boldsymbol{D}$ 即可对待聚类对象进行聚类。临界值 $\gamma\in[0,1]$，一般要求 $\gamma<0.5$，当 $d_{ij}\leqslant\gamma(i\neq j)$ 时，则将特征性能 u_i 和 u_k 的待聚类对象归为同类。

定义 8.1 特征性能 $u_1,u_2,\cdots,u_n$ 在临界值 γ 下的分类称为特征变量的 γ 同异反距离聚类。

临界值 γ 可根据要求取不同的值，如取 $\gamma=0$，则上述所有待聚类对象各自成为一类。γ 越接近于 0，分类越细，每一组分类中的聚类对象相对也越少；反之，γ 越大，分类越粗，每一组分类中的聚类对象相对也越多。

同异反距离聚类方法的工作流程如图 8-2 所示。

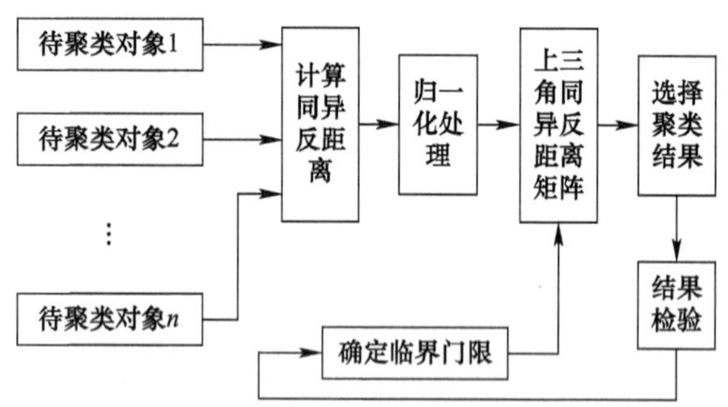

图 8-2 同异反距离聚类流程图

基于所定义的同异反距离，还可以找出到理想特征性能对象距离最小的聚类对象。理想特征性能的联系数表达式为

$$
u_l=a_l+b_li+c_lj \tag{8-4}
$$

式中

$$
a_l=\max\{a_1,a_2,\cdots,a_n\} \tag{8-5}
$$

$$
c_l=\min\{c_1,c_2,\cdots,c_n\} \tag{8-6}
$$

$$
b_l=1-a_l-c_l \tag{8-7}
$$

上述 n 个待聚类对象 $u_1,u_2,\cdots,u_n$ 与 u_l 之间的距离为

$$
d_{lk}=\sqrt{(a_l-a_k)^2+(b_l-b_k)^2+(c_l-c_k)^2} \tag{8-8}
$$

式中：$k=1,2,\cdots,n$。若有

$$d_{lk^*} = \min\{d_{l1}, d_{l2}, \cdots, d_{lm}\} \tag{8-9}$$

则第 k^* 个聚类对象距离理想特征性能对象距离最小，在同异反距离内涵下，第 k^* 个聚类对象特征性能最优。

8.3.2 基于距离矩阵的侦察装备聚类实例

对某 8 型侦察装备 A，B，…，H 按照侦察性能进行聚类，装备的侦察性能以联系数形式表征为

$$u_1 = a_1 + b_1 i + c_1 j = 0.70 + 0.15i + 0.15j$$
$$u_2 = a_2 + b_2 i + c_2 j = 0.72 + 0.11i + 0.17j$$
$$u_3 = a_3 + b_3 i + c_3 j = 0.75 + 0.10i + 0.15j$$
$$u_4 = a_4 + b_4 i + c_4 j = 0.72 + 0.15i + 0.13j$$
$$u_5 = a_5 + b_5 i + c_5 j = 0.77 + 0.11i + 0.12j$$
$$u_6 = a_6 + b_6 i + c_6 j = 0.79 + 0.09i + 0.12j$$
$$u_7 = a_7 + b_7 i + c_7 j = 0.76 + 0.13i + 0.11j$$
$$u_8 = a_8 + b_8 i + c_8 j = 0.74 + 0.13i + 0.13j$$

根据 8.3.1 节算法，得到上三角同异反距离矩阵 $\boldsymbol{D}$ 为

$$\boldsymbol{D} = \begin{bmatrix} 0 & 0.4367 & 0.6301 & 0.2522 & 0.7665 & 1.0000 & 0.6667 & 0.4367 \\ & 0 & 0.3333 & 0.5045 & 0.6301 & 0.7870 & 0.6667 & 0.4367 \\ & & 0 & 0.5490 & 0.3333 & 0.4545 & 0.4545 & 0.3333 \\ & & & 0 & 0.5775 & 0.8262 & 0.4367 & 0.2522 \\ & & & & 0 & 0.2522 & 0.2184 & 0.3333 \\ & & & & & 0 & 0.4545 & 0.5775 \\ & & & & & & 0 & 0.2522 \\ & & & & & & & 0 \end{bmatrix}$$

假设 $\gamma = 0.3$，则得到同异反距离分析矩阵 $\boldsymbol{D}'$ 为

$$\boldsymbol{D}' = \begin{bmatrix} 0 & 1 & 1 & 0 & 1 & 1 & 1 & 1 \\ & 0 & 1 & 1 & 1 & 1 & 1 & 1 \\ & & 0 & 1 & 1 & 1 & 1 & 1 \\ & & & 0 & 1 & 1 & 1 & 0 \\ & & & & 0 & 0 & 0 & 1 \\ & & & & & 0 & 1 & 1 \\ & & & & & & 0 & 0 \\ & & & & & & & 0 \end{bmatrix}$$

继而有

$$
D' = \begin{bmatrix} A & \cdots & \cdots & * & \cdots & \cdots & \cdots & \cdots \\ & B & \cdots & \cdots & \cdots & \cdots & \cdots & \vdots \\ & & C & \cdots & \cdots & \cdots & \cdots & \vdots \\ & & & D & \cdots & \cdots & \cdots & * \\ & & & & E & * & * & \vdots \\ & & & & & F & \cdots & \vdots \\ & & & & & & G & * \\ & & & & & & & H \end{bmatrix}
$$

则 8 型侦察装备按照侦察性能分类为$\{\boldsymbol{A},\boldsymbol{D},\boldsymbol{E},\boldsymbol{F},\boldsymbol{G},\boldsymbol{H}\}$,$\{\boldsymbol{B}\}$和$\{\boldsymbol{C}\}$3 类。

假设 $\gamma=0.4$,则得到同异反距离分析矩阵 $\boldsymbol{D}'$为

$$
D' = \begin{bmatrix} 0 & 1 & 1 & 0 & 1 & 1 & 1 & 1 \\ & 0 & 0 & 1 & 1 & 1 & 1 & 1 \\ & & 0 & 1 & 0 & 1 & 1 & 0 \\ & & & 0 & 1 & 1 & 1 & 0 \\ & & & & 0 & 0 & 0 & 0 \\ & & & & & 0 & 1 & 1 \\ & & & & & & 0 & 0 \\ & & & & & & & 0 \end{bmatrix}
$$

继而有

$$
D' = \begin{bmatrix} A & \cdots & \cdots & * & \cdots & \cdots & \cdots & \cdots \\ & B & * & \cdots & \cdots & \cdots & \cdots & \vdots \\ & & C & \cdots & * & \cdots & \cdots & * \\ & & & D & \cdots & \cdots & \cdots & * \\ & & & & E & * & * & * \\ & & & & & F & \cdots & \vdots \\ & & & & & & G & * \\ & & & & & & & H \end{bmatrix}
$$

则 8 型侦察装备按照侦察性能划入为$\{\boldsymbol{A},\boldsymbol{B},\boldsymbol{C},\boldsymbol{D},\boldsymbol{E},\boldsymbol{F},\boldsymbol{G},\boldsymbol{H}\}$一类。

对于上述,有

$$
\begin{aligned}
a_l &= \max\{a_1, a_2, \cdots, a_8\} \\
&= \max\{0.70, 0.72, 0.75, 0.72, 0.77, 0.79, 0.76, 0.74\} = 0.79 \\
c_l &= \min\{c_1, c_2, \cdots, c_8\} \\
&= \max\{0.15, 0.17, 0.15, 0.13, 0.12, 0.12, 0.11, 0.13\} = 0.11
\end{aligned}
$$

则有

$$
b_l = 1 - a_l - c_l = 1 - 0.79 - 0.11 = 0.10
$$

则特征性能联系数表达式为

$$
u_l = a_l + b_l i + c_l j = 0.79 + 0.10i + 0.11j
$$

于是有 8 型侦察装备到理想侦察装备的同异反距离分别为

$$
\begin{aligned}
& d_{lk}\{k = 1, 2, \cdots, 8\} \\
= & \{0.1105, 0.0927, 0.0566, 0.0883, 0.0245, 0.0141, 0.0242, 0.0616\}
\end{aligned}
$$

则有

$$
d_{l6} = \min\{d_{l1}, d_{l2}, \cdots, d_{l8}\}
$$

即在同异反距离含义下，上述 8 型侦察装备中装备 F 的侦察性能最好。

第9章 装备试验的同异反管理原理与运用

管理就是管理者通过计划、组织、控制等环节来协调人力、财力、物力、时间、信息等资源，以期完成和实现预定目标而进行的各种活动。武器装备的试验管理，就是试验管理者在装备试验过程中进行上述各种管理活动的统称，其目的是通过管理，有效地组织和运用各种试验资源，以实现预定的试验目标，取得最佳的试验效果。试验管理的水平关系着装备的质量，直接影响到装备发展的正确决策、装备建设速度、装备的配备与运用和军队战斗力的巩固与提高。可见先进的试验技术和先进的管理技术在武器装备试验中有着同等重要的作用，因此，为了保证试验目标的实现，必须进行武器装备的试验管理理论与方法的研究。本章首先研究装备试验管理的基本职能、基本原则和基本内容；其次介绍了同异反管理理论及其基本内容；最后基于同异反原理解决装备试验管理问题进行了应用实例研究。

9.1 装备试验管理概述

管理就是决策与评估，管理学是一门“不精确”学科。此处“精确”的含义是指在给定条件下能够得到确定的结果，但在管理学领域，在已知条件完全一致的情况下，有可能产生截然相反的结果。因为影响管理效果的因素太多，许多因素是无法完全预知的，继而造成管理结果的多样性。特别是对人员的管理，人的心理因素是一种不可忽略的因素，但人的心理因素不可能完全相同，而且难以精确测量，所以很难找到一种有效的定量方法使管理问题精确化。这种管理决策的“不精确”学科特征为集对分析的决策与评估理论应用于武器装备试验管理领域提供了理论基础。

管理意味着资源的分配。财富与效能的载体称为资源，源于人力的效能是人力资源，源于信息的效能是信息资源，源于财力的效能是财力资源。本节主要介绍装备试验管理的基本职能、基本原则和基本内容。

9.1.1 试验管理的基本职能

在武器装备的试验过程中，试验任务总体目标的实现不仅需要先进的试验技术，而且需要先进的试验管理。试验技术只有通过科学、有效的管理，才能变成现实的试验能力，并通过统一的计划、组织、指挥、协调和控制，使试验系统中各个部门、各个单位和所有人员同步和谐地工作，使试验系统中人力、财力、物力、时间、信息等资源合理配置，才能发挥其整体的效能，从而完成预定的试验目标。其中计划、组织、控制是装备试验管理的 3 项基本活动，也是装备试验管理的 3 大基本职能。

计划职能是武器装备试验管理的首要职能。所谓计划职能是指对未来的试验任务进行规划和安排。也就是在试验任务开始之前，预先拟订出试验总体技术方案、试验大纲和试验实施细则，包括确定短期和长期目标，以及确定实现目标的手段。

组织职能是武器装备试验管理的一项基本职能。要把计划落实到行动中去，就必须要有组织工作。试验管理的组织职能就是为了落实各项试验计划，而构建一种工作关系网络，通过这种网络对参与试验任务的各个单位以及参试单位内部的活动进行合理的分工和协作，做到合理地配备和使用各种试验资源，正确处理人际关系的管理活动。

控制职能对实现武器装备试验计划的各种活动进行检查、监督和调节，控制是促进和推动试验工作不断进步的有效手段。武器装备试验活动是由很多要素有机组成的活动，它们有极其复杂的内部联系和外部联系，同时这些要素又互相制约。虽然在制定各种试验计划时，要求尽可能全面、周密地反映客观情况，但是在计划执行过程中，仍然可能出现各种预料不到的情况，而使计划的执行产生不同程度的偏差。这就要求控制职能加以调节，使试验计划进一步完善和补充，从根本上保证试验各项任务的完成。

9.1.2 试验管理的基本原则

武器装备的试验管理要遵循现代管理的系统原理、人本原理和效益原理。在分析、研究和进行武器装备的试验管理活动时，应遵循下列基本原则。

1）整体优化原则

武器装备试验管理的基本指导思想是把武器装备试验活动视为一个复杂的系统。武器装备试验管理就是把试验过程中涉及的人、财、物、信息、时间等彼此独立的要素组合成一个整体，并协调使其有效运行，以实现试验的目标。目标实现得如何，取决于整体优化的水平。所谓整体优化，就是在管理活动中，从实现系统的整体目标出发，统筹安排系统内的各要素，协调好要素与要素之间、要素与系统之间的关系，通过建立优化的系统结构，去实现整体最佳功能，以取得最佳的整体效益。整体的另一层意思是武器装备试验的全过程是一个整体，要以实现试验整体优化为目标，对试验过程中各阶段工作，以及试验系统中各分系统的工作进行统筹规划、协调和控制。

2）层次管理原则

层次管理原则就是要合理划分组织系统的管理层次，建立层级结构，形成稳定的组织结构，按级实施管理。武器装备试验的管理层次一般可划分为3个层次，即决策管理层（试验指挥所）、控制管理层（试验指挥组）和执行管理层。实施层次管理，关键是明确各组织层次的目标、责任和权力，真正做到按级负责，一级抓一级。

3）统一领导原则

在武器装备试验活动的组织结构中，指挥系统其上、下级之间的联系是通过指令信息的传输通道而构成的。统一领导指的是在讲究试验效益的前提下，强调具体目标实现过程中的合力，一个下级只接受一个上级的指挥。

4）信息反馈原则

武器装备试验系统应该是一个反馈系统。反馈就是把经过处理后输出的信息又回送到输入端，以影响系统的性能，从而达到控制的目的。信息反馈原则要求在武器装备试验的管理活动中，各级管理者必须要掌握系统和环境的变化，以利于对试验系统实现有效的控制。

5）可行性原则

正确处理好试验任务在需要与可能、试验进度与试验质量保障、客观条件与任务安排、技术先进与试验风险等方面的关系，把试验系统局部选优与整体优化都建立在现实可行的基础上。并且在技术、经费、进度和风险管理中，应留有适当的余地。试验管理量入为出，计划留有必要的回旋余地，是进行试验管理的重要原则。

6）效益最佳原则

武器装备的试验效益包括经济效益和军事效益2个方面。经济效益一般指人们在物质生产活动中消耗一定量的活劳动和物化劳动所能实际取得的产品量的大小。军事效益是指人们在消耗了一定的活劳动和物化劳动后实现军事目标的程度。武器装备的试验目标就是以较低的试验消耗，圆满地完成试验任务。经济效益和军事效益是一个整体，不能片面强调某一方面而忽视另一方面，这是效益最佳原则的基本内容。

7）风险最小原则

武器装备试验具有科学研究的性质，且试验条件复杂多变，试验过程中的不确定性因素很多，这些不确定性因素在一定条件下可能会导致试验事故，因此武器装备试验的风险是明显的。风险最小原则就是要关注试验全过程的每一个环节，了解试验流程中每个环节的风险因素以及风险因素的变化情况，以便及时研究防范措施，采取措施管理风险。

8）行为激励原则

为完成试验任务，就必须使参与试验任务的所有人员有为实现目标的行为动力,这就必须调动人的积极性。行为激励原则正是要求管理者运用艺术的手段激励参试的全体成员在试验工作中发挥高效率的一条原则。

9）协调的原则

武器装备试验的管理系统十分庞大,仅靠高层的组织指挥机构是难以正常运转的,必须强调管理系统内部的协调性。管理系统的协调是多方面的,包括计划协调、工作安排协调以及不同试验阶段的目标之间的协调等内容。只有重视管理系统的协调性,才能保证在试验开展的过程中对环境和任务的适应性,减少各管理层次之间的干扰、矛盾,保证试验的顺利进行。

9.1.3 试验管理的基本内容

武器装备试验是一项复杂的系统工程,试验管理是系统的管理。在试验鉴定的过程中,试验系统始终存在着物质、信息和人员的流动,这是试验管理中最关键的管理对象,保证这三个要素流动的畅通,是取得系统管理最佳效果的基本条件。就试验管理的具体对象或基本内容而言,主要包括人力资源管理、试验数据信息管理、物质资源管理、资金管理、计划管理和质量管理 6 个主要方面。这 6 个独立的方面是试验管理的有机组成部分,但它们之间又有着紧密的联系。

1）人力资源管理

人力资源管理是试验系统旨在获取、开发、维护有效的人力资源所采取的人力资源需求规划和计划、人才培养、人才选拔和任用、人才绩效评估等一系列管理活动的总称。武器装备试验的人力资源管理的基本职责是为满足武器装备试验需求,及时提供所需的不同层次结构、知识结构、年龄结构的试验指挥、试验技术、试验保障和试验管理等各种人员,并合理有效地组织和使用人力资源。人力资源的管理是试验管理的核心。特别是武器装备这样高新技术密集的复杂系统,对试验系统的管理、操作和实施都需要大量的高素质人才。

2）试验数据信息管理

试验数据信息是指在武器装备试验全过程中所生成的各种大量的与试验有关的数据与信息。试验数据信息包括:各种试验文件、资料,被试装备的技术资料,试验系统中各种装设备的技术资料,被试装备在研制、生产和试验技术准备工作中的各种试验数据信息以及试验中光测、雷测及其他测量手段所获取的数据、试验环境条件参数,以及其他有关的试验数据信息。试验数据信息是试验决策系统和装备管理决策系统进行决策的重要依据,也是能否对试验结果进行正确的分析和评定的重要保证。因此,能否获取大量准确的数据和信息,能否迅速正确地处理和传递试验数据信息,是武器装备试验的根本目的和任务。试验数据信息的管理就是试验数据信息的获取、变换、处理、传递、存储、输出和反馈的过程管理。

3）试验计划管理

试验计划管理包括编制计划、执行计划、检查计划完成情况和拟订改进措施等阶段。具体地说，试验计划管理工作包括从分析预测未来的情况与条件，确定试验目标，决定试验总体技术方案和试验大纲，并依据计划去配置各种试验资源，进而确定试验实施细则、执行试验任务，最终实现既定目标的整个管理过程。

4）试验质量管理

试验质量管理实际上就是保证和提高试验质量所进行的调研、计划、组织、协调和控制等一系列工作，是武器装备试验过程中试验管理的重要方面，可以说是试验管理的生命线。试验质量是通过试验系统各个环节实现和保证的，并在试验过程中表现出来的。因此，必须加强对试验过程中试验技术工作的质量管理和试验保障工作的质量管理，通过科学的管理方法保证高效、低耗、高质地完成试验任务。

风险管理是试验质量管理的重要内容。装备试验风险管理是指在装备试验过程中应对各种风险的行动或实际做法，主要包括试验风险源的识别、试验风险危害的评估、试验风险防范措施的制定、试验风险处理以及监控试验风险变化情况、记录所有风险管理情况等。

5）试验经济管理

试验经济管理就是对试验过程中涉及的各种经济活动进行组织、指挥、控制和监督，以提高试验的经济效益。经济管理的主要内容有资金管理、成本管理和效益管理，它们构成了试验经济管理的一个不可分割的整体。

6）试验装设备资源管理

试验装设备是武器装备试验最重要的物质技术基础和保障条件，试验装设备的技术先进程度、技术状态的好坏，直接影响装备试验的质量和水平。因此，必须加强试验装设备的研制和购置、维护保养、管理使用和报废处理的全寿命管理工作。

9.2 同异反联系数管理方法

联系数管理就是应用集对分析的决策与评估理论处理资源的评估与分配等问题。利用同异反分析、同异反决策、同异反评估以及同异反聚类等多种方法来解决武器装备试验中的人力资源管理、试验数据信息管理等问题。如局势决策中，局势 $S=(a,b)$ 中的对策 b 是联系数决策资源，局势 $S=(a,b)$ 就是对联系数决策资源 b 的分配，表明管理者用对策 b 对付出现的事件 a。其主要理论基础是集对分析理论的同异反分析原理、同异反决策和同异反评估原理等，基本原理、模型与算法就构成了武器装备试验的联系数管理理论与方法。本节简要介绍其中的人才管理、信息管理、试验质量管理、试验计划管理等联系数方法。

9.2.1 试验人才的联系数管理方法

使用人才的原则是用其所长，避其所短，使人得其所，才尽其能。“骏马能历险，犁田不如牛；坚车能载重，渡河不如舟”。人才也是这样，各有所长，各有其短。因此，研究武器装备试验中的人才管理工作，做到扬长避短，知人善任，合理地安排相应的工作，从而发挥人才的创造力，对提升武器装备试验技术水平具有极为重要的意义。

以工作或使命为资源，以人才为事件构成局势 S_{tj}，称为人才管理。

$$S_{tj} = (\text{人才 } a_t, \text{工作}(\text{job})_j) \tag{9-1}$$

称 S_{tj} 为人才局势，当且仅当 $(\text{job})_j$ 是 a_t 以适合目标为特征的适合工作。

令人才局势 S_{tj} 在 p 目标下的效果样本用 $u_{tj}^p = a_{tj}^p + b_{tj}^p i + c_{tj}^p j$ 形式的同异反联系数描述，令 r_{tj}^p 是 u_{tj}^p 的效果测度，并假设 $f_{eff}(\cdot)$ 为效果样本至效果测度的映射函数，则有

$$r_{tj}^p = f_{eff}(u_{tj}^p) \tag{9-2}$$

若 $p = 1, 2, \cdots, l$，则有综合效果测度 r_{tj}^{Σ}

$$\begin{aligned} r_{tj}^{\Sigma} &= \frac{1}{l}\sum_{p=1}^{l} r_{tj}^p \\ &= a_{tj}^{\Sigma} + b_{tj}^{\Sigma} i + c_{tj}^{\Sigma} j \end{aligned} \tag{9-3}$$

9.2.1.1 适合工作原理

假设综合效果测度序列 $r_{t(j)}^{\Sigma}$，即

$$\begin{aligned} r_{t(j)}^{\Sigma} &= (r_{t1}^{\Sigma}, \cdots, r_{tm}^{\Sigma}) \\ &= (a_{t1}^{\Sigma} + b_{t1}^{\Sigma} i + c_{t1}^{\Sigma} j, \cdots, a_{tm}^{\Sigma} + b_{tm}^{\Sigma} i + c_{tm}^{\Sigma} j) \end{aligned} \tag{9-4}$$

对 $r_{t(j)}^{\Sigma}$ 取极大值，有

$$\begin{aligned} r_{tj*}^{\Sigma} &= \max_j (r_{t(j)}^{\Sigma}) \\ &= \max_j (a_{t1}^{\Sigma} + b_{t1}^{\Sigma} i + c_{t1}^{\Sigma} j, \cdots, a_{tm}^{\Sigma} + b_{tm}^{\Sigma} i + c_{tm}^{\Sigma} j) \\ &= \max_j \left(\frac{a_{t1}^{\Sigma}}{a_{t1}^{\Sigma} + c_{t1}^{\Sigma}}, \cdots, \frac{a_{tm}^{\Sigma}}{a_{tm}^{\Sigma} + c_{tm}^{\Sigma}} \right) \end{aligned} \tag{9-5}$$

则 $(\text{job})_{j*}$ 即是 a_t 的适合工作。

9.2.1.2 适合目标原理

令 U_{tj} 为 u_{tj}^p 的全体，且

$$U_{tj}=\{u_{tj}^{p}\mid p=1,2,\cdots,l\}\tag{9-6}$$

若存在

$$\begin{aligned}u_{tj}^{p^*}&=\max_{p}U_{tj}\\&=\max\{u_{tj}^{1},u_{tj}^{2},\cdots,u_{tj}^{l}\}\\&=\max\left\{\frac{a_{tj}^{1}}{a_{tj}^{1}+c_{tj}^{1}},\frac{a_{tj}^{2}}{a_{tj}^{2}+c_{tj}^{2}},\cdots,\frac{a_{tj}^{l}}{a_{tj}^{l}+c_{tj}^{l}}\right\}\end{aligned}\tag{9-7}$$

则目标 p^* 是 a_t 的适合目标。

9.2.1.3 适合人才原理

假设对极大值极性、极小值极性、适中值极性目标指标数据进行规范化处理，称矩阵

$$\boldsymbol{X}=(x_{tk})=\begin{bmatrix}u_{1j}^{1}&u_{1j}^{2}&\cdots&u_{1j}^{l}\\u_{2j}^{1}&u_{2j}^{2}&\cdots&u_{2j}^{l}\\\vdots&\vdots&&\vdots\\u_{nj}^{1}&u_{nj}^{2}&\cdots&u_{nj}^{l}\end{bmatrix}\tag{9-8}$$

为 n 个人才的 j 个目标指标数据矩阵，上式中第 t 行为人才 a_t 的目标特征指标，第 k 列代表所有 n 个人才的第 k 个目标指标序列，并有

$$u_{tj}^{k}=a_{tj}^{k}+b_{tj}^{k}i+c_{tj}^{k}j\tag{9-9}$$

在上述矩阵中，令

$$a_{t^*j}^{k^*}=\max\{a_{1j}^{1},\cdots,a_{1j}^{l},\cdots,a_{nj}^{1},\cdots,a_{nj}^{l}\}\tag{9-10}$$

$$c_{t^*j}^{k^*}=\min\{c_{1j}^{1},\cdots,c_{1j}^{l},\cdots,c_{nj}^{1},\cdots,c_{nj}^{l}\}\tag{9-11}$$

$$b_{t^*j}^{k^*}=1-a_{t^*j}^{k^*}-c_{t^*j}^{k^*}\tag{9-12}$$

则称 $u_{t^*j}^{k^*}=a_{t^*j}^{k^*}+b_{t^*j}^{k^*}i+c_{t^*j}^{k^*}j$ 为目标指标数据矩阵的制高数据。实质上，所谓制高数据，就是该目标指标数据矩阵中目标指标的效果顶点数值，上述获得制高数据的方法称为制高点方法。

以制高数据为靶心，利用最小距离方法或靶心度即可对人才进行识别。以制高数据 $u_{t^*j}^{k^*}$ 为素质目标指标的人才 a_{t^*} 定义为人才标杆，这是人才识别的尺度。令 $d(a_t,u_{t^*j}^{k^*})$ 为 a_t 接近 $u_{t^*j}^{k^*}$ 的靶心度，其计算式为

$$d(a_t,u_{t^*j}^{k^*})=\sqrt{(a_{tj}^{\Sigma}-a_{t^*j}^{k^*})^2+(b_{tj}^{\Sigma}-b_{t^*j}^{k^*})^2+(c_{tj}^{\Sigma}-c_{t^*j}^{k^*})^2}\tag{9-13}$$

同时令 σ 为优秀人才界定值，则集合 d^* 为

$$d^* = \{d(a_t, u_{t*j}^{k*}) \geqslant \sigma\} \tag{9-14}$$

代表优秀人才类。改变界定值 σ,则可得到不同标准的人才类别。

9.2.2 试验质量的联系数管理方法

试验数据的完善程度、装备试验质量等评价问题的实质是比较两个对象在特性上的相似性程度,如果相似则可归为一类,否则纳入另一类。如试验模式的选择,就是选择在作战对象特性、战场环境条件、双方对抗方式等方面与设计模式相似的试验方法作为参考模式。又如试验质量评价,就是根据待评价样本与质量标准的相似性进行分类。

从系统性和代表性角度选择装备试验质量评价指标体系并确定等级评价标准。将评价样本指标值 $x_l(l=1,2,\cdots,m)$(m 为评价指标总数)看成一个集合 A_l,把相应指标的评价标准看成另一个集合 $B_k(k=1,2,\cdots,K)$(K 为评价等级数目),则 A_l 与 B_k 可构成一个集对 $H(A_l,B_k)$。根据集对分析原理,可用 K 元联系数 u_l 描述集对 $H(A_l,B_k)$ 的关系,即

$$\begin{aligned} u_l &= u_{A_l-B_k} \\ &= a_l + b_{l,1}i_1 + b_{l,2}i_2 + \cdots + b_{l,K-2}i_{K-2} + c_l j \end{aligned} \tag{9-15}$$

式中:a_l 表示指标值 x_l 与该指标第 k 级标准的同一度(等级相同);$b_{l,1}$ 为指标值 x_l 与该指标第 k 级标准相差 1 级的差异度;$b_{l,2}$ 为指标值 x_l 与该指标第 k 级标准相差 2 级的差异度;$b_{l,K-2}$ 为指标值 x_l 与该指标第 k 级标准相差 $K-2$ 级的差异度;c_l 为指标值度 x_l 与该指标第 k 级标准的对立度(相差 $K-1$ 级)。式(9-15)中:$a_l+b_{l,1}+b_{l,2}+\cdots+b_{l,K-2}+c_l=1$,$b_{l,1},b_{l,2},\cdots,b_{l,K-2}$ 称为差异度分量,即差异度有不同级别,如轻度差异、中度差异、重度差异等;$i_1,i_2,\cdots,i_{K-2}$ 称为差异不确定分量系数。

$u_{A_l-B_k}$ 的表达式比较简单,但却反映了 A_l 与 B_k 关系的整体结构,同时 $a_l,b_{l,1},b_{l,2},\cdots,b_{l,K-2},c_l$ 又反映了 A_l 与 B_k 关系的内部细节结构。因此,该联系数突破了以相关系数、隶属度和灰色关联度单一指标表征关系的传统框架,至少具有如下几点的独特优势:①清晰地显示了关系结构;②形象地定量揭示了复杂评价问题中的 3 种或多种秉性;③动态地给出了综合关系值(按要求取不同的标准或者选取适当的独特 $i_1,i_2,\cdots,i_{K-2}$ 值)。

为了评价方便,可将 B_k 特定为某指标评价标准的最高(或最低)等级构成的集合。则式(9-15)中的各参数意义可理解为:a_l 表示指标值 x_l 隶属于最高评价标准的可能程度,$b_{l,1}$ 表示指标值 x_l 隶属于次高评价标准的可能程度,$b_{l,2}$ 表示指标值 x_l 隶属于 3 级标准的可能程度,$b_{l,K-2}$ 表示指标值 x_l 隶属于 $K-2$ 级的可能程度 c_l 表示指标值 x_l 隶属于 K 级标准的可能程度。

建立装备试验质量等评价问题的评价指标体系后,基于数据源和评价标准等

级对底层指标进行联系数描述，然后从底层向顶层逐层聚合得到最终的评价结果，聚合过程中考虑每个层次指标的权重。假设某层共有 n 个指标，定义为评价样本集合 A，假设这 n 个指标的权重向量为

$$\boldsymbol{W}=(w_1,w_2,\cdots,w_n) \tag{9-16}$$

定义该层次指标的 1 级（最高）评价标准集合 B，则得到第 h 个指标的 K 元联系数

$$u_h=a_h+b_{h1}i_1+b_{h2}i_2+\cdots+b_{h(K-2)}i_{K-2}+c_hj \tag{9-17}$$

则最终评价结果的联系数模型为

$$\begin{aligned} u &= u_{A\text{-}B} = \sum_{h=1}^{n} w_h u_h \\ &= \sum_{h=1}^{n} w_h a_h + \sum_{h=1}^{n} w_h b_{h1} i_1 + \sum_{h=1}^{n} w_h b_{h2} i_2 + \cdots + \sum_{h=1}^{n} w_h b_{h(K-2)} i_{K-2} + \sum_{h=1}^{n} w_h c_h j \\ &= f_1+f_2i_1+\cdots+f_{K-1}i_{K-2}+f_K \end{aligned} \tag{9-18}$$

取评价结果要求的置信度为 λ，根据置信度准则

$$l_m=f_1+f_2+\cdots+f_m\ (m=1,2,\cdots,K)>\lambda \tag{9-19}$$

可判别样本所属的评价标准等级，即样本属于评价标准等级的 m 级。通常评价结果要求的置信度 λ 一般在[0.5,0.7]内取值，λ 越大，则评价结果越保守、稳妥。该方法避免了差异不确定性系数 $i_1,i_2,\cdots,i_{K-2}$ 的取值问题，大大降低了评价问题的复杂性。

9.2.3 试验计划的联系数管理方法

电子装备试验进度的分析与控制是电子装备试验管理的主要内容之一，基于统筹图的网络计划方法是常用的一种基本方法，其中的试验阶段工作时间以某个定值出现。但在电子装备实际试验过程中存在种种不确定性因素，其试验阶段持续时间的信息在性质上是不确定的，基于定值表示试验阶段持续时间的网络计划就不能完全客观地描述试验实际。电子装备试验阶段工作时间本质上是在某个区间内变化着的变量，只有在特定条件下才会取某一个定值，不确定性是其本质特征，利用联系数来表达和处理试验阶段工作时间则不失为一个崭新的思路，能准确客观地表示和处理试验实际过程中的不确定性，比传统的网络计划方法能提供更多有价值的信息，具有更灵活的表达和处理能力，更加符合工程实际并且思路清晰、操作方便、意义直观。

9.2.3.1 基于联系数 $a+bi$ 的网络计划方法

首先考虑 $a+bi$ 形式的联系数在网络计划中的应用。假设某电子装备试验过

程中某个试验阶段在正常情况下需要 13 天完成,若遇被试装备故障或其他意外,最多时可能延期 3 天才能完成。若在该试验阶段采用某种新试验技术,则最多可提前 3 天完成。因此,用联系数表示该试验阶段的工期为 $13+3i, i\in[-1,1]$。如果该试验阶段可能提前完成的天数最多为 3 天,可能延期完成的天数最多为 2 天,则根据集对分析理论中关于 $i\in[-1,1]$ 视不同情况不确定取值的思想,仍可用 $13+3i$ 来表示该试验阶段的工期。同样,如果最多可能延期 3 天,最多可能提前 4 天完成,则可以类似地简记成 $13+4i$。

在传统网络计划的计算中,当网络有若干条线路时,线路上试验阶段的持续时间之和最大者叫关键线路。当某一个试验阶段是几个试验阶段的紧后阶段时,该阶段的最早开工时间为几个阶段完工时间的最大者。由于联系数无法像实数那样直接比较大小,当试验阶段完成时间有不确定性且用联系数表示时,可以通过以下方法定义关键路线和最早开工时间等参数。

假设有联系数集合 $A=\{u_1,u_2,\cdots,u_n\}$,令 $a=\max\{a_r \mid a_r+b_ri\in A\}$, $b=\max\{b_r \mid a_r+b_ri\in A\}$,则 $u=a+bi\in A$ 称为联系数集合 A 的主关键联系数。

对于给定的联系数集合 $A=\{u_1,u_2,\cdots,u_n\}$,利用它的主关键联系数 $u=a+bi$,可将其划分为 4 个不相交的子集合:$A_1=\{u_r \mid u_r\in A, a_r=a\}$, $A_2=\{u_r \mid u_r\in A, a_r<a, a_r+b_r\geqslant a+b\}$, $A_3=\{u_r \mid u_r\in A, a_r<a, a_r+b_r<a+b, a_r+b_r\geqslant a-b\}$, $A_4=A-A_1-A_2-A_3$。A_1、A_2、A_3、A_4 分别称为联系数集合 A 的关键子集、次关键子集、再关键子集和非关键子集。

对于联系数 $u_1=a_1+b_1i$ 和 $u_2=a_2+b_2i$,定义联系数集合 $\{u_1,u_2\}$ 的最小上界为联系数 $u=a+bi$,其中

$$a=\frac{\max\{a_1+b_1,a_2+b_2\}+\max\{a_1-b_1,a_2-b_2\}}{2} \tag{9-20}$$

$$b=\frac{\max\{a_1+b_1,a_2+b_2\}-\max\{a_1-b_1,a_2-b_2\}}{2} \tag{9-21}$$

定义联系数集合 $\{u_1,u_2\}$ 的最大下界为联系数 $u=a+bi$,其中

$$a=\frac{\min\{a_1+b_1,a_2+b_2\}+\min\{a_1-b_1,a_2-b_2\}}{2} \tag{9-22}$$

$$b=\frac{\min\{a_1+b_1,a_2+b_2\}+\min\{a_1-b_1,a_2-b_2\}}{2} \tag{9-23}$$

针对某一个具体的试验任务网络计划,基于联系数 $a+bi$ 的网络计划方法步骤为:

(1) 对具体试验任务的每一个试验阶段所需的时间,明确其最快和最迟天数,并用联系数 $a+bi$ 表示。

（2）把各个试验阶段之间的相互关系，用表格形式表示。

（3）根据试验中各个试验阶段之间的关系与用联系数表示的时间表，绘制网络计划图。

如图 9－1 给出了某试验的所有试验阶段、试验阶段之间的相互关系及用联系数表示的工作时间。图中有向边表示试验阶段，其上的字母代表试验阶段名称，其下的联系数表示该试验阶段的时间，圆圈表示相邻试验阶段的时间分界点，称为事项。圆圈内的数字为事项编号，事项上面或下面带下画线的联系数称为该事项的最早时间，它是该事项后面的试验阶段可能的最早开工时间。

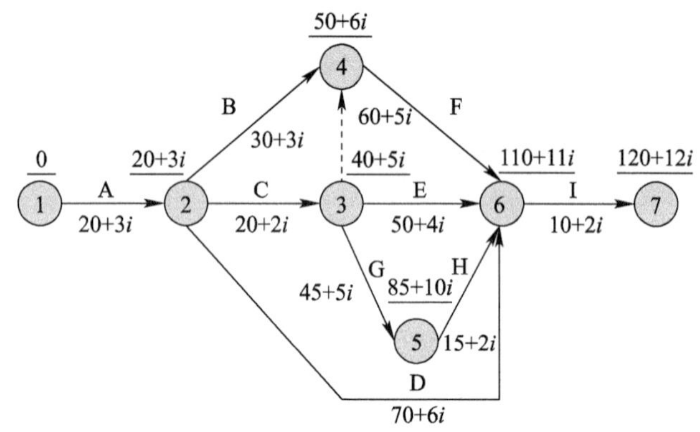

图 9－1　某试验基于联系数的网络计划图

（4）计算网络中各个事项的最早时间，根据试验阶段之间的相互关系按照以下 2 种情形进行：一是当某事项只有 1 个箭入工序时，该事项的最早时间，按照联系数的加法计算，如事项②、③、④等。二是当某事项有 2 个或更多箭入工序时，该事项的最早时间则必须按照联系数集合的最小上界进行计算。如图中事项⑥，其最早开始时间为 $110 + 11i = \mathrm{EXTRL}(u_1, u_2, u_3, u_4)$，其中 EXTRL（·）为联系数集合的最小上界计算函数，$u_1 = 110 + 11i$、$u_2 = 90 + 9i$、$u_3 = 100 + 12i$、$u_4 = 90 + 9i$。

（5）根据网络计划图，找出所有从开工事项到完工事项的各条路线，设共有 k 条路线并记为 L_r，其最后完工事项的最早时间为 $u_r = a_r + b_r i\ (r = 1, 2, \cdots, k)$。令 $A = \{u_1, u_2, \cdots, u_k\}$，求出它的主关键联系数 $u = a + bi$ 和对应的 A_1、A_2、A_3、A_4。针对路线 L_r，若有 $u_r = a_r + b_r i \in A_t$，当 $t = 1$ 时，称 L_r 为关键路线；当 $t = 2$ 时，称 L_r 为次关键路线；当 $t = 3$ 时，称 L_r 为再次关键路线；当 $t = 3$ 时，称 L_r 为非关键路线。次关键路线和再次关键路线都是可能转换为关键路线的路线，因此在试验过程中必须对试验进度加强管理与控制。

（6）根据 i 值的变化对网络计划进行动态调控和管理。显然，网络计划在有不确定性的情况下，前述次关键路线和再次关键路线都可能在一定条件下转化为关键路线，从而最终影响试验进程的总完成时间。当用联系数来描述各试验阶段时间时,其转化过程是通过不确定数 i 值的变化来体现的。因此,如何结合试验进程实际情况分析、估算,乃至确定一个试验阶段中 i 的取值,是本节网络计划方法的关键问题之一。

由于实际装备试验进程问题的复杂性,网络计划图中各试验阶段时间的不确定数 i 的估值,常常需要综合地采用“面向对象取值”“面向式子取值”“专家取值”等方法,有时对不同的试验阶段使用不同的方法,有时对同一试验阶段采用多种方法以互相比较、验证,以便从总体上保证和提高网络计划中各个 i 取值的精度。

9.2.3.2 基于联系数 $a+bi$ 的网络计划方法

上述 $a+bi$ 型联系数仅仅是集对分析中 $a+bi+cj$ 型联系数的一个特例,它虽然能够较好地描述试验阶段时间的确定与不确定状态,但不能描述和刻画试验进程中因突发事件出现而引起的工期变化,因此,仍有一定局限性。事实上,试验在实施过程中,由于气候、环境乃至其他人为因素而引发出现的突发事件并不少见,例如,由于装备发生比较严重的故障,如果某个试验阶段计划时间为 7 天,但由于装备需要维修,该试验阶段实际时间最后为 15 天。由于试验网络计划时没有考虑到装备会发生比较严重的故障,因此试验组织实施时没有一点准备,致使整个试验进度陷于被动,影响到试验完成的总时间。所以,有必要基于 $a+bi+cj$ 型联系数来描述试验进程中因未知和难以估计的因素以及突发事件所引起的试验阶段时间不确定性和时间变化,从而形成一种更为完整和符合客观实际的网络计划方法。

基于 $a+bi+cj$ 型联系数的试验时间计划与控制中,定义 a 为在正常情况下完成某试验阶段的天数,b 为在异常情况下有可能波动的天数,i 在[$-1,1$]区间内不确定取值,以决定 b 的波动方向和波动幅度,c 为反常情况(出现突发事件)下必须增加的工作时间。这里 j 作为反常的标记,在需要定量计算时,规定 $j=+1$。

例如,对某电子对抗装备性能试验中某一个试验阶段,在正常情况下,12 天可以完成,在出现异常的情况下,有可能提前 3 天或延期 3 天完成。在出现突发情况下,则肯定要在原来的工作时间上多花 2 天才能完成。此时,可以用联系数 $12+3i+2j$ 表示在各种不同情况下,完成该试验阶段所需要的时间。需要注意的是,此处 $a+b+c\neq 1$,与集对分析中 a、b、c、i 和 j 的含义都有所不同。

根据上述同异反联系数的定义,同异反联系数 $a+bi+cj$ 刻画了在正常、异常、反常这样 3 种情况下完成一个试验阶段所需要的天数。因此,在对试验网络计划图中试验阶段路线进行总体估计和分析时,只需要对各个试验阶段的同异反联系数进行简单的代数求和。即假设该试验阶段路线分为 n 个试验阶段,第 $k(k=1,2,\cdots,n)$ 个试验阶段的时间用联系数 $a_k+b_ki+c_kj$ 表示,则有该路线的总时间为

$$T = a_1 + b_1 i + c_1 j + \cdots + a_n + b_n i + c_n j$$

$$= \sum_{k=1}^{n} a_k + i\sum_{k=1}^{n} b_k + j\sum_{k=1}^{n} c_k \tag{9-24}$$

因此,基于 $a+bi+cj$ 型联系数进行试验时间计划与控制,最基本的步骤就是,首先计算确定试验网络计划图中每个试验阶段的联系数表达式,其次确定试验网络计划图中各个试验阶段路线,然后计算每条试验阶段路线所需的总时间,并进行相关分析。对应于上式表示的路线总时间,就分别对应了不同性质的试验网络计划。

(1) 表达式 $\sum_{k=1}^{n} a_k$ 所对应的是试验网络计划图中所论路线上各试验阶段在正常情况下所需要的确定性时间之和,而忽略了该试验路线在异常情况和反常情况所引起的时间不确定性。这种情况是一种理想情况,它对应于传统的确定性网络计划。

(2) 表达式 $\sum_{k=1}^{n} a_k + i\sum_{k=1}^{n} b_k$ 所对应的是试验网络计划图中所论路线上各试验阶段在出现异常情况下所需时间之和,客观上是所论试验路线在正常情况下确定性时间与该路线在异常情况下所引起的时间不确定性所需时间的共同作用结果。它忽略了网络在遇到突发情况,即出现反常情况时所需的试验时间,这是一种较为接近试验实际情况的网络计划方法。

(3) 表达式 $\sum_{k=1}^{n} a_k + i\sum_{k=1}^{n} b_k + j\sum_{k=1}^{n} c_k$ 正确反映了试验网络计划图中所论路线在正常情况下的确定性时间与出现异常情况下的不确定性时间的共同作用结果,而且反映了实际试验进程中,在出现突发事件时所需的延期时间。它真实地反映了所论试验路线所需时间的确定性与不确定性,是对所论试验路线所需时间的完整描述,是一种较为完整、全面的网络计划方法。

9.2.4 试验机构的联系数管理方法

以使命(任务)为资源,以任务单位为事件构成的局势是机构管理局势,可记为

$$S_{or} = (\text{organ}, \text{mission}) \Rightarrow S_{tq} = (o_t, m_q) \tag{9-25}$$

称 $S_{tq} = (o_t, m_q)$ 为机构管理局势,当且仅当 m_q 是机构 o_t 的最佳使命。

令机构管理局势 S_{tq} 在 p 目标下的效果样本用同异反联系数 $u_{tq}^p = a_{tq}^p + b_{tq}^p i + c_{tq}^p j$ 形式的描述,令 r_{tq}^p 是 u_{tq}^p 的效果测度,并假设 $f_{tq}(\cdot)$ 为效果样本至效果测度的映射函数,则有

$$r_{tq}^{p}=f_{tq}(u_{tq}^{p})=f_{tq}(a_{tq}^{p}+b_{tq}^{p}i+c_{tq}^{p}j) \tag{9-26}$$

假设 P 个目标,其权重向量为 $\boldsymbol{W}=(w_1,w_2,\cdots,w_P)$,则有综合效果测度为

$$r_{tq}^{\Sigma}=\sum_{p=1}^{P}w_p r_{tq}^{p}=\sum_{p=1}^{P}w_p f_{tp}(a_{tq}^{p}+b_{tq}^{p}i+c_{tq}^{p}j)=a_{tq}^{\Sigma}+b_{tq}^{\Sigma}i+c_{tq}^{\Sigma}j \tag{9-27}$$

1）最佳使命原理

对于 Q 个使命任务,即 $q=1,2,\cdots,Q$ 时,可有机构 o_t 对于 Q 个使命任务的综合效果测度序列为

$$r_{t(q)}^{\Sigma}=(r_{t1}^{\Sigma},\cdots,r_{tQ}^{\Sigma})=(a_{t1}^{\Sigma}+b_{t1}^{\Sigma}i+c_{t1}^{\Sigma}j,\cdots,a_{tQ}^{\Sigma}+b_{tQ}^{\Sigma}i+c_{tQ}^{\Sigma}j) \tag{9-28}$$

对 $r_{t(j)}^{\Sigma}$ 取使命任务完成程度的综合投影极大值,有

$$\begin{aligned}r_{tq*}^{\Sigma}&=\max_q(r_{t(q)}^{\Sigma})\\&=\max_q(a_{t1}^{\Sigma}+b_{t1}^{\Sigma}i+c_{t1}^{\Sigma}j,\cdots,a_{tQ}^{\Sigma}+b_{tQ}^{\Sigma}i+c_{tQ}^{\Sigma}j)\\&=\max_q\left(\frac{a_{t1}^{\Sigma}}{a_{t1}^{\Sigma}+c_{t1}^{\Sigma}},\cdots,\frac{a_{tQ}^{\Sigma}}{a_{tQ}^{\Sigma}+c_{tQ}^{\Sigma}}\right)\\&=m_{q*}\end{aligned} \tag{9-29}$$

则 m_{q*} 是机构 o_t 在多目标 p 下的最佳使命。

2）最佳机构原理

同样,对于 T 个试验机构,可以分析哪个机构 o_{t*} 更适合完成使命任务 m_q。类似采用 9.2.1.3 节适合人才的选择方法,可以选择最佳的试验机构或者合适的试验机构集合。

9.3 同异反管理应用

本节运用装备试验的同异反管理方法解决试验任务质量的综合评价、试验任务的风险分析问题。

9.3.1 试验任务质量的综合评价

武器装备试验任务质量是试验人员始终关注的一个重大问题。试验任务的成败,直接关系到在试验中能否发现装备本身及其在装备体系中存在的问题和薄弱环节,能否对装备的作战效能、作战适用性和体系贡献率作出评价和鉴定,能否得出科学的试验结论。因此,建立武器装备试验任务的质量评价系统,对试验任务完成情况进行实事求是的评价,对于试验系统的运行,提高试验鉴定的综合能力和水平,都具有十分重要的意义。

武器装备试验任务的质量评估是一项复杂的系统工程,涉及的各种因素相当多,具体的评价指标也很多,有些指标还很难数量化和归一化,而且评估系统中不

同因素之间往往存在着不同层次，因此需要采用多层次的评价指标体系及相应的方法进行系统分析和评价。

本节把系统中的各种因素通过划分为相互联系的有序层次，然后逐层进行联系数的聚合计算，考虑指标之间的相对重要性得到最终的评价结果。

9.3.1.1 建立评价指标体系

武器装备试验任务的质量评估指标体系应该是由若干个单项可测评价指标组成的整体，结合武器装备试验的特点，从安全性、时间性、经济性和技术性4个方面来衡量试验任务质量，其3级树型评价指标体系如图9-2所示。

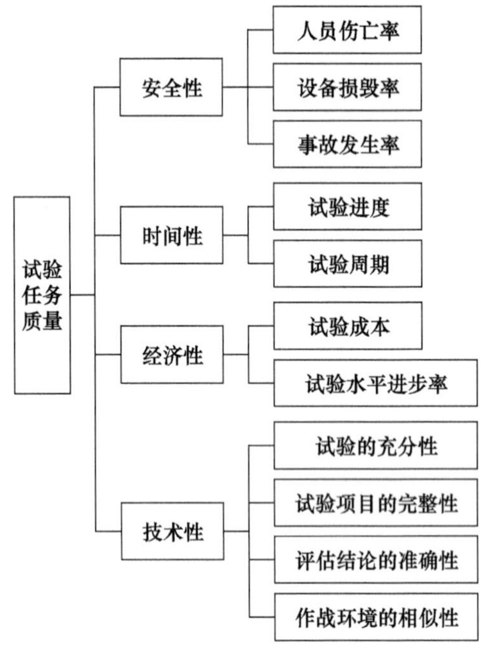

图9-2 试验任务质量评价指标体系

9.3.1.2 基于联系数的综合评价

为了使武器装备试验任务的质量评估结果尽可能贴近客观实际，尽量减少个体偏好所引起的偏差，一般采用专家组的评价方式，以避免单人决策评价的片面性，使评价结果更科学化、民主化。同时质量评估指标体系中指标的取值标准是相应的质量管理标准体系，专家对照指标标准选择“符合”或“不符合”。评审组根据专家的选择情况进行相关的统计，得到评价指标的联系数表达模型。例如，10个专家对某个指标对照指标标准选择“符合”或“不符合”，假设7个专家选择“符合”,2 个专家选择“不符合”,则该指标的联系数表达式为 $0.7+0.1i+0.2j$。例如,对某次武器装备试验任务质量进行评估,设计基于质量评估指标的问卷调查,所有参加试验人员均认真回答了问卷调查表,关于质量评估指标的联系数表达统计结果如表 9-1 所列。

表 9-1　某试验任务质量评估数据

评价指标	联系数	评价指标	联系数
人员伤亡率	$0.75+0.08i+0.17j$	试验水平进步率	$0.65+0.16i+0.19j$
设备损坏率	$0.82+0.06i+0.12j$	试验充分性	$0.92+0.03i+0.05j$
事故发生率	$0.85+0.10i+0.05j$	试验项目完整性	$0.95+0.01i+0.04j$
试验进度	$0.90+0.03i+0.07j$	评估结论准确性	$0.93+0.03i+0.04j$
试验周期	$0.78+0.13i+0.09j$	作战环境的相似性	$0.88+0.03i+0.09j$
试验成本	$0.68+0.18i+0.14j$		

根据表 9-1 中数据,假设人员伤亡率、设备损坏率、事故发生率之间的权重为(0.5,0.2,0.3),则有试验安全性的评价结果为

$$\begin{aligned} u_1 &= 0.5(0.75+0.08i+0.17j)+0.2(0.82+0.06i+0.12j)+ \\ &\quad 0.3(0.85+0.10i+0.05j) \\ &= 0.794+0.082i+0.124j \end{aligned}$$

假设试验进度、试验周期之间的权重为(0.5,0.5),则有试验时间性的评价结果为

$$\begin{aligned} u_2 &= 0.5(0.90+0.03i+0.07j)+0.5(0.78+0.13i+0.09j) \\ &= 0.84+0.08i+0.08j \end{aligned}$$

假设试验成本、试验水平进步率之间的权重为(0.4,0.6),则有试验经济性的评价结果为

$$\begin{aligned} u_3 &= 0.4(0.68+0.18i+0.14j)+0.6(0.65+0.16i+0.19j) \\ &= 0.662+0.168i+0.17j \end{aligned}$$

假设试验充分性、试验项目完整性、评估结论准确性、作战环境的相似性之间的权重为(0.2,0.3,0.2,0.3),则有试验技术性的评价结果为

$$\begin{aligned} u_3 &= 0.2(0.92+0.03i+0.05j)+0.3(0.95+0.01i+0.04j)+ \\ &\quad 0.2(0.93+0.03i+0.04j)+0.3(0.88+0.03i+0.09j) \\ &= 0.919+0.024i+0.057j \end{aligned}$$

9.3.2　装备试验任务的风险分析

装备试验主要包括试验规划、试验任务准备、现场实施、数据处理与评价、结果

反馈与问题处置等过程，是装备全寿命管理的重要环节，是装备能否定型、装备部队的重要依据。通过装备定型试验，可以验证关键技术及设计方案，及时发现装备存在的缺陷，检验装备是否达到规定的战术技术指标和使用效能，保证交付部队装备的质量，消除部队使用装备的风险。风险是不利事件发生的概率与不利事件产生的后果的综合，风险存在于事物的方方面面，装备试验也存在许多风险，如果对试验风险不予以重视和加以控制，就有可能导致试验中断和失败，影响试验目标的完成。因此加强对试验风险的管理是高效完成试验任务的保证。装备定型试验风险是指在一定的经费、进度、技术性能、国防工业基础能力等约束条件下，装备定型试验考核检验不全面或与实际使用环境不符，从而影响装备固有特性不能满足使用要求的可能性以及造成的各种危害。在现行装备管理体制下，装备定型试验项目的风险主要来自于技术、人员、环境、决策、信息、管理和保障 7 个方面。

装备试验风险具有多样性、持续性和全面性等特点，在装备试验中体现为内部具有干扰性、传递性和不对称性等特征。风险分析必须运用定性或定量的方法对试验风险进行研究，以确定风险发生的概率和风险影响程度。因此，评价方法的科学性决定和影响着风险分析的准确性，并对风险管理的实际效果产生直接影响。目前，广泛采用专家调查法、幕景分析法、蒙特卡罗模拟法、模糊综合评判等定性分析方法。为了满足试验风险的管理要求，风险管理越来越重视定量分析，即运用数理统计模型来识别、衡量和监测风险，这使得风险管理越来越多的体现客观性和科学性的特征。

GJB 5852—2006 认为风险是在规定的技术、费用和进度等几个约束条件下，对不利实现装备定型试验目标的可能性及所导致的后果严重性的度量，数学表达公式为

$$R=f(P,C) \tag{9-30}$$

式中：R 表示风险评价指数；P 表示不利事件发生的概率；C 表示不利事件发生的后果严重性。通过该式不难看出，风险至少有 2 个基本要素，即风险发生的概率和风险影响的大小。

风险因素发生概率主要可通过 2 种方式获取：一是借助于大量的历史统计数据、资料或已有的风险估计模型，得到类似风险事件的发生规律，即外推法，得到的是客观概率；二是调查访问相关领域的专家以及有着长期工作经验的工作人员等，通过他们的主观判断、分析，结合搜集到的资料作参考，也可估计出未来风险事件的发生概率，这属于主观估计，即专家调查法，该方法得到的是主观概率。在实际应用中不难发现，数学方法与人们的主观估计结合起来使用，往往会得到更符合事实的结果。对于风险影响程度的分析，常用的方法主要有层次分析法、蒙特卡罗方法、故障树分析法、灰色关联分析法等。

在风险矩阵中，风险事件发生可能性的大小常用点概率的区间表示，风险事件

的影响程度常用模糊语言(如严重、较严重、中等、轻、较轻)描述。基于集对分析方法,可以对风险事件发生的可能性及影响程度利用联系数进行描述。

设某风险事件发生的概率范围为$[p_1,p_2]$,则表明该风险事件发生概率最高为p_2,至少为p_1,从而该风险发生可能性的联系数为

$$u_p = p_1 + (p_2 - p_1)i + (1 - p_2)j \tag{9-31}$$

同样,如果该风险事件影响的范围为$[c_1,c_2]$,则该风险事件发生后影响的联系数为

$$u_c = c_1 + (c_2 - c_1)i + (1 - c_2)j \tag{9-32}$$

于是,该风险的风险联系数为

$$u_R = u_p \cdot u_c \tag{9-33}$$

针对装备试验任务所识别的所有风险集合$\{u_1,u_2,\cdots,u_n\}$,基于2.5节的同异反分析方法,就可以对所有风险进行分析排序。例如,某型电子侦察装备试验识别出6种风险,依据以往试验统计数据,它们发生的概率和损失范围如表9-2所列。

表9-2　6种风险的概率和损失范围

风险序号	发生概率范围	损失范围
1	[0.011,0.016]	[0.45,0.51]
2	[0.11,0.33]	[0.12,0.17]
3	[0.002,0.009]	[0.62,0.74]
4	[0.058,0.62]	[0.14,0.66]
5	[0.12,0.34]	[0.09,0.396]
6	[0.05,0.355]	[0.162,0.578]

将风险发生的概率范围和损失范围基于联系数进行表示,如表9-3所列。

表9-3　6种风险概率和损失的联系数

风险序号	发生概率联系数	损失联系数
1	$0.011+0.005i+0.084j$	$0.45+0.06i+0.49j$
2	$0.11+0.22i+0.67j$	$0.12+0.05i+0.83j$
3	$0.002+0.007i+0.991j$	$0.62+0.12i+0.26j$
4	$0.058+0.562i+0.38j$	$0.14+0.52i+0.34j$
5	$0.12+0.22i+0.66j$	$0.09+0.306i+0.604j$
6	$0.05+0.305i+0.645j$	$0.162+0.416i+0.422j$

利用联系数的乘法运算,得到6种风险的最终联系数为

$$u_1 = 0.0049 + 0.0032i + 0.9919j$$

$$u_2 = 0.0132 + 0.0429i + 0.9439j$$

$$u_3 = 0.0012 + 0.0054i + 0.9934j$$

$$u_4 = 0.0081 + 0.0325i + 0.9594j$$

$$u_5 = 0.0108 + 0.1238i + 0.8654j$$

$$u_6 = 0.0081 + 0.1971i + 0.7948j$$

上述所有联系数均有 $c_k > a_k (k = 1, 2, \cdots, 6)$ 成立，联系数均处于集对反势状态，而且可以看出，联系数 u_2 和 u_5 代表的风险明显高于其他风险。由于

$$\left(\frac{a_2}{c_2} = 0.0140\right) > \left(\frac{a_5}{c_5} = 0.0125\right)$$

所以联系数 u_2 代表的第 2 种风险高于第 5 种风险。其他 4 种风险联系数的势值分别为

$$\frac{a_1}{c_1} = 0.0049, \ \frac{a_3}{c_3} = 0.0012, \ \frac{a_4}{c_4} = 0.0084, \ \frac{a_6}{c_6} = 0.0102$$

根据势值大小，这 4 个联系数代表的风险高低次序为第 6 种风险、第 4 种风险、第 1 种风险、第 3 种风险。综上，基于势值大小，本例中风险的高低次序为第 2 种风险、第 5 种风险、第 6 种风险、第 4 种风险、第 1 种风险、第 3 种风险。

参考文献

[1] 李际军．军事战略思维[M]．北京:长征出版社,2012:116.

[2] 柯宏发．电子装备试验中的灰色决策与评估研究[D]．长沙:国防科技大学,2007.

[3] 柯宏发．电子装备试验中的不确定性建模问题研究[R]．南京:南京航空航天大学,2010.

[4] WANG D P,MA S H P,LIU J. Study on the classification and disposal of uncertain knowledge in intelligent fault diagnosis systems[C]//Proceedings of the 3rd World Congress on Intelligent Control and Automation,June 28 – July 2 2000:308 – 312.

[5] W Clifton Baldwin,BrianSauser,Robert Cloutier. Simulation approaches for system of systems:events – based versus agent based modeling[J]. Procedia Computer Science,2015 (44):363 – 372.

[6] Robert N Tamburello,Jeffrey W Herrmann. A simulation – based approach to determine the evaluation adequacy of system – of – systems operational test configurations[J]. Journal of Risk and Reliability,2015,229(1): 46 – 51.

[7] Gary Wheatley. Measuring the potential effectiveness of network centric warfare[C]//4th International Command and Control Research and Technology Symposium,Washington DC. ,July 1999.

[8] BILTGEN P T. A methodology for capability – based technology evaluation for system – of – systems [D]. Atlanta:Georgia Institute of Technology,2007.

[9] POOLE B H. A methodology for the robustness – based evaluation of systems – of – systems alternatives using regret analysis[D]. Atlanta:Georgia Institute of Technology,2008:384.

[10] TANGEN S A. A methodology for the quantification of doctrine and materiel approaches in a capability – based assessment[D]. Atlanta:Georgia Institute of Technology,2009:279.

[11] 张斌．不确定性信息处理的集对论思想与方法[J]．模糊系统与数学,2001,15 (2):89 – 93.

[12] 王小晟．吴顺祥对几种处理不确定性信息的理论的比较研究[J]．计算机工程与应用,December 2005: 51 – 55.

[13] KE H F,CHEN Y G,LIU Y. Data processing of small samples based on grey distance information approach [J]. Journal of Systems Engineering and Electronics,2007,18(2):281 – 289.

[14] CHEN Y G,KE H F,LIU Y. Grey Distance information approach for parameter estimation of small samples [J]. IEEE Transactions on Instrumentation and Measurement,2008,57(6):1281 – 1286.

[15] 柯宏发,陈永光,吴金亮．电子战装备效能评估中的不确定性信息处理[J]．军事运筹与系统工程, 2007,21(4):36 – 40.

[16] KE H,LIU B D. Project scheduling probleem with mixed uncertainty of randomness and fuzziness[J]. European Journal of Operational Research,183(2007):135 – 147.

[17] ZHENG Y S,LIU B D. Fuzzy vehicle routing model with credibility measure and its hybrid intelligent algorithm [J]. Applied Mathematics and Computation,176(2006):673 – 683.

[18] 陈永光,柯宏发．电子装备试验灰色理论运用技术[M]．北京:国防工业出版社,2008.

[19] 柯宏发,杜红梅,赵继广,等. 电子装备复杂电磁环境适应性试验与评估[M]．北京:国防工业出版

社,2015.

[20] 柯宏发,陈永光,赵继广,等.电子装备试验数据的非统计分析理论及应用[M]. 北京:国防工业出版社,2016.

[21] 柯宏发,祝冀鲁,王保顺,等.电子装备灰色试验与评估理论及应用[M]. 北京:科学出版社,2017.

[22] 柯宏发,陈永光,赵继广,等.电子装备体系效能评估理论及应用[M]. 北京:国防工业出版社,2018.

[23] 赵继广,柯宏发,袁翔宇,等.电子装备作战试验理论与实践[M]. 北京:国防工业出版社,2018.

[24] 史文中. 空间数据与空间分析不确定性原理[M]. 北京:科学出版社,2005.

[25] 郭瑞林. 作物育种同异理论与方法[M]. 北京:中国农业科学技术出版社,2011.

[26] 赵克勤. 集对分析及其初步应用[M]. 杭州:浙江科技出版社,2000.

[27] 赵克勤,米红. 非传统安全与集对分析[M]. 北京:知识产权出版社,2010.

[28] 王文圣,金彩良,丁晶,等. 水资源评估新方法 - 集对评估法[J]. 中国科学(E 辑),2009,39(9):1529 - 1534.

[29] 万星,王文圣,丁晶. 集对分析在水文水资源中的应用[J]. 水利水电科技进展,2006,26(4):9 - 11.

[30] 王文圣,向红莲,李跃清,等. 基于集对分析的年径流丰枯分类新方法[J]. 四川大学学报(工程科学版),2008,40(5):1 - 6.

[31] 王文圣,金菊良,李跃清. 基于集对分析的自然灾害风险度综合评价研究[J]. 四川大学学报(工程科学版),2009,41(6):6 - 11.

[32] 赵克勤. 集对分析的不确定性系统理论在 AI 中的应用[J]. 智能系统学报,2006,1(2):16 - 25.

[33] 赵克勤. SPA 的同异反系统理论在人工智能研究中的应用[J]. 智能系统学报,2007,2(5):20 - 35.

[34] 蒋云良,徐从富. 集对分析理论及其应用研究进展[J]. 计算机科学,2006,33(1):205 - 209.

[35] 程启月. 火力使用策略的集对分析与评价[J]. 火力指挥与控制,1996,21(1):32 - 35.

[36] 金菊良,魏一鸣,王文圣. 基于集对分析的水资源相似预测模型[J]. 水力发电学报,2009,28(1):72 - 77.

[37] 高洁,盛昭瀚. 集对分析聚类预测法及其应用[J]. 系统工程学报,2002,17(5):458 - 462.

[38] 张明俊,刘以安,马秀芳,等. 基于集对分析的多目标数据关联技术研究[J]. 华东船舶工业学院学报(自然科学版),2005,19(3):70 - 74.

[39] 刘晓,唐辉明,刘瑜. 基于集对分析的滑坡变形动态建模研究[J]. 岩土力学,2009,30(8):2371 - 2378.

[40] 刘以安,牛媛媛,刘同明. 集对分析在多雷达数据融合中的应用研究[J]. 华东船舶工业学院学报(自然科学版),2005,39(2):64 - 67.

[41] 李宜敏,罗爱民,吕风虎,等. 集对分析联系度聚类方法在信息分类中的应用[J]. 火力指挥与控制,2008,33(8):145 - 148.

[42] 马守明,王汝传,叶宁. 基于集对分析的上下文感知不确定性的推理方法[J]. 南京邮电大学学报(自然科学版),2009,29(1):64 - 67.

[43] 杜保,赵修平. 基于集对同一度的装备研制方案评价模型[J]. 舰船电子工程,2010,30(11):134 - 136.

[44] 陈校平,车飞. 装备保障能力的动态评估[J]. 火力指挥与控制,2011,36(7):167 - 170.

[45] 王霞. 观察数据用联系数表示的方差分析及应用[J]. 天津科技大学学报,2007,22(3):72 - 75.

[46] 王万军. 集对分析方法在数据挖掘中的应用[J]. 甘肃联合大学学报(自然科学版),2006,20(6):65 - 67.

[47] 黄德才,赵克勤. 用联系数描述和处理网络计划中的不确定性[J]. 系统工程学报,1999,14(2):

112 - 117.

[48] LIU S F, LIN Y. Grey information: theory and practical applications[M]. London: Springer, 2006.

[49] 张可. 矩阵型灰色关联分析建模技术研究[D]. 南京:南京航空航天大学,2010.

[50] [美]戴维斯保罗·K,谢弗拉塞尔·D,贝克贾斯廷,等. 武器装备体系能力的组合分析方法与工具[M]. 卜广志,毛昭军,译. 北京:国防工业出版社,2012.

[51] 盛永军,张涛,李平. 基于集对分析的方案优选新方法及其在防空兵群机动部署方案优选中的应用[J]. 防空兵指挥学院学报,2007,27(2):61 - 63.

[52] 张福兴主编. 中国军事百科全书·军事装备总论[M]. 北京:中国大百科全书出版社,2007.

[53] 黄德才,赵克勤,陆耀忠. 联系数 $a + bi$ 的运算及在网络计划中的应用[J]. 浙江工业大学学报,2000,28(3):190 - 194.

[54] 赵克勤,黄德才,朱燕. 同异反网络计划中的系统辩证思维及启示[J]. 系统辩证学学报,2002,10(1):65 - 67.

[55] 赵克勤,黄德才,陆耀忠. 基于 $a + bi + cj$ 型联系数的网络计划方法初探[J]. 系统工程与电子技术,2000,22(2):29 - 31.

[56] 黄德才,赵克勤. 基于联系数的网络计划方法[J]. 系统工程,1998,16(2):57 - 61.

[57] 黄德才,赵克勤. 基于联系数的网络计划与控制新方法初探[J]. 浙江工业大学学报,1998,26(1):17 - 22.

[58] 赵克勤,黄德才,陆耀忠. 同异反网络计划的不确定性分类与分析[J]. 系统工程与电子技术,2000,22(11):72 - 74.

[59] 黄德才,赵克勤,陆耀忠. 同异反网络计划的工期预测方法[J]. 系统工程与电子技术,2001,23(5):24 - 27.

[60] 郑河荣,黄德才,赵克勤. 同异反网络计划中工序时间的专家意见综合法[J]. 计算机工程,2003,29(11):34 - 35.

[61] 洛刚,文良浒,李崖. 装备定型试验风险识别及管理措施[J]. 装备学院学报,2012,23(3):102 - 106.

[62] 郝立敏. 装备研制试验风险管理与评价方法研究[J]. 质量与可靠性,2012,(3):30 - 34.

[63] 文良浒,洛刚,杨磊. 装备定型试验风险管理问题探讨[J]. 装备制造技术,2010(4):137 - 138.

[64] 赵喜春. 战术导弹靶场试验风险分析与处理方法[J]. 现代防御技术,2013,41(3):166 - 170.

[65] 高峰,陈英武. 基于集对分析的项目风险排序方法[J]. 基建优化,2005,26(1):1 - 4.

内容简介

本书是一部系统论述电子装备试验与评估同异反理论和技术的专著,构建了电子装备试验与评估的同异反联系数表征,同异反联系数决策、评估、聚类等集对原理和应用技术体系。

全书共9章:首先,建立了电子装备试验与评估的同异反原理及运用架构,介绍了构成装备试验与评估同异反原理体系的同异反技术体系和同异反方法体系;其次,研究了试验与评估数据的同异反模型构建方法和分析方法,并给出了雷达及雷达侦察装备等典型电子装备复杂电磁环境适应性评估指标的同异反描述模型实例;然后,建立了基于同异反联系数的预测,基于集对势、择近原则或相似原则的决策,基于专家意见的同异反决策,基于评价等级或主值的同异反评估等模型,并通过案例对所提模型的合理性和有效性进行了验证;最后,提出了电子装备试验的同异反管理原理及其基本内容,并就装备试验与评估的实际管理问题进行了验证研究。

本书可供从事武器装备试验与训练的科技人员进行系统分析和决策时参考,也可作为高等院校军事装备论证、试验、采购、保障,军事运筹学,作战指挥学及管理类等专业本科生、研究生教材或参考书。